全国高等农林院校"十二五"规划教材

植物保护实践技术

马良进　主编

U03333554

中国林业出版社

图书在版编目（CIP）数据

植物保护实践技术/马良进主编 . —北京：中国林业出版社，2013. 7
全国高等农林院校"十二五"规划教材
ISBN 978-7-5038-7128-3

Ⅰ. ①植⋯ Ⅱ. ①马⋯ Ⅲ. ①植物保护 – 高等学校 – 教材 Ⅳ. ①S4

中国版本图书馆 CIP 数据核字（2013）第 171822 号

中国林业出版社·教材出版中心

责任编辑：丰　帆　杜建玲
电话：83220109　83228701　　　　传真：83220109

出版发行　中国林业出版社（100009　北京市西城区德内大街刘海胡同 7 号）
　　　　　E-mail：jiaocaipublic@163.com　电话：（010）83224477
　　　　　http：//lycb. forestry. gov. cn
经　　销　新华书店
印　　刷　三河市华东印刷装订厂
版　　次　2013 年 8 月第 1 版
印　　次　2013 年 8 月第 1 次印刷
开　　本　787mm×1092mm　1/16
印　　张　17
字　　数　382 千字
定　　价　34.00 元

《植物保护实践技术》
编写人员

主　　编　马良进

副 主 编　毛胜凤　陈安良　刘兴泉

编写人员　（按姓氏笔画排序）

马良进　毛胜凤　王记祥

王义平　刘兴泉　张　昕

苏　秀　陈安良

　　《植物保护实践技术》是高等农林院校植物保护学科中一门重要的专业实践课程，集科研、教学、生产的最新成果于一体，侧重于实际操作技能的培养，具有基于农业生产过程的模块式教学特色。

　　本书分 3 个模块，一是病虫害田间调查统计方法、植物病害识别技术、病害的症状特征；二是害虫的形态特点、识别要点；三是农药安全使用技术，包括农药常见种类、农药配制、农药检测方法和农药的安全使用技术。通过这些实践，学生能够掌握病虫害调查识别应用技术的试验研究方法，更好地消化吸收该学科的基本理论知识，并达到能够初步独立从事植物保护工作和科学研究的水平。

　　本书中的实验项目是经过长期教学实践并经不断改进而确定的。内容比较丰富、具体且简明扼要，适合作为我国高等农林院校（包括专科）植物保护专业、森林保护专业的实验指导书，也可供农林职业院校师生以及从事植物保护科学工作者学习和工作参考。

　　植物保护实践技术是理论和实践紧密结合，广泛渗透和相互融合的实用性技术。我国的植物保护学基本上是从 20 世纪 50 年代初才开始建立和发展的。随着我国社会主义现代化的迅速发展，无论在教学科研方面，还是各应用领域，都希望有更新颖和更实用的植物保护实践技术得到普及。作者有 30 年的教学生涯，其中有不少时间投身于实验室工作，根据当前的形势和积淀的植物保护学教学经验，并广泛收集各有关方面资料，进行了整合、精选，组织教学第一线精悍力量编著了这本《植物保护实践技术》教科书。本书对农林院校师生有一定的参考价值。

　　本书由浙江农林大学的老师共同编写，编写分工如下：马良进负责前言、第一章和第二章；张昕、王记祥负责第三章和第四章；王义平负责第六章和第七章；苏秀负责第八章；陈安良和刘兴泉负责第九章；毛胜凤负责第五章及全书的统稿工作。

　　《植物保护实践技术》涉及面很广，由于作者水平所限，书中难免存在一些问题，希望读者批评指正。

马良进

2012. 12

目　录

第一章 植物病害基础研究方法

实验一 植物病害调查

一、调查的类别

植物病害的分布和危害、发生时期和症状的变化，以及栽培和环境条件对植物病害的影响，品种在生产中的表现，防治效果等，都要通过调查才能掌握。病害调查有一般调查(普查)、重点调查和调查研究。

普查是对局部地区植物病害种类、分布、发病程度的基本情况进行调查。当一个地区有关病害发生情况的资料较少，可先进行一般调查。一般调查的面要广，并且要有代表性。调查的病害种类很多，对发病率的计算并不要求十分精确。对一般发病情况的调查，为了节约人力和物力，调查次数可以少一些，最好是在发病盛期进行，有1次或2次就够了。如小麦病害调查的适当时期，叶枯病是在抽穗前，条锈病是在抽穗期，叶锈病可以迟一些，秆锈病、赤霉病、腥黑穗病和线虫病等可以到完熟期调查。如果一次要调查几种作物或几种病害的发生情况，可以选一个比较适中的时期。

对一般调查发现的重要病害，可作为重点调查对象，深入了解它的分布、发病率、损失、环境影响和防治效果等。重点调查次数要多一些，发病率的计算也要求比较准确。

调查研究是深入研究某一个问题，是通过调查研究或者是在调查研究的基础上解决的。调查研究和重点调查的界限是很难划分的，但调查研究一般不是对一种病害做全面调查，而是针对其中某一个问题。调查的面不一定广，但是要深入。除田间观察外，更要注意访问和座谈。调查研究不需要很多的设备，农田就是实验地，所以实验规模之大和各种对比处理之多，远远超过一般实验研究。许多植物病害问题是通过调查研究或在调查研究基础上解决的。调查研究和实验研究互相配合，逐步提高对一种病害的认识。

二、发病程度的调查

发病程度包括发病率和严重度。发病率一般是指发病田块、植株或器官等发病的百分率；而严重度是指田块植株或器官等的受害程度。

(一)记载方法

病害的种类很多，危害的情况不一，发病程度的记载方法比较复杂。为了使调查结果更有价值，记载方法的选择很重要，有些病害的记载还要自行设计。以下几点可供选择和设计时参考：①要简单明了而相当准确，只求精确而过于复杂是不适用的，并且有时是不必要的；②要客观和具体，使各人在不同的地点和时期，用该方法记载得到的结果可以互相比较；③一种病害危害的方式可以是多方面的，要兼顾到各种危害方式；④发病率固然不能标示损失的大小，但是能指出与其他指标的关系为最好。

发病程度的记载方法很多，有人以产量的高低表示发病程度的轻重，优点是发病率就表示损失；缺点是所衡量的是最后结果，不能看到过程，并且产量的减少还受许多因素的影响。此外，由土壤传染的病害如根腐病和枯萎病等，以及其他植株成片枯死的病害，可将田块受害面积与田块的面积相比，求得发病率，这种方法也适用于菟丝子危害的调查。一般病害的调查，主要用直接计数法和分级计数法。

1. 直接计数法

直接计数法是一种比较简单的方法，就是计算发病田块、植株或器官的数目，从调查的总数，求得发病的百分率。直接计数法的优点是根据发病和不发病的计数，有明确的标准，记载比较一致；缺点是不能反映受害的严重度，因此只适用于植株或器官的受害程度大致相仿的病害，如系统感染的病毒病，影响全株的猝倒病、枯萎病和线虫病，以及局部生病而严重影响经济价值的如黑穗病、枯萎病和线虫病等。即使以上这些类型的病害，有的直接计数并不是很好的方法，例如，棉花枯萎病的记载，可以数田间的发病株数，求得发病的百分率。由于病株发病轻重的程度不同，比较精确的调查一般还是采取分级计数的方法。

2. 分级计数法

根据病害发生的轻重和对植物影响的不同，可将病害分级，调查时记录每级发病田块数、平均株(叶)发病率。分级标准可用文字、绘图或照相等方法表明。根据病害的性质，可以按叶片、果实、植株或田块分级。下面以马铃薯晚疫病为例，说明分级标准的用法(表 1-1)。

另外，分级还可用图或照片来表示，读者可另查阅资料，此处不再讲述。

表 1-1　马铃薯晚疫病发病率的分级标准

级别	发病率(%)	病害发生程度
1	0.0	田间无病
2	0.1	病株稀少，直径 11m 的面积内，只发现 1~2 个病斑
3	1.0	发病普遍，每株约 10 个病斑
4	5.0	每个病株约有 50 个病斑或有 1/10 的小叶片发病
5	25.0	每一小叶都发病，但病株外形仍正常，并呈绿色
6	50.0	每一植株都发病，有一半叶片枯死，病田呈绿色，但间或呈褐色
7	75.0	有 3/4 的面积枯死，病田呈黄褐色，顶叶仍呈绿色
8	95.0	只有少数叶片仍保持绿色，但茎仍呈绿色
9	100.0	叶片全部枯死，茎部亦枯死或正在枯死中

（二）病情指数

分级计数记载，如每一级都是用百分率表示的，很容易计算它的平均百分率。例如，小麦感染锈病后，5 张叶子的发病率，按照记载是 100%、65%、65%、40% 和 25%，平均发病率就是 $(100 + 65 + 65 + 40 + 25)\% \div 5 = 59\%$。

分级计数法的级别，有的不是根据百分率分级的，得到的结果是每一级中有多少个体。针对这种情况，往往是计算病情指数来表示发病程度，即每一级用一代表数值，然后按以下公式计算：

$$病情指数 = \frac{\sum (病株数或叶数 \times 各级病株或叶数)}{调查总株数或叶数 \times 最高代表级别值} \times 100$$

例如，番茄早疫病的病株，分级情况如下：

病级	发病程度	代表数值	病株（假定）
1	无病或者几乎没病	0	8
2	少至 25% 的叶片枯死	1	15
3	26%~50% 的叶片枯死	2	20
4	51%~75% 的叶片枯死	3	40
5	76%~100% 的叶片枯死	4	30

$$病情指数 = \frac{(0 \times 8 + 1 \times 15 + 2 \times 20 + 3 \times 40 + 4 \times 30)}{(8 + 15 + 20 + 40 + 30) \times 4} \times 100 = \frac{295 \times 100}{113 \times 4} = 63.5$$

发病最重的病情指数是 100，完全无病是 0，所以这个数值就能表示发病的轻重。

病情指数是将发病率和严重度两者结合在一起，用一个数值来代表发病程度，对调查和实验结果是有利的。在比较防治效果和研究环境条件对病害的影响方面，常常采用这种方法。除去根据整株发病轻重分级外，叶片、果实、器官等都可以根据发病的严重度分级记载，然后计算病情指数。但是病情指数计算法，如使用不当也可能也发生一定的偏差。例如，分级的标准和确定各级的代表数值，就是突出的问题。代表数值是反映发病的严重度的，代表数值是 4 的级别，严重度要比代表数值 1 的级别大 4 倍。常常发生的情况是没有充分的根据，随意分级和确定代表数值，计算到的指数就不能代表真正的发病程度。

此外，病情指数含有发生量和严重度两方面的因素，有时看不出是发生量不同，还是严重度不同。例如，可以有两种不同的情况，一种情况是发病个体虽少，但是发病很重；另一种情况是发病个体很多，但是发病很轻。它们的病情指数可以相同，但是病害发生的情况显然不同。植物病害流行学方面的研究，一般要求准确反映病害发生量的变化，最好是尽可能用具体的数值表示发生量。

总之，病情指数是表示发病程度的一种方式，但是使用要恰当，也不是都要用这种方式来表示。

（三）取样方法

病害调查的取样方法，影响着结果的准确性，取样原则是可靠又可行。样本的取样数目要看病害的性质和环境条件，取样不一定要太多，但一定要有代表性。取样方法有：

随机取样法，此法适宜于分布均匀病害的调查，力图做到随机取样，调查数目占总体的 5% 左右。

"Z"字形取样法，此法适于狭长地形或复杂梯田式地块病害的调查，按"Z"字形或螺旋式进行调查。

平行取样法，此法适宜于分布不均的病害，间隔一定行数进行取样调查。

对角线法，适于条件基本相同的近方形地块的病害调查，样点定在对角线上取 5~9 点调查，调查数目不低于总数的 5% 。

样本可以整株、穗秆、叶片、果实等作为计算单位，样本单位的选取，应该做到简单而能正确地反映发病情况。调查取样的适当时期，一般是在田间发病最盛期。

三、病害损失的估计

准确估计病害损失的多少是很复杂的问题。有些引起整株死亡或完全破坏有经济价值部位的病害，产量损失的多少，主要取决于发病率，损失的估计比较简单，例如，大麦条纹病减产的百分率，差不多就是发病分蘖的百分率。但是，即使是属于这类性质的病害，如麦类黑穗病，情况还有所不同，产量损失的百分率，有的接近病穗的百分率，有的低于病穗的百分率。至于其他在不同程度上影响产量的病害，损失的多少取决于发病率和严重度，问题就更复杂。发病程度与损失的多少有一定的关系，但是这种关系不是固定不变的，受发病的时期、品种、栽培和气候等条件的影响很大。病害损失的估计方法有以下两种：

①统计方法。如根据一种作物某种病害发生轻重不同年份的产量，估计造成损失的多少。

②从病害的演变来估计损失。一种作物往往由于某种病害的发生受到损失，而在换用抗病品种或采取其他有效防治措施后，产量又逐渐恢复，由此可以看出病害损失的多少。

但是统计方法非但准确性差，而且只适用于估计一个地区或较大面积内的损失，不能用来估计小面积或某一块田的损失。

实验二　植物病害标本的采集与制作

一、标本采集要求

标本采集是获取植物病害标本的重要途径，也是熟悉植物病害症状、了解植物病害发生情况的最好方式。植物病害的发生时期与植物的生育期及采集地的地理生态环境、生产条件、病原物的生物学特性等密切相关。标本采集时，应注意症状要典型。对于真菌病害要尽量采集带有子实体的标本；病毒病要采集顶梢与新叶；幼嫩多汁的子实体或果实，应先用标本纸分别包装放于标本桶内，避免因挤压而变形；黑粉、黑穗病应及时放入标本袋中，并注意相互隔离；对于较易失水的叶片，应注意随采随压，避免叶片打卷而不易展开；线虫病以及果树根癌病要挖取整个病根，装入采集桶中。采集时要有完整的野外采集记录，记载的主要内容有：寄主名称、病害名称、采集地点、采集日期、海拔高度、生态环境、发病情况、采集序号等。一般情况下，每种病害标本要采集 10 份以上。

二、标本的制作

(一)蜡叶标本的制作

蜡叶标本就是经过压制的干标本。制作方法是把含水量较少的标本，如植物的茎、叶等，分层压在标本夹的吸水纸层中，同时将写好的标签和标本放在一块，标本夹压紧后日晒或加温烘烤，使其干燥。标本干燥愈快，保持原色的效果愈好。所以，蜡叶标本质量的好坏，关键在于勤换纸，勤翻晒。一般情况下，第一周每天换吸水纸1~2 次，以后可隔 1~2d 换纸，直至标本完全干燥。果实及较粗的茎的干燥应置于朝阳通风处，自然干燥，同时定期翻动，以利于标本整体均匀干燥。

幼嫩多汁的标本如花和小苗等，可夹在两层脱脂棉中压制，水分过高的可在 30~45 ℃之间加温烘干。

肉质蕈类和大的肉质子囊菌不能压制，要使它很快干燥，一般是放在铁丝框中，悬在煤油灯上或放在烘箱中或 100 W 的电灯下烘干，但是很难保持原有的形状和色泽。冷冻干燥保存是目前比较好的方法，标本在冷冻的情况下干燥，几乎能完全保持原有的色泽和形状。冷冻干燥后的标本可以再涂一层聚氨基甲酸酯保护，方法是聚氨基甲酸酯 2 份用石油溶剂 1 份稀释，标本在稀释液中浸过后，在 50~60 ℃烘箱中干燥。水分很少的标本如枝条和木质蕈等，一般就在空气中干燥，不必经过特殊干燥的手续。

(二)浸渍标本的制作

多汁的果实、块茎、块根及多肉的真菌子实体等标本，不适于干制，必须用浸渍法保存。常用的浸渍液及其用法如下：

1. 普通防腐浸渍液

只适于防腐，没有保持原色的作用，如萝卜、甘薯等不要求保色的标本，洗净后直接浸入以下溶液中。

①5%的福尔马林溶液：福尔马林 50 mL；95%酒精 300 mL；水 2 000 mL。上述溶液也可简化为 5%的福尔马林溶液或 70%的酒精溶液。70%的酒精溶液对于保存多肉子囊菌及鬼笔目的子实体甚为适宜。

②亚硫酸浸渍液：饱和亚硫酸 500 mL；95%酒精 500 mL；水 4 000 mL。甘蓝黑腐病的病叶在这种浸渍液中保存和漂白后，感染的叶脉仍呈黑褐色，病原细菌侵入寄主的途径看得更加清楚。

2. 保存绿色的浸渍液

①醋酸铜及福尔马林液浸渍法：以50%的醋酸溶解醋酸铜结晶至饱和程度，然后将饱和液稀释3~4倍后使用。醋酸铜液处理标本分热处理和冷处理两种方法。热处理法是将稀释后的醋酸铜液加热至沸腾，投入标本。标本的绿色最初被漂去，经过数分钟绿色恢复至原来程度，立即取出标本用清水洗净，然后保存于5%的福尔马林液中。冷处理法是将标本投入2~3倍的醋酸铜稀释液，经3 h绿色褪去，再经72 h又可恢复原来的颜色，然后取出用清水洗净，保存于5%的福尔马林液中。

保色的原理大致是铜离子与叶绿素中镁离子的置换作用，因此醋酸铜浸渍液重复使用后，其中铜离子的量逐渐减少，使用太久会丧失其保色能力。重复使用后失效的浸渍液，补加适量的醋酸铜，可恢复其保色作用。这种方法的保色能力很好，但是标本必须煮过，棉桃、葡萄和番茄的果实等不能煮的标本就不能采用。同时，这种方法保存的标本有时带蓝色，与植物原来的颜色稍有出入。

②硫酸铜及亚硫酸浸渍法：将标本在5%硫酸铜溶液中浸6~20 h，当绿色恢复后，取出用清水洗净，然后保存在亚硫酸溶液中。这种方法用于保存叶片、棉铃和葡萄等绿色的效果较好，但应注意密封瓶口，必要时每年换一次亚硫酸浸渍液。

3. 保存黄色和橘红色标本的浸渍液

亚硫酸是保存杏、梨、柿、柑橘及红辣椒等含胡萝卜素和叶黄素标本的适宜浸渍液。配制方法是将亚硫酸（含二氧化硫5%~6%）配成4%~10%的水溶液（二氧化硫0.2%~0.5%）。

胡萝卜素和叶黄素存在于细胞的色粒中，不溶解于水，可以用这种方法保存。亚硫酸有漂白作用，浓度太高会使果皮褪色，浓度过低则防腐力不够，所以浓度的选择要经过反复实践确定。如果防腐力不够，有时可加少量酒精；果实浸渍后如发生崩裂，可加少量甘油。

4. 保存红色的浸渍液

红色因大都是水溶性的花青素（蓝色也是如此），所以难以保存。瓦查（Vacha）是比较好的保存红色的浸渍液。此种浸渍液分两部分：浸渍液1的主要成分为硝酸亚钴、福尔马林、氯化锡等；浸渍液2的主要成分为福尔马林、亚硫酸、酒精等。将标本洗净后，在浸渍液1中浸2周，然后在浸渍液2中保存。可用于保存草莓、辣椒、马铃薯以及其他红色的植物组织，是一种效果比较好的浸渍液。

（三）标本瓶的封口

浸渍标本可保存在试管、玻瓶或标本瓶中。为了避免标本的漂浮和移动，可以将标本缚在玻璃上或者用玻璃将标本压下。浸渍标本最好放在暗处，以减少药液的氧化，或瓶口因温度变化太大而造成碎裂。保存标本的浸渍液，多为具有挥发性的化学物质，所以，必须密封瓶口才能长久保持浸渍液的效用。

1. 暂时封口法

取蜂蜡及松香各1份，分别熔化，然后混合，并加入少量的凡士林调成胶状，涂在瓶盖边缘，将盖压紧封口。明胶和石蜡的混合物也能用于封口，将明胶（4份）在水中浸几小时，滤去水后加热熔化，加石蜡 1 份，融化后即成为胶状物，趁热使用。

2. 永久封口法

用明胶 28 g 在水中浸数小时，将水滤去加热熔化，再加入 0.324 g 的重铬酸，并加入适量的熟石膏使成糊状，即可使用。此外，将酪胶及消石灰各 1 份混合，加水调成糊状物，即可用于封口。干燥后，因钙的硬化而密封。

三、标本的保藏

制成的标本，经过整理和登记，按一定的系统排列和保藏。贮藏标本的标本柜（室）要保持干燥、清洁，并要定期施药以防虫蛀与霉变。

1. 标本盒保藏

教学和示范用的干制病害标本，采用玻面纸盒保藏比较方便。纸盒中先铺一层棉花，并在棉花中加少许樟脑粉以驱虫，最后在棉花上放上标本和标签。

2. 标本瓶保藏

浸渍的标本放在标本瓶内保藏，为了防止标本下沉和上浮，可把标本绑在玻璃条上，然后再放入标本瓶。瓶口盖好后滴加石蜡封口，然后贴上标签。

3. 纸套内保藏

大量保存的干制标本，大多采用纸套保藏，将标本装入纸套内，并贴好标签，放在标本柜中即可。

实验三　病原物的分离与培养

一、病原真菌的分离和培养

植物病原微生物分离和培养工作应该在专门的无菌操作室或超净工作台上进行，也可在清洁和安静的房间中进行。工作时在桌面上铺一块沾湿的纱布，所有工作用具放在湿纱布上，尽量少在室内走动，减少空气流动，以减少污染。选用的分离材料应尽量新鲜，减少腐生菌混入的机会。从受病组织边缘靠近健全组织的部分分离，可减少污染，同时这部分病原生物处于较为活动的状态，生长快，易分离成功。

植物病原真菌的分离有组织分离法和稀释分离法两种，在病组织上产生大量孢子的病原真菌以及病原细菌的分离都可用稀释分离法。

（一）组织分离法

①培养皿准备：取灭菌培养皿 1 个，置于湿纱布上，在皿盖上注明分离日期、材料和分离人姓名。

②培养皿平板制备：用无菌操作法向培养皿中加入 25% 乳酸 1~2 滴（减少细菌污染），然后将熔化并冷却至 45 ℃ 左右的马铃薯琼胶培养基一管倒入培养皿中，轻轻摇动使成平面（分离细菌时则不能加乳酸）。

③切取感病组织小块（叶斑病类）：取新鲜病叶，选择典型的单个病斑，用剪刀

或解剖刀从病斑边缘切取小块(每边长3~5mm)病组织数块。

④表面消毒:将病组织小块放入70%酒精中浸数秒钟后,按无菌操作法将病组织移入0.1%升汞液中消毒1~3 min,然后放入灭菌水中连续漂洗3次。也可用漂白粉精片(1~2片),研磨后加灭菌水10 mL,消毒5~10 min。果实、块茎和枝秆等组织内部的病原菌可用脱脂棉蘸70%酒精涂拭病部表面,通过火焰烧去表面酒精,重复进行2~3次,达到表面消毒。

⑤用无菌操作法将病组织小块移至培养基平面上,每培养皿内可放4~5块。

⑥翻转培养皿,放入26~28℃恒温箱内培养,3~4 d后观察结果。

⑦用无菌操作法自培养皿中选择菌落,挑取少许菌丝及孢子,在显微镜下观察。如系玉米小斑病菌孢子,即可用接种针自菌落边缘挑取小块菌落移入斜面培养基,在26~28℃恒温箱内培养,3~4 d后,观察菌落生长情况,如无杂菌生长,即得玉米小斑病菌纯菌种,可置于冰箱中保存。如有杂菌生长,需再次分离获纯培养后,方可移入斜面保存。

(二)稀释分离法

以棉花红腐病果为材料,按照下列步骤分离。

①取灭菌培养皿3个,平放在湿纱布上,分别编号1、2、3,并注明日期、分离材料及分离者姓名。

②用灭菌吸管吸取灭菌水,在每一培养皿中分别注入0.5~1.0 mL灭菌水。

③用灭菌接种饵从棉花红腐病果上刮取病菌孢子,放入培养皿内的水滴中,配成孢子悬浮液。

④用接种饵蘸一饵孢子悬浮液,与第一个培养皿中的灭菌水混合,再从第一个培养皿移三饵孢子悬浮液到第二个培养皿中,混合后再移三饵孢子悬浮液到第三个培养皿中。每次移菌前,接种饵均需在酒精灯火焰上烧过。

⑤将三管熔化并冷却到45℃左右的培养基,分别倒在3个培养皿中,摇动使培养基与稀释的菌液充分混匀,平置冷却凝固。

⑥将培养皿翻转后放入恒温箱(26~28℃)中培养,3~4 d后观察菌落生长情况。

⑦获纯培养后,从菌落边缘挑取菌丝块移入斜面培养3~4 d后,放入冰箱保存。

要获得纯净培养,一般需经3次稀释分离(重复3次),当培养物高度一致时才能作为纯培养的菌种保存。

(三)真菌的培养

植物病原真菌多为好气性真菌,在有丰富营养的培养基上能很好地生长,但它们对温度的要求差异较大,绝大多数的真菌可以在20~30℃正常生长,但少数要15~20℃才能正常生长,少数真菌孢子必须在5℃左右的低温下才能萌发。

二、病原细菌的分离和培养

病原细菌的分离方法以稀释分离法和划线分离法为最常用。在进行分离之前,首先应对病材料作细菌学初步诊断，即经过镜检确认有喷菌现象以后，才对该病组织作分离（少数病例无喷菌现象）。

（一）稀释分离法

稀释分离法是经典的标准分离法，方法与真菌孢子稀释分离法基本相同，但要将病组织放在灭菌水中用灭菌玻棒研碎并让组织碎块在水中浸泡 30~60 min（在灭菌培养皿中研碎并浸泡），让细菌充分释放到灭菌水中成为细菌悬浮液再进行稀释分离。

（二）划线分离法

除去上述稀释分离法以外，较为方便的方法是划线分离法，步骤如下：

①预先把 NA（营养琼脂）培养基倒在培养皿中，凝成平板后，翻转放在30 ℃恒温箱中4~6 h，使表面没有水滴凝结。

②配制细菌悬浮液。

③在培养皿盖上写上分离材料名称、日期和姓名。用灭菌的接种饵蘸取细菌悬浮液在干燥的培养基平板表面划线。划过第一次线后的接种环应放在火焰上烧过，冷却后直接在第一次划线的末端向另一方向划线；同上，灭菌后再划第三、第四次线。

④翻转培养皿，放在26~28 ℃恒温箱中培养，2~3 d 后观察有无细菌生长，在哪些地方有单菌落生长出来。

⑤仔细挑取细菌的单菌落移至试管斜面，同时再用灭菌水把单菌落细菌稀释成悬浮液作第二次划线分离。如两次划线分离所得菌落形态特征都一致，并与典型菌落特征相符，即表明已获得纯培养，最好要经过连续 3 次单菌落的分离，确保纯化。

（三）细菌的培养

病原细菌的培养条件因种类不同而略异。棒杆菌属细菌的生长适温较低（20~23 ℃）；假单胞菌中的青枯菌类则要求在较高的温度（35 ℃）下才能良好地发育；软腐型欧氏杆菌在厌氧条件下生长比好气条件下生长更快，致病力更强。

三、植物病毒的分离和纯化

植物病毒的分离和纯化比较特殊，由于病毒是专性寄生物，因此不能离开活的寄主。操作时虽然不需无菌操作，但仍必须实行严格的隔离以防止污染和混杂。

以有花叶病症状的烟草病叶为材料，进行病毒的"单斑分离"与纯化，步骤如下：

①首先用肥皂水洗净双手，特别注意刷去指甲内的污染物。

②采摘半片病叶放在消过毒的研钵中，加磷酸缓冲液（0.01M PBS，pH 7.2）1 mL（5~6 滴），研碎。

③在供接种用的心叶烟幼苗和苋色藜幼苗健苗顶部平展叶片上，撒少许金刚砂（600 目/英寸²）①，然后用手指蘸取病汁液轻轻涂抹叶片（摩擦接种），写好标签牌，

---

① 1 英寸 = 2.54 cm

插在盆钵中。

④3 min 后用自来水将接种叶冲洗干净，放在温室中培养。

⑤2~3 d 后在接种叶上即出现坏死性枯斑，初为褪绿，后为黄白色。

⑥剪下单个枯斑，再按上述方法接种健康的心叶烟和苋色藜幼苗，使它再次出现形状大小、色泽均一的枯斑，即为已经分离纯化的病毒标样。材料经快速干燥后可置低温下保存。

⑦将此枯斑病叶分别接种到黄瓜或普通烟草上，又可得到系统的花叶症状。不同的病毒接种在不同的寄主植物上会表现不同的症状。选用这些特定寄主植物作为鉴别寄主，进行病毒和病毒病害的诊断，可做出初步鉴定。将病组织汁液接种在枯斑寄主上，根据枯斑的特征，还可进一步区分病毒的种类，并作为病毒定量的一种简易方法。

四、植物病原线虫的分离

大部分植物寄生线虫只危害根部，有些还是根内寄生的；少数可危害地上茎、叶、花果。从有病植物材料中和土壤中分离线虫的方法很多，它们各有优缺点，常用的方法有漏斗分离法、浅盘分离法、漂浮分离法等。

(一)贝曼(Baermann)漏斗分离法

贝曼漏斗分离法操作简单、方便，适于分离植物材料和土壤中较为活跃的线虫。一般是选用一只口径为 10~15 cm 塑料漏斗，下接一段长 5~10 cm 带有弹簧夹的乳胶管，漏斗放在木架或铁环上，漏斗内盛满清水，病植物材料或土样用双层纱布包扎好，慢慢浸入清水中，浸泡 24 h 后样品中线虫因喜水而从材料中游到水中，并因自身重量逐渐沉落到漏斗底部的橡皮管中，慢慢放出 5 mL 管中水样于离心管中，在 1 500 r/min 的离心机中离心 3 min，倾去上层水液，将底部沉淀物连同线虫一起倒在表面皿或计数皿中，在解剖镜下计数，然后将线虫挑至装有固定液的小玻管中备用。样品材料也可用一网筛搁在漏斗口上，使水面能淹没材料，线虫也可以游离出来并沉降到底部。

(二)浅盘分离法

用两只不锈钢浅盘套放在一起，上面一只称筛盘，它的底部是筛网(10 目/英寸^2)，下面一只浅盘略大些是盛水盘(底盘)。将特制的线虫滤纸放在筛盘中用水淋湿，上面再放一层餐巾纸，供分离的土样或材料放在餐巾纸上，在两盘之间隙缝中加水浸没材料，在室温(20 ℃以上)下保持 8 d，材料中的线虫大都能穿过滤纸而进入托盘水中。收集浅盘中的水样，通过 2 个小筛子(上层为 25 目粗筛，下层为 400 目细筛)，线虫大多集中在下层筛上，可用小水流冲洗到计数皿中。

浅盘法比漏斗法好，它可以分离到较多的活虫，而且泥砂等杂物较少。

(三)胞囊漂浮器分离法(Fenwick-Oostenbrink 改良漂浮法)

对于没有活动能力的线虫胞囊可采用 Fenwick 漂浮筒漂浮的方法分离，筒内先盛满清水，把10.0 g风干土样放在顶筛中。用强水流冲洗土样，使全部淋入筒内，再用细水流从顶筛加入，使土粒等杂物沉入筒底，胞囊和草渣等则逐渐漂浮起来沿倚口倾斜的环槽流到承接筛中（100目）。先把筛中胞囊等沉入烧杯中，再倒入铺有滤纸的漏斗中，收集滤纸上的胞囊。在解剖镜或扩大镜下，用镊子、毛针、竹针、毛笔等工具从水样或滤纸上挑取线虫。

实验四　植物病原接种

一、植物病害人工接种方法

人工接种方法是根据病害的传染方式和侵染途径设计的。植物病害的种类很多，其传染方式和侵染途径各异，因此接种方法也不相同。

（一）拌种法和浸种法

种子传染的病害可采用这两种接种方法。拌种法是将病菌的悬浮液或孢子粉拌和在植物种子上，然后播种诱发病害，小麦腥黑穗病可采用此法接种。浸种法是用孢子或细菌悬浮液浸种后播种，大麦坚黑穗病、棉花炭疽病和菜豆疫病可用此法接种。

（二）土壤接种法

由粪肥、土壤传染的病害可以采用拌土接种法。土壤接种法是将人工培养的病菌或将带菌的植物粉碎，在播种前或播种时施于土壤中，然后播种。也可先开沟，沟底撒一层病残体或菌液，将种子播在病残体上，再盖土。

有的病原物能在土壤中长期存活（土壤习居菌），把带菌土壤或带有线虫接种体的土样接种到无菌（虫）土中，再栽种植物，就可以使植物感染，如棉花枯黄萎病、小麦土传花叶病毒病和一些线虫病等。对于青枯菌可以采用土壤灌根的方法。

（三）喷雾法和喷洒法

这两种方法适用于气流和雨水传染的病害，大部分细菌病害和真菌叶部病都可采用喷雾接种，如水稻细菌性条斑病、玉米大斑病、小斑病。将接种用的病菌配成一定浓度的悬浮液，用喷雾器喷洒在待接种的植物体上，在一定的温度下保湿24 h，诱发病害。

（四）伤口接种

除了植物病毒接种时常用的摩擦接种属伤口接种之外，植物病原细菌、病原真菌也常用伤口接种法。许多由伤口侵入，导致果实、块根、块茎等腐烂的病害均可采用。先将接种用的瓜果等洗净，用70%酒精表面消毒，再用灭菌的接种针或灭菌的小刀刺伤或切伤接种植物，滴上病菌悬浮液或塞入菌丝块，用湿脱脂棉覆盖接种处保湿。

水稻白叶枯病的伤口接种常用剪叶接种和针刺接种法。先通过火焰或用75%酒精消毒解剖剪,将剪刀在白叶枯病菌悬浮液中浸一下,使剪刀的刃口蘸满菌液,再将要接种的稻叶叶尖剪去。接种处不必保湿,定期观察病情。细菌悬浮液的浓度为108 cfu/mL。

(五)介体接种

1. 菟丝子接种

这是在温室中研究病毒、菌原体等病害广为采用的一种接种方法,方法是先让菟丝子侵染病株,待建立寄生关系或进一步伸长以后,再让病株上的菟丝子侵染健株,使病害通过菟丝子接种传播到健康植株上。

2. 蚜虫及其他介体昆虫接种

植物病毒不能主动侵入寄主,但病毒病仍然十分普遍,这是与病毒侵染的机制和传播的有效性密切相关的。实验室中常用病株汁液作为人工接种的材料,可有效地将大多数病毒接种到试验材料上。但有些病毒则不能用汁液接种,必须用介体来传染,例如昆虫介体等,它们以不同的方式来传播病毒。不同的病毒有不同的传播方式,因此,这也是病毒鉴定时的重要性状之一。

二、接种试验的观察和记载

认真观察和记录是做好接种试验的重要环节,为了及时正确地分析总结试验结果,必须认真观察并做详尽的记录,如记录接种时间,接种植物、品种,接种方法、部位,接种用的病菌名称(包括菌系和生理小种)、来源、繁殖和培养方法(培养基、培养温度、培养时间),接种体浓度,接种的方法和步骤及接种后的管理等。

三、影响接种试验的因子

(一)病原物的致病性和致病力

致病性是异养生物侵染寄主植物并诱发病害能力的特性。病原物除从寄主细胞和组织中掠夺大量的养分和水分,影响植物正常的生长和发育外,还可产生一些有害代谢产物,如某些酶、毒素和激素等,使寄主植物细胞正常的生理功能遭到破坏,引起一系列内部组织和外部形态病变,表现出各式各样的症状。

致病力是指在某一病原物对特定的寄主植物有致病性的前提下,病原物种内的不同小种(或菌系、致病型、株系等)对寄主植物的不同品种的致病能力存在强弱差异的现象。病原物对寄主植物的致病能力是相对的,随着寄主植物的遗传分化情况,生育阶段的变化,以及生长发育状况和周围环境条件等因素的影响而提高或降低。一种寄生物成为某种植物的病原物后,同种内的不同小种(真菌、线虫)、菌系或致病型(细菌)、株系(病毒)对所适应的寄主植物的致病力可能不同,有的致病力强,有的致病力弱,有的甚至不能致病。病原物致病能力的差异表现在病斑的大小,产孢的快慢与产孢量的多少,潜育期长短以及产量的损失程度等,通常用"毒力"(virulence)的强弱来表示。

接种试验所用的病原物必须是具有致病性的，即使是具有致病性的，它们致病力的强弱也有所不同。接种试验的失败，有时是因所用的接种菌没有致病性，我们遇到最突出的事例是甘薯根腐病的接种，病原物是一种镰刀菌（*Fusarium solani*）。许多地方接种未成功，是由于分离得到的菌株是没有致病力的，实验证明，从全国各地分离得到大量菌株，其中只有 1/3 是具有致病力的。有些病原物在培养基上培养后会减弱或丧失它的致病力。菌株最好是在代谢作用很低的培养基上培养，可以较长时间保持其致病力。

（二）植物的感病性和抗病性

植物的感病和抗病是由它的遗传因子决定的。作物的不同品种对一种病原物的反应是不同的，同一种植物的不同发育阶段和不同部位也可能有差异。为了便于同时测定大量的植株，接种试验大都希望在苗期测定，并且至今仍是最常用的方法。一般说，苗期测定可以反映成株期的情况，但是也有许多不同的情况。例如，稻瘟病有苗瘟期、叶瘟期和穗颈瘟期，但是它们之间并不一定都有相关性。

接种的植物应保持良好的状态，才能准确反映它们的性状，对寄生性强的病原物的接种更为重要。因此，接种前植物的预置状态是很重要的，如受到一些逆境将影响病害的发生。

（三）环境条件的影响

植物喷洒接种后，一般都需要保湿 12~24 h，使孢子可以萌发和侵入，如麦类锈菌接种后的保湿非常重要。麦类白粉菌的孢子不一定要求在水滴中萌发，保湿要求就不太严格。

除水分的控制外，温度也是非常重要的，一般都是在适宜发病的温度下接种。光照也有一定影响，特别是对病毒病害的影响比较明显。弱光照可以增加寄主的感病性，因此在接种前"黑暗"处理 1~2 d，往往是植物病毒接种的例行措施。但是，接种后维持低光照，将妨碍症状的发展。

实验五　植物病害的流行和预测

一、植物病害流行的影响因素

植物侵染性病害在植物群体中的顺利侵染和大量发生，简称流行。植物病害流行学是植物病理学的新兴分支学科之一。它研究在环境条件影响下，寄主群体和病原物群体相互作用导致病害的时空分布及其变化规律，与植物病害生态学关系密切。后者研究的是植物病害与环境的相互关系。流行学的研究对象则是植物群体的发病规律；但也应用生态学的原理和方法，进行定性和定量、分析又综合的整体研究，以服务于病害的综合防治，因而两者常被联列，称为植物病害生态和流行的研究，并形成了新的分支学科——生态植物病理学。

植物的生存环境包括非生物组分如温度、光照、气压、风力、各种物质元素和水、空气等以及生物组分如微生物、昆虫等。这些组分的强度或数量因时因地而异，从而构成千变万化的环境条件。每种植物及其病害都有其较适应的环境条件，这是在长期进化中自然形成的。对植物病害影响较大的环境条件主要包括下列三方面。

(一)气候土壤环境

主要包括：①温度。每种植物病害都有其发育的最低温、最适温和最高温。如小麦条锈病只能在日均温 2~22 ℃的温域内发生，而以 15 ℃左右为最适，日均温超过 22 ℃便停止发展。温度除影响侵染外，还影响病原物的存活和越冬。②湿度。大多数病原真菌都需要植物体表有水膜存在，其孢子才能萌发侵入引致病害。降雨、结露或结雾都能满足这个条件。因此潮湿多雨有利，持续干燥则不利于这类病害的发生。③光照。与温度及湿度相比，光照对植物病害的影响较为次要，从大气候的角度看尤其如此。但从小气候看，光照强弱能影响寄主植物对某些病害的抗病性，从而影响发病。④土壤。土壤的机械组成、含水量、通气性、无机盐和有机物含量等以及土壤中的生物群落都可单一地或以某种组合直接影响土壤中病原物的存活和侵染，或可通过对植物抗病性的影响而间接影响土传病害和气传病害的发病程度。

(二)生物环境

主要包括昆虫、线虫和微生物。不少病害可由多种昆虫传播，有些病害则只能由某一种或几种昆虫传播。土壤中线虫种类颇多，有些能传播植物病害(特别是病毒病)；有些在植物根部造成伤口，促使细菌和真菌病害发生；有些本身虽既不致病也不传病，却能破坏植物的某些抗病性，从而促使发病。土壤和植物体表的微生物群落对植物病害也有重要影响：一方面，很多微生物可通过重复寄生、抗生和竞争作用而抑制植物病原，减少侵染，或通过对植物的某种作用而提高植物的抗病性，从而成为防病的有益因素。另一方面，有些微生物又可通过与植物病原物的协生和互助，或通过削弱植物的抗病性，而成为加重病害的因素。

(三)农业措施

主要包括：①耕作制度。耕作制度的改变会改变植物的生态环境。如稻棉水旱轮作能减轻某些病害；但有的也可能使某些病害加重，如禾谷类间套作往往导致禾谷类某些病毒病的流行。②种植密度。多数病害都会因植株密度的增加而趋于严重，如水稻、小麦、玉米等作物的纹枯病等。③施肥。氮、磷、钾的数量和配合比例对植物病害影响很大，一般是氮肥过多可促使稻瘟病、稻白叶枯病、小麦白粉病等许多病害发病加重；但也有些病害在氮肥不足时发病，如水稻胡麻斑病、玉米大斑病等。钾肥一般能减轻病害。此外，缺乏微量元素也是某些病害加重的原因。④田间管理。灌溉和排水影响田间湿度从而常影响发病，灌溉和雨后地表径流还利于病害的传播。喷灌会促使某些叶部病害加重，还有多种田间操作如修剪整枝、施用农药以及大气、土壤和水质的污染等人为因素，都可加重或减轻某些病害的程度。

植物传染病只有在以下3方面因素具备时才会流行：寄主的感病性较强，且大量栽培，密度较大；病原物的致病性较强，且数量较大；环境条件特别是气象土壤和耕作栽培条件有利于病原物的侵染、繁殖、传播和越冬，而不利于寄主的抗病性。如为生物介体传播的病害，则还需介体数量大或繁殖快。这些因素的强度或数量都各自在一定幅度内变化，从而导致流行程度的改变。

二、植物病害的流行预测

（一）预测的种类

按预测内容和预测量的不同可分为流行程度预测、发生期预测和损失预测等。

流行程度预测是最常见的预测种类，预测结果可用具体的发病数量（发病率、严重度、病性指数等）作定量的表达，也可用流行级别作定性的表达。流行级别多分为大流行、中度流行（中度偏低、中等、中度偏重）、轻度流行和不流行，具体分级标准根据发病数量或损失率确定，因病害而异。

病害发生期预测是估计病害可能发生的时期。果树与蔬菜病害多根据小气候因子预测病原菌集中侵染的时期，即临界期（critical period），以确定喷药防治的适宜时机，这种预测亦称为侵染预测。德国一种马铃薯晚疫病预测办法是在流行始期到达之前，预测无侵染发生，发出安全预报，称为负预测（negative prognosis）。

损失预测也称为损失估计（disease loss assessment），主要根据病害流行预测减产量，有时还将品种、栽培条件、气象条件等因素用作预测因子。在病害综合防治中，常应用经济损害水平（economic injury level）和经济阈值（economic threshold）等概念。经济损害水平是指造成经济损失的最低发病数量，经济阈值是指应该采取防治措施时的发病数量，此时防治可防止发病数量超过经济损害水平，防治费用不高于因病害减轻所获得的收益。损失预测结果可用以确定发病数量是否已经接近或达到经济阈值。

按照预测的时限可分为长期预测、中期预测和短期预测。

长期预测亦称为病害趋势预测，其时限尚无公认的标准，习惯上概指一个季度以上，有的是一年或多年，多根据病害流行的周期性和长期天气预报等资料作出。预测结果指出病害发生的大致趋势，需要以后用中、短期预测加以订正。

中期预测的时限一般为一个月至一个季度，多根据当时的发病数量或者菌量数据，作物生育期的变化以及实测的或预测的天气要素作出预测，准确性比长期预测高，预测结果主要用于作出防治决策和作好防治准备。

短期预测的时限在一周之内，有的只有几天，主要根据天气要素和菌源情况作出，预测结果用以确定防治适期。侵染预测就是一种短期预测。

（二）预测的依据

病害流行预测的预测因子应根据病害的流行规律，由寄主、病原物和环境因素中选取。一般来说，菌量、气象条件、栽培条件和寄主植物生育状况等是最重要的预测依据。

1. 根据菌量预测

单循环病害的侵染概率较为稳定，受环境条件影响较小，可以根据越冬菌量预测发病数量。对于小麦腥黑穗病、谷子黑粉病等种传病害，可以检查种子表面带有的厚垣孢子数量，用以预测翌年田间发病率。麦类散黑穗病则可检查种胚内行菌情况，确定种子带菌率和翌年病穗率。在美国还利用 5 月份棉田土壤中黄萎病菌微菌核数量预测 9 月份棉花黄萎病病株率。菌量也用于麦类赤霉病预测，为此需检查稻桩或田间玉米残秆上子囊壳数量和子囊孢子成熟度，或者用孢子捕捉器捕捉空中孢子。多循环病害有时也利用菌量作预测因子。例如，水稻白叶枯病病原细菌大量繁殖后，其噬菌体数量激增，可以测定水田中噬菌体数量，用以代表病原细菌数量。研究表明，稻田病害严重程度与水中噬菌体数量高度正相关，可以利用噬菌体数量预测白叶枯病发病程度。

2. 根据气象条件预测

多循环病害的流行受气象条件影响很大，而初侵染菌源不是限制因素，对当年发病的影响较小，通常根据气象因素预测。有些单循环病害的流行程度也取决于初侵染期间的气象条件，可以利用气象因素预测。英国和荷兰利用"标蒙法"预测马铃薯晚疫病侵染时期，该法指出若相对照度连续 48h 高于 75% ，气温不低于 16℃ ，则 14～21d 后田间将出现中心病株。又如葡萄霜霉病菌，以气温为 11～20℃ ，并有 6h 以上叶面结露时间为预测侵染的条件。苹果和梨的锈病是单循环病害，每年只有一次侵染，菌源为果园附近圆柏上的冬孢子角。在北京地区，当年 4 月下旬至 5 月中旬若出现大于 15mm 的降雨，且其后连续 2d 相对湿度大于 40% ，则 6 月份将大量发病。

3. 根据菌量和气象条件进行预测

综合菌量和气象因素的流行学效应，作为预测的依据，已用于许多病害。有时还把寄主植物在流行前期的发病数量作为菌量因素，用以预测后期的流行程度。我国北方冬麦区小麦条锈病的春季流行通常依据秋苗发病程度、病菌越冬率和春季降水情况预测。我国南方小麦赤霉病流行程度主要根据越冬菌量和小麦扬花灌浆期气温、雨量和雨日数预测，在某些地区菌量的作用不重要，只根据气象条件预测。

4. 根据菌量、气象条件、栽培条件和寄主植物生育状况预测

有些病害的预测除应考虑菌量和气象因素外，还要考虑栽培条件和寄主植物的生育期和生育状况。例如，预测稻瘟病的流行，需注意氮肥施用期、施用量及其与有利气象条件的配合情况。在短期预测中，水稻叶片肥厚披垂，叶色墨绿，则预示着稻瘟病可能流行。在水稻的幼穗形成期检查叶鞘淀粉含量，若淀粉含量少，则预示穗颈瘟可能严重发生。水稻纹枯病流行程度主要取决于栽植密度、氮肥用量和气象条件，可以作出流行程度因密度和施肥量而异的预测式。油菜开花期是菌核病的易感阶段，预测菌核病流行多以花期降雨量、油菜生长势、油菜始花期迟早以及菌源数量（花朵带病率）作为预测因子。

此外，对于昆虫介体传播的病害，介体昆虫数量和带毒率等也是重要的预测依据。

(三)预测方式

病害的预测可以利用经验预测模型或者系统模拟模型。当前所广泛利用的是经验式预测。这需要搜集有关病情和流行因素的多年多点的历史资料，经过综合分析或统计计算建立经验预测模型用于预测。

综合分析预测法是一种经验推理方法，多用于中、长期预测。预测人员调查和收集有关品种、菌量、气象因素和栽培管理诸方面的资料，与历史资料进行比较，经过全面权衡和综合分析后，依据主要预测因子的状态和变化趋势估计病害发生期和流行程度。例如，北方冬麦区小麦条锈病冬前预测(长期预测)可概括为：若感病品种种植面积大，秋苗发病多，冬季气温偏高，土壤墒情好，或虽冬季气温不高，但积雪时间长，雪层厚，而气象预报翌年3~4月多雨，即可能大流行或中度流行。早春预测(中期预测)的经验推理为：如病菌越冬率高，早春菌源量大，气温回升早，春季关键时期的雨水多，将发生大流行或中度流行。如早春菌源量中等，春季关键时期雨水多，将发生中度流行甚至大流行。如早春菌源量很小，除非气候环境条件特别有利，一般不会造成流行。但如外来菌源量大，也可造成后期流行。菌源量的大小可由历年病田率以及平均每亩传病中心和单片病叶数目比较确定。

上述定性陈述不易掌握，可进一步根据历史资料制定预测因子的定量指标。例如季良和阮寿康制定了小麦条锈病春季流行程度预测表，对菌量和雨露条件作了定量分级。

数理统计预测法是运用统计学方法利用多年多点历史资料建立数字模型预测病害的方法。当前主要用回归分析、判别分析以及其他多变量统计方法选取预测因子，建立预测式。此外，一些简易概率统计方法，如多因子综合相关法、列联表法、相关点距图法、分档统计法等也被用于加工分析历史资料和观测数据，用于预测。

在诸多统计学方法中，多元回归分析用途最广。现以 Burleigh 等提出的小麦叶锈病预测方法为例说明多元回归分析法的应用。他们依据美国大平原地带6个州11个点多个冬、春麦品种按统一方案调查的病情和一系列生物、气象因子的系统资料，用逐步回归方法导出一组预测方程，分别用以预测自预测日起14 d、21 d 和30 d 以后的叶锈病严重度。预测因子选自下述因素：

X_1：预测日前7d 平均叶面存在自由水(雨或露)的小时数；

X_2：预测日前7d 降雨≥0.25 mm 的天数；

X_3：预测日叶锈病严重度的普通对数转换值；

X_4：预测日小麦生育期；

X_5：叶锈菌侵染函数，用逐日累积值表示。当日条件有利于侵染(最低气温 >4.4℃，保持自由水4h 以上，孢子捕捉数1个以上)时数值为1，否则为0；

X_6：叶锈菌生长函数(病菌生长速度的 sin 变换位)；

X_7：预测日前7d 的平均最低温度；

X_8：预测日前7d 的平均最高温度；

X_9：预测日前7d 累积孢子捕捉数量的普通对数转换值；

X_{10}：叶锈病初现日到预测日的严重度增长速率(自然对数值)；

X_{11}：捕捉孢子初始日到预测日的累积孢子数量增长速率(自然对数值)；

X_{12}：捕捉孢子初始日到预测日的累积孢子数量的普通对数转换值。

在利用计算机进行的逐步回归计算过程中淘汰了对预测量作用不显著的自变量，得出包含对预测量相关性较高的各预测因子的多个回归方程，其一般形式为

$$y = k + b_1 x_1 + b_2 x_2 + \cdots b_n x_n$$

式中　y——预测量(严重度的对数转换值)；

　　　x_1，x_2，$\cdots$，x_n——预测因子；

　　　b_1，b_2，$\cdots$，b_n——偏回归系数，即各因子对流行的"贡献"，可用以衡量各因子作用的相对大小；

　　　k——常数项。最后根据各个回归方程的相关指数和平均变异量，选出了6个用于冬小麦、4个用于春小麦的最优方程。例如，预报14d后叶锈病严重度的预测式为：

$$y = -3.399\,8 + 0.060\,6x_1 + 0.767\,5x_3 + 0.400\,3x_4 + 0.007\,7x_6$$

回归方程是经验和观测的产物，它并不表示预测因子与预测量之间真正的因果关系，所得出的预测式只能用于特定的地区。

病害的产量损失也多用回归模型预测。通常以发病数量以及品种、环境因子等为预测因子(自变量)，以损失数量为预测量(因变量)，组建一元或多元回归预测式。

侵染预测的原理已在前面介绍，现已研制出装有电脑的田间预测器，可将有关的数学预测模型转换为计算机语言输入预测器，同时预测器还装有传感器，可以自动记录并输入有关温度、湿度、露时等小气候观测数据，并自动完成计算和预测过程，显示出药剂防治建议。

系统模拟预测模型是一种机理模型。建立模拟模型的第一步是把从文献、实验室和田间收集的有关信息进行逻辑汇总，形成概念模型。概念模型通过实验加以改进，并用数学语言表达即为数学模型，再用计算机语言译为计算机程序，经过检验和有效性、灵敏度测定后即可付诸使用。使用时，在一定初始条件下输入数据，使状态变数的病情依据特定的模型(程序)按给定的速度逐步积分或求和，外界条件通过影响速度变数而影响流行，最后打印出流行曲线图。

实验六　植物病害诊断和鉴定

一、真菌病害的诊断和鉴定

真菌病害的鉴定主要是根据症状特征和病原真菌的形态特征。但由于不同的真菌和其他病原物可引起相似的症状，因此应以病原真菌的鉴定为依据。

(一)症状观察

观察症状时，先注意病害对全株的影响(如萎凋、萎缩、畸形和生长习性的改变等)，然后检查病部。观察斑点病害，要注意斑点的形状、数目、大小、色泽、排列和有无轮纹等；观察腐烂病，要注意腐烂组织的色、味、结构(如软腐、干腐)以及

有无虫伤等。放大镜和解剖镜在检查病症时很有用，注意有无病症，即真菌产生孢子和子实体等。

特别值得提出的是，鉴定时常常会遇到许多非侵染性病害，它们的症状有的与病毒病、线虫病或有些真菌病害很相似，甚至在上面还能检查到真菌，当然，这些真菌一般是后来在上面生长的腐生性真菌。非侵染性病害，一般在田间是同时普遍发生的，与地形、土壤、栽培、品种和气候等条件有关，没有完整的田间记录有时是很难鉴定的，最好是就地观察、调查和分析，不能单纯依靠室内检查。

(二)病原菌鉴定

症状对鉴定不是绝对可靠，不同的病原物可以产生相似的症状，而一种病害的症状可能因寄主和环境条件而变化，因此，标本的显微镜检查非常重要。真菌病害标本或培养的真菌，应因材料的不同而采取不同的方法检视。

1. 菌丝体和子实体的挑取检视

标本或培养基上的菌丝体或子实体，一般是直接用针挑取少许，放在加有一滴浮载剂的载玻片上，加盖玻片在显微镜下检视。

2. 叶面真菌的粘贴检视

叶面真菌的粘贴检视可用透明胶、醋酸纤维素、火棉胶或其他粘贴剂等，目的是为了检查叶片表面的真菌如白粉菌和其他霉菌等。

3. 组织整体透明检视

组织透明后的整体检查，不但可以看清表面有病菌，还可以观察组织内部的病菌。透明的方法很多，最常用的是水合氯醛。方法是：为了观察病叶表面和内部的病菌，可将小块叶片在等量的酒精(95%)和冰醋酸的混合液中固定 24 h，然后浸泡在饱和的水合氯醛水溶液中，待组织透明后取出用水洗净，经稀苯胺蓝的水溶液染色，用甘油浮载检视。

4. 真菌的玻片培养检视

琼胶培养基表面的真菌，直接挑取检视往往会破坏真菌的结构，故玻片培养是很好的检视方法。

5. 琼胶培养基中真菌的检视

琼胶培养基表面下的真菌机构，可以从平板上切取小块带菌的琼胶培养基，放在载玻片上，加盖玻片挤压后检视。

6. 真菌细胞核和染色体的观察

真菌细胞核和染色体的观察对了解真菌致病性和变异是非常重要的，有时需要对真菌染色体的变化或细胞核进行观察。细胞核染色方法很多，通常使用苏木精染色或 4,6-Diamido-2-phenylindol(DAPI)荧光染料染色。

7. 组织浸离检视

组织浸离就是将根、茎、树皮等组织用药处理，除去中胶层，进行细胞分离，以观察单个细胞的形态。

8. 徒手切片检视

徒手切片在教学和研究上都很有用，不需要特殊设备，操作方便，是日常用的最多的真菌检视方法。

二、细菌病害的诊断和鉴定

植物细菌病害的危害症状和发生发展规律，并不像病毒病害那样与真菌有很大的差别，所以鉴定和诊断方法大致和真菌病害相似。由于细菌很小，可以作为分类根据的形态学性状比较少，因此细菌的鉴定方法与真菌又有所不同。

（一）症状观察

植物细菌病害表现各种类型的症状，不同属的细菌侵染植物后引起的症状有所不同，如棒形杆菌属细菌主要引起萎蔫，假单胞菌属细菌主要引起叶斑叶叶枯（少数枝枯、萎蔫和软腐），黄单胞菌属细菌主要引起叶斑和叶枯，土壤杆菌属细菌主要引起肿瘤，欧文菌属细菌主要引起软腐等。许多细菌性病害的病斑带有水渍状，有时可以作为诊断的特征。植物病部有时还有菌脓排出，也可以作为植物细菌病害一诊断特征。

（二）病原菌鉴定

1. 显微镜观察

显微镜检查对诊断是非常重要的，细菌侵染引起的病害受害部位的维管束或薄壁细胞组织中一般都有大量的细菌，用显微镜观察组织有无细菌流出（喷菌现象）。

2. 病原细菌分离鉴定

植物病原细菌一般都用稀释分离法。病原细菌在组织中的数量很大，稀释培养可以使病原细菌与杂菌分开，形成分散菌落，容易分离得到纯培养，对病原细菌的识别和鉴定有很大帮助。病原细菌的鉴定通常需要进行生理生化测定和致病性测定。

三、病毒病害的诊断和鉴定

植物的病毒病是作物的重要病害，几乎每种作物都发现有1种、几种甚至十几种病毒病害。病毒是一种非细胞形态的、在寄主细胞内营专性寄生的一种生物体。病毒粒体很小，在一般光学显微镜下看不到它，不易根据形态特征作出鉴定。因此病毒的研究方法与真菌、细菌也就有所不同。植物病毒的鉴定，除去可以利用电子显微镜观察它的形态以及根据它在植物上引起的症状，传染方法，体外抗性和血清学反应以外，还要用近代生物物理和生物化学方法研究它的物理和化学性状。

植物病毒必须经过一定的伤口才能侵入寄主植物的细胞和组织，例如，叶片经摩擦接种病毒后，在接种点可形成局部斑点，有坏死、褪绿、黄化等不同颜色，大小也可以不同。植物病毒从侵入点扩散，一般可以扩散到全株，表现各种外部症状，植物病毒病的外部症状一般可以归为3种类型，视寄主种类及病毒特性而各异，还与环境条件密切相关。植物病毒病的内部症状包括组织与细胞的变化和内含体的变化两个方面。

1. 褪色或变色

这是最常见的症状，植物叶片部分褪绿而形成斑块状不均匀变色边缘清晰的称为花叶，边缘不清晰的称为斑驳，全面褪色的称为黄化。花叶是植物感染病毒后最常见的症状，因此很多病毒病都称为花叶病。典型花叶症状最先表现为叶脉透明（脉明），有的叶脉转黄（黄脉），最后才表现叶色的深浅不一，黄绿相嵌。

2. 组织坏死

受病植物组织局部枯死，枯死发生于叶片的称为枯斑，发生于茎干和果实上的称为条纹或条斑。

3. 畸形

全株或部分器官表现各部畸形。

四、线虫病害的诊断和鉴定

（一）症状观察

植物受到线虫危害后，可以表现各种症状，有的表现为瘿瘤、叶斑、坏死或整株枯死等，通常可以在病变部位找到病原线虫，但是多数线虫病表现为变色、褪绿、黄化、矮缩和萎蔫等症状，这多半是根部危害造成的。各属线虫危害不同，茎线虫主要危害植物地下茎，胞囊线虫多寄生在植物根部支根或须根侧面，根结线虫在新生的支根或侧根上寄生后引起根结，粒线虫和滑刃线虫主要危害植物的地上部分，可以传染植物病毒的长针线虫、剑线虫和毛刺线虫等，在根外寄生。

（二）病原鉴定

直接观察分离。胞囊线虫、根结线虫和珍珠线虫等根部寄生的线虫，可在解剖镜下用挑针直接挑取虫体观察。对于一些虫体较大的线虫，如茎线虫和粒线虫等，可在解剖镜下用尖细的竹针或毛针将线虫从病组织中挑出，放在凹穴玻片上的水滴中，作进一步的观察和处理。

第二章　微生物实验

实验须知

1. 每次实验前要充分预习实验指导，明确实验的目的、原理和方法。

2. 实验进行时，应尽量避免在实验室内走动，以免染菌。实验时不准喧哗、吵闹，保持室内安静。

3. 实验操作要细心谨慎，认真观察，及时做好实验记录。

4. 凡实验用过的菌种以及带有活菌的各种器皿，应先经高压灭菌后才能洗涤。制片上的活菌标本应先浸泡于3%来苏尔溶液或5%石炭酸溶液中0.5 h后再行洗刷。

5. 实验过程中，如不慎将菌液洒到桌面或地面，应以3%来苏尔溶液或5%石炭酸溶液覆盖0.5 h后才能擦去。

6. 进行高压蒸汽灭菌时，严格遵守操作规程。

7. 需要培养的实验材料，应注明名称、组别等，放于教师指定的地点进行培养。

8. 爱护国家财产。使用显微镜时要严格按照规定操作。注意节约药品、水、电。

9. 实验完毕，应将仪器和用品放回原处，擦净桌面，收拾整齐。离开实验室前注意关闭门、窗、灯、火等，并用肥皂洗手。

10. 实验结束，应以实事求是的态度填写实验报告，并及时交给指导教师批阅。

实验一　普通光学显微镜使用技术

一、实验目的

1. 了解普通光学显微镜的结构、基本原理、维护和保养的方法。
2. 掌握普通光学显微镜的正确使用方法。

二、实验原理

普通光学显微镜由机械装置和光学系统两部分组成。

1. 机械装置(图2-1)

①镜座和镜臂：它们是显微镜的基本骨架，起稳固和支撑显微镜的作用。

②镜筒：是一个金属制的圆筒，其上端安装目镜，下端安装物镜转换器。

③物镜转换器：用于安装物镜的圆盘，其上装有4个物镜。转换物镜时，必须用手按住圆盘旋转，勿用手指直接推动物镜。

④镜台：用于安放载玻片，镜台上安装有玻片移动器，调节移动器上的螺旋可使

标本前后、左右移动。在移动器上还标有刻度，可标定标本的位置，便于重复观察。

⑤调焦装置：安装在镜臂两侧的粗调和微调，用于调节物镜与标本间的距离，使物像更清晰。

2. 光学系统

①目镜：目镜的功能是把经物镜放大的物像再次放大。目镜由两片透镜组成，上面一片为接目透镜，下面一片为聚透镜，两片透镜之间有一光阑。光阑的大小决定了视野的大小，光阑的边缘就是视野的边缘。

②物镜：物镜是显微镜中最重要的部件。物镜有 4 倍（4×）、10 倍（10×）、40 倍（40×）和 100 倍（100×）等不同的放大倍数。物镜上标有放大倍数、数值孔径、工作距离及要求盖玻片的厚度等主要参数。

③聚光器：聚光器起会聚光线的作用，可上下移动，当用低倍物镜时聚光器应下降，当用油镜时聚光器应升到最高位置。在聚光器的下方安装有可变光阑（光圈），可放大或缩小，用以调节光强度和数值孔径的大小。在观察较透明的标本时，光圈宜缩小些，这时分辨力虽降低，但反差增强，从而使透明的标本看得更清楚。

④光源：光源为安装在底座内的灯泡，通过调节电流可以调节光线的强度。

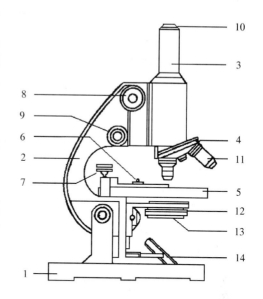

图 2-1　普通光学显微镜的构造

1. 镜座　2. 镜臂　3. 镜筒　4. 转换器　5. 载物台　6. 压片夹　7. 标本移动器　8. 粗调螺旋　9. 细调螺旋　10. 目镜　11. 物镜　12. 虹彩光阑（光圈）　13. 聚光器　14. 反光镜

三、实验内容

（一）显微镜的放置

显微镜应直立平放在桌上，离桌缘至少 3 cm。

（二）光源的调整

接通电源，将开关打开。观察目镜，并调节聚光镜上的光阑孔径，使其与视野一样大或略小于视野，最后调节光强控制按钮，选择最佳的照明效果。

（三）低倍镜和高倍镜的使用

1. 标本放置
下降镜台，把大肠杆菌染色标本置镜台上，用载片夹夹牢。

2. 调焦
转动粗调，使低倍物镜的前端接近载片，用眼观察目镜，转动粗调，直至目镜的视野中出现物像，再调节微调，使物像清晰。

3. 换高倍镜

用低倍镜看到物像后，移动标本把要观察的部位置于视野的中央，旋转物镜转换器用高倍镜观察，此时，只需转动微调便可使物像清晰。

（四）油镜的使用

由于细菌过于微小，必须用油镜才能观察到。

1. 滴加镜油

转动粗调，使镜台下降，在标本处滴加 1~2 滴液体石蜡或香柏油。

2. 转换油镜

转动物镜转换器，用油镜观察。

3. 调焦

转动粗调，使镜台上升，使油镜的镜头浸入油中。操作时要从侧面仔细观察，只能让镜头浸入油中紧贴着标本而避免让镜头挤压载玻片。然后用目镜观察，并缓慢转动微调直至物像清晰。

4. 显微镜使用完毕后的处理

关闭电源。转动粗调，使镜台下降，取出玻片标本，先用擦镜纸擦去油镜上的香柏油，再用擦镜纸蘸少量二甲苯擦去油镜上的香柏油，最后用擦镜纸擦净二甲苯及香柏油。把镜头转成"八"字形，罩上镜罩后放入柜中。

四、作业与思考题

1. 绘出大肠杆菌的菌体形态图。
2. 简述显微镜的使用及保护要点。

实验二　细菌的形态结构观察

一、实验目的

1. 观察细菌菌落的特征。
2. 掌握简单染色法、革兰染色法的原理及操作步骤。
3. 用油镜观察细菌的形态。

二、实验原理

（一）简单染色法原理

由于细菌在中性环境中一般带负电荷，所以通常采用一种碱性染料如美蓝、碱性复红、结晶紫、蕃红等进行染色。这类染料解离后，染料离子带正电荷，故使细菌着色。

（二）革兰染色法原理

革兰染色法原理是利用细菌的细胞壁组成成分和结构的不同。革兰阳性菌的细胞壁肽聚糖层厚，交联而成的肽聚糖网状结构致密，经乙醇处理发生脱水作用，使孔径缩小，通透性降低，结晶紫与碘形成的大分子复合物保留在细胞内而不被脱色，结果使细胞呈现紫色。而革兰阴性菌的肽聚糖层薄，网状结构交联少，而且类脂含量较高，经乙醇处理后，类脂被溶解，细胞壁孔径变大，通透性增加，结晶紫与碘的复合物被溶出细胞壁，因而细胞被脱色，再经蕃红复染后细胞呈红色。

三、实验内容

（一）简单染色

1. 涂片

选取金黄色葡萄球菌或枯草芽孢杆菌其中的一种和大肠杆菌进行染色。

取洁净的载玻片一张，将其在火焰上微微加热，除去上面的油脂，冷却，在中央部位滴加一小滴无菌水，用接种环在火焰旁从试管内挑取少量菌体与水混合，烧去环上多余的菌体后，再用接种环将菌体涂成直径约 1 cm 的均匀薄层。制片是染色的关键，载玻片要洁净，不得沾污油脂，菌体才能涂布均匀。取菌量不应过大，以免造成菌体重叠。

2. 干燥

涂片后，待其自然干燥。

3. 固定

将已干燥的涂片标本向上，在微火上通过 3~4 次进行固定。固定的作用为：杀死细菌；使菌体蛋白质凝固，菌体牢固黏附于载片上，染色时不被染液或水冲掉；增加菌体对染料的结合力，使涂片易着色。

4. 染色

在涂片处滴加草酸铵结晶紫溶液 1~2 滴，使其布满涂菌部分，染色 1 min。

5. 冲洗

斜置载片，倾去染液。用水轻轻冲去染液，至流水变清。注意水流不得直接冲在涂菌处，以免将菌体冲掉。

6. 吸干

用吸水纸轻轻吸去载片上的水分，干燥后镜检。

7. 镜检

将染色的标本，先用低倍镜找到目的物，然后将低倍物镜转开，滴加一小滴香柏油于涂片处，用油镜进行观察。观察完毕，用擦镜纸将镜头上的香柏油擦净。简单染色的操作过程如图 2-2 所示。

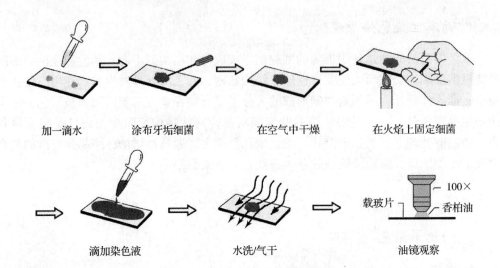

加一滴水　　涂布牙垢细菌　　在空气中干燥　　在火焰上固定细菌

滴加染色液　　　水洗/气干　　　油镜观察

图 2-2　细菌的简单染色与显微镜观察

(二)革兰染色法

1. 涂片

取大肠杆菌、枯草芽孢杆菌和金黄色葡萄球菌制成涂片，干燥、固定。

2. 染色

用草酸铵结晶紫染液染色 1 min，用水冲洗。

3. 媒染

滴加碘液冲去残水，并用碘液覆盖 1 min，用水冲去碘液。

4. 乙醇脱色

斜置载片于烧杯上，滴加 95% 乙醇，并轻轻摇动载片，至乙醇液不呈现紫色时停止(约 20 s)，立即用水冲净乙醇并用滤纸轻轻吸干。脱色是革兰染色的关键，必须严格掌握乙醇的脱色时间。若脱色过度则阳性菌被误染为阴性菌；而脱色不够时阴性菌被误染为阳性菌。

5. 复染

用蕃红染液复染 2 min，水洗。

6. 吸干并镜检

用吸水纸将水吸干，先在低倍镜下找到目的物，然后在涂片处滴加一小滴香柏油，用油镜镜检(图 2-3)。

四、作业与思考题

1. 绘出大肠杆菌、枯草芽孢杆菌和金黄色葡萄球菌的细胞形态图。
2. 记录上述 3 种菌的革兰染色结果，指出它们是革兰阳性菌或阴性菌。
3. 请区别出革兰阳性细菌与革兰阴性细菌的主要结构特征。

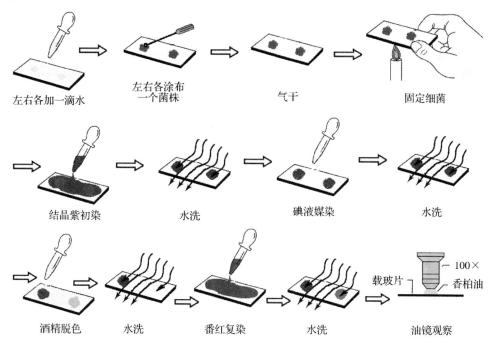

图 2-3 细菌的革兰染色与显微镜观察

实验三 霉菌的形态结构观察

一、实验目的

1. 观察霉菌菌落特征。
2. 学习并掌握霉菌的制片方法。
3. 观察霉菌个体形态及各种无性孢子的形态。

二、实验原理

霉菌的营养体呈丝状，并可以分化出多种结构。菌丝在显微镜下观察呈管状，分为有隔和无隔菌丝。在观察时要注意菌丝直径的大小，菌丝体有无隔膜，营养菌丝有无假根，孢子的形态和着生方式等。

三、实验内容

（一）霉菌菌落特征的观察

观察产黄青霉、黄曲霉、黑根霉的菌落，描述其菌落特征，并与细菌、放线菌、酵母菌菌落进行比较。

（二）制片观察

于洁净的载片中央，滴加一小滴乳酚棉兰或乳酸石炭酸溶液，然后用接种针从菌落边缘挑取少许菌丝体置于其中，使其摊开，轻轻盖上盖片，置于低倍镜、高倍镜下观察。

1. 产黄青霉

观察菌丝体的分枝状况，有无横隔，分生孢子梗及其分枝方式，梗基、小梗及分生孢子的形状。

2. 黄曲霉

观察菌丝体有无横隔、足细胞，注意分生孢子梗、顶囊、小梗及分生孢子着生状况及形状。

3. 黑根霉

观察无隔菌丝、假根、匍匐枝、孢子囊梗、孢子囊及孢囊孢子。孢囊破裂后能观察到囊托及囊轴。

四、作业与思考题

1. 分别描述产黄青霉、黄曲霉、黑根霉的菌落特征。
2. 绘制产黄青霉、黄曲霉、黑根霉的个体形态图。
3. 霉菌制片需注意哪些问题？

实验四　血球计数板直接计数法测定微生物生长

一、实验目的

1. 了解血球计数板的构造、计数原理和计数方法。
2. 用显微镜直接测定样品中的酵母细胞数。

二、实验原理

血球计数板是一块特别厚的玻璃片，玻片上有 4 条沟和 2 条嵴，中央有一短横沟和 2 个平台，两嵴的表面比 2 个平台的表面高 0.1 mm，每个平台上刻有不同规格的格网，中央 1 mm² 面积上刻有 400 个小方格（图2-4）。

血球计数板有 2 种规格，一种是将 1 mm² 面积分为 25 个大格，每大格再分为 16 个小格（25×16）；另一种是 16 个大格，每个大格再分为 25 个小格（16×25）。两者都是总共有 400 个小格。当专用盖玻片置于两条嵴上，从两个平台侧面加入菌液后，400 个小方格计数室上形成 0.1 mm³ 的体积。通过对一定大格内微生物数量的统计，可计算出 1 mL 菌液所含的菌体数。

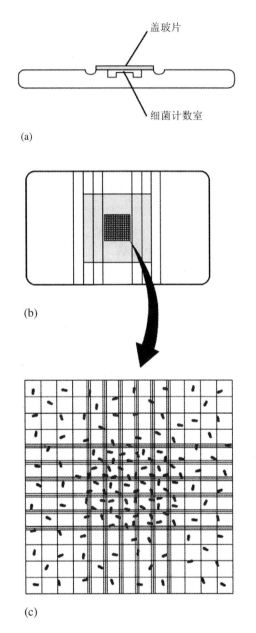

盖玻片

细菌计数室

(a)

(b)

(c)

图 2-4 血球计数板

(a)血球计数板 (b)低倍镜下的计数室 (c)高倍镜下的计数室

三、实验内容

(一)血球计数板的操作

取清洁的血球计数板，将洁净的专用盖片置于两条崤上。

将酿酒酵母菌在液体培养基中适温培养 24~48 h，然后将培养液进行稀释，以每小格有 3~5 个酵母菌为宜。

摇匀稀释的酵母菌液，用无菌滴管吸取少许菌液，从盖片的边缘滴一小滴，使菌液自行渗入平台的计数室。加菌液时注意不得使计数室内有气泡。2 个平台上都滴加菌液后，静置约 5 min。在低倍镜下找到方格网后，转换高倍镜进行观察和计数。

（二）计数方法

不同规格的计数板的计数方法略有差异。16×25 规格的计数板，需按对角线方位，计算左上、左下、右上和右下 4 个大格（共 100 小格）的酵母菌数。若是 25×16 规格的计数板，除统计上述 4 个大格外，还需统计中央一大格（80 小格）的酵母菌数。酵母菌的芽体达到母体细胞大小的一半者，即可作为 2 个菌体计数。位于 2 个大格间线上的酵母菌，只统计上侧和右侧线上的菌体数。

每个样品重复计数 2~3 次，取其平均值。

按下述公式计算出每毫升菌液所含的酵母菌细胞数：

（1）16×25 规格的计数板

$$酵母菌细胞数/mL = \frac{100\ 个小格内酵母细胞数}{100} \times 400 \times 10\ 000 \times 菌液稀释倍数$$

（2）25×16 规格的计数板

$$酵母菌细胞数/mL = \frac{80\ 个小格内酵母细胞数}{80} \times 400 \times 10\ 000 \times 菌液稀释倍数$$

四、作业与思考题

1. 记录计数的结果并计算每毫升菌液中的酵母菌细胞数。
2. 简述血球计数板的结构，原理及方法。

实验五　培养基的制备

一、实验目的

培养基是按照微生物生长繁殖的要求人工配制的营养基质。主要用于分离、培养、保存、鉴定和研究微生物。培养基的种类繁多，按其物理性状，可分为液体、固体和半固体培养基。按其组成成分，可分为天然、合成和半合成培养基。按其用途，可分为普通、营养、选择、鉴别和厌氧培养基等。

将微生物所需要的营养物质，按合理的方法加以调制，使其具有适宜的渗透压和 pH 值，并经灭菌之后成为适合于微生物生长繁殖或产物积累的基质，即为培养基。细菌液体培养基由牛肉膏（供给微生物所需氮源、碳源和维生素）、蛋白胨（氮源）、食盐（维持渗透压，通常含 0.5%）和水组成，如加入适量的琼脂或明胶，可成为固体或半固体培养基。营养要求较高者可加入血清、血液、葡萄糖等营养物质。

本实验是以细菌固体培养基为例，学习常用培养基的制备过程。

二、实验材料

1. 试剂

1 mol NaOH、1 mol HCl、葡萄糖、琼脂。

2. 仪器及器皿

恒温箱；手提式高压蒸汽灭菌器；电炉；天平；搪瓷缸；玻棒；量筒；吸管；中试管；三角烧瓶；灭菌平皿；漏斗；分装漏斗；药匙；铁架台；棉塞；1 cm 厚板条；酒精灯；试管筐；棉线绳或纸绳；牛皮纸；标签；pH(5.5~9.0)试纸和比色箱；滤纸；弹簧夹等。

3. 培养基成分

①普通肉汤：牛肉膏 3 g；蛋白胨 10 g；NaCl 5 g；蒸馏水 1 000 mL。

②普通琼脂：普通肉汤 100 mL；琼脂 2~3 g。

③马铃薯葡萄糖培养基：马铃薯 200 g；葡萄糖 20 g；琼脂 15~20 g；水 1 000 mL；pH 试纸。

三、实验方法与步骤

1. 普通肉汤培养基

①称量：按配方及配制的总量计算各种成分所需的量分别精确称取。称牛肉膏时，应先称玻璃棒重量，然后用玻璃棒取样，再称重。

②溶解：将各种成分加入搪瓷缸中，加蒸馏水至所配培养基的总量，于电炉上加热溶解并不断搅拌以防止液体溢出。待完全溶解后，补足蒸发掉的水分。

③调 pH：常用试纸法和比色法。

④过滤：将培养基用滤纸过滤至完全透明。

⑤分装：将滤液分装于试管，量为试管高度的 1/5。如大量培养细菌时，可分装于三角瓶中，量不应超过瓶容量的 1/2。

⑥加塞：分装后试管或瓶口用棉塞塞紧，棉塞的 2/3 塞进管或瓶内，外露 1/3。

⑦包扎：将试管包扎成捆，在棉上方包一层牛皮纸，用绳系好，贴上标签，注明培养基的名称及配制日期。

⑧灭菌：将培养基置入手提式高压锅内，0.1 MPa(121.3 ℃)高压灭菌 20 min。

⑨无菌检查：将灭菌后的培养基置 37 ℃温箱孵育 24 h，无菌生长，即可使用。

2. 普通琼脂培养基

①称量：按配制总量和配方称量普通肉汤(调 pH 值)。

②溶解：将琼脂加入普通肉汤中，于电炉上加热溶解(琼脂是由海藻中提取的一种半乳糖硫酸脂，在 98 ℃溶于水，45 ℃以下时凝固，故起固形作用。在液体培养基中加入 1.5% 的琼脂即为固体培养基，加 0.2%~0.5% 的琼脂即为半固体培养基)。待完全溶解后补足蒸发掉的水分。

③过滤：一般培养基可不过滤，必要时可趁热用保温漏斗或四层纱布进行过滤。

④分装：制斜面时，将培养基分装于试管中；制平板时，分装于三角瓶中，分装

量同肉汤培养基。

⑤加塞、包装和灭菌：同普通肉汤。

⑥摆斜面和倒平板：制斜面培养基时，应趁热将试管有棉塞的一头搁在一根长木条上，斜度要适当，斜面长度约为试管长度的1/2，凝固后即成为斜面培养基。制平板培养基时，应无菌操作趁热将培养基倾入灭菌平皿中，使厚度达3 mm，盖上皿盖，轻轻摇动平皿，使其布满皿底，水平静置，等凝固后翻转平皿。

⑦无菌检查：将制好的培养基置37 ℃温箱孵育24 h无菌生长，即可使用。

3. 马铃薯葡萄糖培养基

配制方法：将马铃薯洗净去皮，称取200 g，切成小块，放入1 000 mL水中煮沸30 min；用纱布过滤，然后补足失水至所需体积，然后继续加热煮沸；在滤液中加入称好的琼脂，不断搅拌至琼脂完全溶化；然后加入称好的葡萄糖，停止加热；分装、加塞、包扎；高压蒸汽灭菌0.1 MPa灭菌20 min。

四、注意事项

①培养基必须含有微生物所需的各种营养物质，如碳源、氮源、无机盐、生长因子和水等。

②培养基必须具有适宜的渗透压和pH值，通常细菌培养基为pH 7.2~7.6，真菌培养基为pH 4~6，故制备培养基要准确测定、调整pH值，但要尽量避免回调，以免影响培养基内各离子浓度。

③制备及装培养基的容器必须洁净，不应含有抑制微生物生长繁殖的物质存在，如铜、铁等。培养基中的含铁量每1 000 mL超过0.14 mg时，可减低细菌产生毒素的能力；若含铜量每1 000 mL超过0.3 mg时，就不易生长。故配制培养基最好不用铜锅和铁锅，而用搪瓷制品、玻璃器材或铝锅。

④制备培养基应使用蒸馏水，因其不含杂质，制成的培养基透明度高，有利于观察微生物的培养性状和其生命活动所产生的变化等。也可用井水、河水等天然水。一般不用自来水，因其含有较多的钙、镁离子，可与蛋白胨、肉浸汁中的磷酸盐生成磷酸钙、磷酸镁，高压灭菌后，可析出沉淀，影响培养基透明度。

⑤配制化学成分较多的合成培养基时，有的药品间，如磷酸盐和钙、镁盐等混溶时易产生结块、沉淀，此时应依次分别溶解，之后再混合。

⑥配制好的培养基应立即进行灭（除）菌，否则应置冰箱保存。含血清、腹水、糖类、尿素、氨基酸等的培养基不能采用高压灭菌，应按其所规定的方法进行灭菌。

五、作业与思考题

1. 什么叫培养基？其主要用途有哪些？
2. 配制培养基的基本要求是什么？
3. 制备一般培养基的基本步骤有哪些？
4. 培养基配好后，为什么必须立即进行灭菌？
5. 培养基怎样进行无菌检查？

实验六 高压蒸汽灭菌

一、实验目的

1. 了解高压蒸汽灭菌原理。
2. 学习并掌握高压蒸汽灭菌的操作。

二、实验原理

高压蒸汽灭菌是微生物学实验中最常用的一种灭菌方法，一般培养基、玻璃器皿和金属用具等均可采用此法灭菌。

灭菌时把待灭菌物品放在一个密闭的高压蒸汽灭菌锅中，当锅内压力为 0.1 MPa 时，温度可达到 121 ℃，一般维持 20 min，即可杀死一切微生物的营养体及孢子。

三、实验步骤

高压蒸汽灭菌的操作步骤如下：

①向锅内加水：打开灭菌锅盖，向锅内加水至标示高度。水量不足，灭菌锅易蒸干。

②放入待灭菌物品：将待灭菌物品放入灭菌锅内，物品不要放得太紧和紧靠锅壁，以免影响蒸汽流通和冷凝水顺壁流入待灭菌物品。

③盖好锅盖，使锅密闭。

④排放锅内冷空气及升温灭菌：打开排气阀，接通电源加热，自锅内开始产生蒸汽后 3 min 再关紧排气阀，此时蒸汽已将锅内的冷空气由排气孔排尽，温度随蒸汽压力升高而上升，待温度上升至所需温度时开始计时，一般培养基控制在 0.1 MPa 灭菌 20 min。

⑤灭菌完毕后的处理：待锅内压力降至零时，缓慢打开排气阀排气，待气排尽开盖，立即取出灭菌物品，以免凝结在锅盖和壁上的水滴沾湿包装纸，增加染菌率。斜面培养基自锅内取出后要趁热摆成斜面。

四、作业与思考题

1. 说明高压蒸汽灭菌的原理、适用范围。
2. 说明高压蒸汽灭菌的注意事项。

实验七　环境中微生物的检测

一、实验目的

1. 初步了解周围环境中微生物的分布状况。
2. 理解无菌操作在微生物学实验中的重要性。
3. 学会用无菌操作法倒平板培养基。

二、实验原理

在我们周围的环境中存在着种类繁多、数量庞大的微生物，它们个体微小，人的肉眼无法观察到它们的存在。如果将这些微生物通过某种方法接种到适合它们生长的固体培养基表面，在适宜的温度下培养一段时间后，少量分散的菌体或孢子就可以生长繁殖成一个个肉眼可见的细胞群体即菌落。如果平板上的单菌落是由单个细胞生长繁殖而成的，就称为纯菌落。不同种的微生物可形成大小、形态各异的菌落，因此，根据微生物菌落形态的不同，就可鉴别4大类微生物——细菌、放线菌、酵母菌和霉菌。

三、实验内容

1. 融化培养基

将培养基放在沸水浴或微波炉中加热，待培养基彻底融化后取出，室温下放置冷却至手握不十分烫手时倒平板。

2. 清洁桌面

倒平板前须清洁桌面，以减少桌面尘埃，降低平板污染的概率。

3. 倒无菌平板

点燃酒精灯，左手握住装有培养基的三角瓶底部，在酒精灯火焰旁以右手旋松棉塞，然后以右手的小指和手掌边缘夹住棉塞并将其轻轻拔出。将握在左手中的三角瓶迅速移交给右手（移交中瓶口面向火焰），以右手的拇指、食指和中指握住三角瓶的底部，然后用左手拿起一套培养皿并将皿盖打开一条缝，以能让三角瓶口伸入为宜，随后迅速倒出瓶内培养基至皿内，一般倒入量为12~15 mL。合上皿盖，置水平处冷凝。

倒好平板的三角瓶用棉塞塞紧并用纸包好，以保持三角瓶内剩余培养基的无菌状态。

4. 贴标签

待培养基完全凝固后，在皿底或皿盖上贴上标签，并注明组别、日期等。

5. 不同环境中微生物的检测

①空气：检测实验室空气中的微生物时，只要打开无菌平板的皿盖，让其在空气中暴露一段时间（5~10 min），空气中含微生物的尘埃和微粒就会自动沉降到平板培

养基的表面，然后盖上皿盖即可。

②桌面：在做实验室桌面的微生物检测时，可用一枚无菌棉签先在无菌平板的半侧划数条"Z"形的接种线，并在皿底做好标记，以此作为对照。然后仍用此棉签去擦抹桌面，再在平板的另半侧作同样的划线接种。上述操作均以无菌操作法进行。

③头发：移去无菌平板的皿盖，使自己的头发部位保持在平板培养基的上方，然后以手指拨动头发数次，再盖上皿盖，就可粗略测知头发中所含带菌尘埃的多少及其所含的微生物种类等。

④手指：可用未经清洗的手指先在无菌的平板培养基的左半侧作划线接种，并在皿底做好标记。然后将手指洗干净后再在平板培养基的另半侧作同样的划线接种，然后盖上皿盖。待培养后比较平板两侧所形成的菌落的差异来判断手指的含菌量。

⑤口腔：打开无菌平板的皿盖，使口对着平板培养基的表面，以咳嗽或打喷嚏方式接种；也可用无菌棉签从口腔或咽喉等处取菌样，然后在平板表面作划线分离，再盖上皿盖，经培养后观察平板上的菌落或菌苔。

6. 培养

将以上各种检测平板倒置于28 ℃温箱中培养，1周后观察并计数各平板上的菌落数。

7. 观察

将观察结果记录在下表中：

检测对象	所用培养基	菌落数/皿	菌落特征(干燥/湿润、隆/扁、颜色等)

8. 清洗

观察记录完毕后，将培养皿清洗干净并晾干。

四、作业与思考题

1. 谈谈你对环境中微生物的分布及其种类的一些认识。

2. 无菌操作的目的是什么？

3. 倒平板法需注意什么？

实验八　土壤中细菌、放线菌、酵母菌及霉菌的分离与纯化

一、实验目的

1. 学习并掌握细菌、放线菌、酵母菌及霉菌稀释分离、划线分离等技术。

2. 学习并掌握平板倾注法和斜面接种技术，了解培养细菌、放线菌、酵母菌及霉菌4大类微生物的培养条件和培养时间。

3. 学习平板菌落计数法。

二、实验原理

土壤是微生物生活的大本营，不同类型的土壤中微生物的种类和数量各不相同，一般土壤中细菌数量最多，其次为放线菌和霉菌；酵母菌在一般土壤中的数量较少，而在水果表皮、葡萄园、果园土中数量较多些。本次实验从土壤中分离细菌、放线菌和霉菌，自果园土中分离酵母菌。

三、实验内容

(一) 细菌的分离

1. 制备土壤稀释液

称取土样 1 g，在火焰旁加入到一个盛有 99 mL 无菌水并装有玻璃珠的锥形瓶中，振荡 10~20 min，使土样中菌体、芽孢或孢子均匀分散，制成 10^{-2} 稀释度的土壤稀释液。然后按 10 倍稀释法进行稀释分离。以制备 10^{-3} 稀释度为例：用无菌移液管吸取 0.5 mL 10^{-2} 土壤稀释液加入装有 4.5 mL 无菌水的试管中即制成 10^{-3} 的土壤稀释液。依此类推，可制成不同稀释倍数的土壤稀释液。

2. 细菌的分离

取无菌培养皿 6~9 个，分别在皿底按稀释度编号。用移液管从浓度最小的 10^{-7} 土壤稀释液吸取 1 mL 稀释液，用无菌操作技术加到编号 10^{-7} 的无菌培养皿内。再以相同方法分别吸取 1 mL 10^{-6}、10^{-5} 的土壤稀释液，各加到相应编号为 10^{-6}、10^{-5} 的无菌培养皿内。将已经过灭菌的牛肉膏蛋白胨固体培养基融化，待冷却至 45~50 ℃，按无菌操作技术分别倒入已盛有 10^{-7}、10^{-6}、10^{-5} 土壤稀释液的无菌培养皿内，并将培养皿在桌面上轻轻前后左右转动，使菌液和培养基混合均匀，然后静置桌上。

3. 培养

待平板完全冷凝后，将平板倒置于 30 ℃ 恒温箱中，培养 24~48 h 观察结果。

(二) 放线菌的分离

1. 制备土壤稀释液

称取土样 1 g 加入到一个盛有 99 mL 无菌水并装有玻璃珠的锥形瓶中，并加入 10

滴 10% 的酚溶液(抑制细菌生长)。振荡后静置 5 min,即成 10^{-2} 土壤稀释液。

2. 放线菌的分离

按前法将土壤稀释液分别稀释为 10^{-3}、10^{-4}、10^{-5} 3 个稀释度,然后用无菌移液管依次分别吸取 1 mL 10^{-5}、10^{-4}、10^{-3} 土壤稀释液于相应编号的无菌培养皿内,用高氏合成 1 号培养基依前法倾倒平板,每个稀释度做 2~3 个平行皿。

3. 培养

冷凝后,将平板倒置于 28 ℃ 恒温箱中,培养 5~7 d 观察结果。

(三)霉菌的分离

1. 制备土壤稀释液

称取土样 5 g,加入到一个盛有 95 mL 无菌水并装有玻璃珠的锥形瓶中,振荡 10 min,即成 10^{-2} 土壤稀释液。

2. 霉菌的分离

依前法将土壤稀释液分别稀释为 10^{-3}、10^{-4} 的土壤稀释液。然后用无菌移液管分别吸取 1 mL 10^{-2}、10^{-3}、10^{-4} 土壤稀释液于相应编号的无菌培养皿内。采用马丁培养基倾倒平板,为了抑制细菌生长和降低菌丝蔓延速度,马丁培养基临用前需无菌加入孟加拉红、链霉素和去氧胆酸钠。每个稀释度做 2~3 个平行皿。

3. 培养

冷凝后,将平板倒置于 28 ℃ 恒温箱中,培养 3~5 d 观察结果。

(四)酵母菌的分离

1. 制备菌悬液

称取果园土样 1 g,加入到一个盛有 99 mL 无菌水并装有玻璃珠的锥形瓶中,振荡 10~20 min,即成 10^{-2} 的土壤稀释液。

2. 酵母菌的分离

依前法向无菌培养皿内倾倒已融化并冷却至 45~50 ℃ 的豆芽汁葡萄糖培养基,待平板冷凝后,用无菌移液管分别吸取上述 10^{-6}、10^{-5}、10^{-4} 3 个稀释度菌悬液 0.1 mL,以此加入到相应编号的豆芽汁葡萄糖培养基平板上,右手持无菌玻璃涂棒,左手拿培养皿,并用拇指将皿盖打开一条缝,在火焰旁右手持玻璃涂棒于培养皿平板表面将菌液自平板中央均匀向四周涂布扩散,切忌用力将菌液直接推向平板边缘或将培养基划破。

3. 培养

接种后,将平板倒置于 30 ℃ 恒温箱中,培养 2~3 d 观察结果。

(五)平板菌落计数法

样品中的微生物经稀释分离培养后,每一个活菌细胞可以在平板上繁殖形成一个肉眼可见的菌落。故可根据平板上菌落的数目,推算出每克含菌样品中所含的活菌总数。

$$每克含菌样品中微生物的活细胞数 = \frac{同一稀释度的3个平板上菌落平均数 \times 稀释倍数}{含菌样品克数}$$

（六）平板菌落形态及个体形态观察

从不同平板上选择不同类型菌落用肉眼观察，区分细菌、放线菌、酵母菌和霉菌的菌落形态特征。再用接种环挑取不同菌落制片，在显微镜下进行个体形态观察。

四、作业与思考题

1. 简述微生物纯种分离的原理。
2. 将所分离的微生物平板菌落计数结果填入表 2-1 中。

表 2-1　平均每克样品所含微生物数

培养皿	每皿长出菌落数			每克样品所含菌数		
	$10^{(-)}$*	$10^{(-)}$	$10^{(-)}$	$10^{(-)}$	$10^{(-)}$	$10^{(-)}$
1 号培养皿						
2 号培养皿						
3 号培养皿						
均值						

　* 10 的上标代表不同的稀释度，一般由 3 个稀释度计算出的每克含菌样品中的总活菌数和同一稀释度出现的总活菌数均应很接近，不同稀释度平板上出现的菌落数应呈规律性地减少。

实验九　食品中细菌总数的测定

食品有可能被多种种类的微生物污染，某些微生物还能在食品中繁殖。食品中所含的细菌总数可以作为判别污染程度的标志，是食品卫生检验的一个指标。同时还可以应用这一方法观察在食品中繁殖的动态，以便对被检样品进行卫生学评价时提供依据。细菌总数是指食品检样经过处理，在一定条件下培养后，1 g 或 1 mL 食品检样，在琼脂培养基上形成的细菌菌落总数。

每种细菌都有它一定的生理特性，培养时应满足它们的要求才能分别将各种细菌培养出来。但实际上，一般都只用一种常规方法作细菌菌落总数的测定，所得的结果只包括一群能在细菌基础培养基上生长的嗜中温性需氧细菌的菌落的总数，根据食品检验要求，还可以进一步对检样作其他特殊方法的检验。

一、实验材料

恒温培养箱；药物天平；电炉；酒精灯；试管夹；无菌小勺；无菌称量纸。无菌（内装 9 mL 水）试管；无菌 5 mL 吸管 1 支；无菌 1 mL 吸管 7 支；0.1 mL 吸管 2 支；9 cm 无菌培养皿 8 套；含玻璃珠三角瓶。

生理盐水（或无菌水）；营养琼脂培养基；待测食品。

二、实验步骤

1. 制备样品

在准备稀释之前，所有平皿都要表明样品号、稀释度、日期和其他要求注明的项目。

冰冻食品在送检容器内融化，一般是在稀释前放入 0~4 ℃冰箱，18 h 即可融化。对冰冻食品(特别对大样品)，可以用带漏斗的电钻取得试验材料。具体方法是：将无菌螺丝钻插入无菌塑料漏斗(此漏斗的下端已截断，孔径正好比螺丝钻稍大一点)，漏斗对着冰冻样品，钻下来的冰片在漏斗中聚集，取出放入无菌容器中，对大块的固体食品检样(冰冻或不冰冻)，用无菌刀或镊子从不同部位采取实验材料，再混合，得到比较有代表性的试验材料，如果样品不太大，并且软硬合适，可把全部样品放入无菌均浆机中搅拌 2 min，液体和半固体样品可迅速来回颠倒容器使之混匀。

打开任何样品容器之前，在取样开口处的周围表面，必须擦干净，去除污染样品的物质，再用 70%乙醇擦拭消毒。

2. 检样稀释

若是固体食品，以无菌操作称取样品 25 g；若是液体食品，以无菌操作吸取 25 mL，放入装有 225 mL 灭菌生理盐水和玻璃珠的三角瓶中，充分振荡，制成1:10的均匀稀释液，取上述稀释液 1 mL 加入 9 mL 水试管中混匀，类推即得 10 倍递增的稀释液。根据检样污染情况，选择 2~3 个稀释度。

3. 培养

每稀释度液体取 1 mL 放入无菌平皿中，每个稀释度作 2 个平皿，将融化并冷却至 46 ℃左右的营养琼脂培养基 15 mL 倾注平皿内，立即旋摇平皿，使检样与培养基充分混匀，放平。同时另取 2 个平皿不加检样，只倾入培养基作空白对照，待冷凝后，翻转平板，使底面向上，放入 37 ℃培养箱，24 h 后取出。

4. 菌落计数

计算每皿内细菌菌落数，一般先进行肉眼观察，用钢笔或蜡笔在平板底上进行点数，然后再持放大镜检查有无遗漏的微小菌落。在记下各个平板的菌落数后，求出同一稀释度的各平板平均菌落数。

5. 菌落计数的报告

(1)平板菌落数的选择

一个稀释度的 2 个平板(或 3 个平板)，应先取菌落数 30~300 之间的平板，作为菌落总菌数测定标准，若 2 个(或 3 个)平板均符合此范围内，应采取 2 个(或 3 个)平板的平均数，其中一个平板如有较大片状菌落生长时不宜采用，而应以无片状菌落生长的平板作为稀释度的菌落数，若片状菌落不到平板的一半，其余一半中菌落分布又很均匀，则可计算半个平板后乘以 2 以代表全平板菌落数。

(2)稀释度的选择

①应选择平均菌落数在 30~300 之间的稀释度，乘以稀释倍数报告之。

②若有 2 个稀释度，其生长的菌落在 30~300，则应视两者之比来决定，若比值

小于2，应报告其平均数；若大于2，则报告其中较小的数字。

③若所有平均菌落数均大于300，则应按稀释度最高的平均菌落数乘以稀释倍数报告之。

④若所有稀释度的平均菌落数均小于30，则应按稀释度最低的平均菌落数乘以稀释倍数报告之。

⑤若所有稀释度的平均菌落数均不在30~300之间，其中一部分大于300或小于30时，则以最接近30或300的平均菌落数乘以稀释倍数报告之。

（3）菌落数的报告

菌落数在100以内时，按实有数报告，大于100时，采用二位有效数字。在二位有效数字后面的数值则以四舍五入的方法计算。为缩短数字后面的零数，也可用10的指数来表示，见表2-2报告方式栏。

表2-2　稀释度选择及细菌总数报告方式

例次 / 平均菌落数 / 稀释倍数	10^{-1}	10^{-2}	10^{-3}	两稀释倍数之比	细菌总数（个/g 或个/mL）	报告方式（个/g 或个/mL）
1	1 365	164	20	—	16 400	16 000 或 1.6×10^4
2	2 760	295	46	1.6	37 750	38 000 或 3.8×10^4
3	2 890	271	60	2.2	27 100	27 000 或 2.7×10^4
4	不可计	4 650	513	—	513 000	510 000 或 5.1×10^5
5	27	11	5	—	270	270 或 2.7×10^2
6	不可计	305	12	—	30 500	31 000 或 3.1×10^4

三、计算结果

将结果填在表2-3中。

表2-3　细菌总数测定记录

项目 / 菌落数 / 稀释倍数	10^{-1}	10^{-2}	10^{-3}	细菌总数（个/g 或个/mL）
第一皿				
第二皿				
均数				

四、作业与思考题

1. 讨论影响实验结果的因素。

2. 简述如何测定细菌数。

实验十　水质中大肠菌群的检验

水质中细菌总数的测定对评定某些水质的新鲜度和卫生质量起着一定的卫生指标作用，但还必须配合大肠菌群的检测和其他项目的检验，才能作出比较正确的判断。

大肠菌群包括大肠杆菌和产气杆菌及一些中间类型的细菌。这群细菌是革兰阴性短杆菌，能分解乳糖产气。大肠杆菌在人及动物肠道内生存，一般无病原性。有人研究成人粪便中的大肠菌群的含量，发现每克粪便含有 $10^8 \sim 10^9$ 个，若水中发现有大肠菌群存在，即可证实已被粪便污染，有粪便污染也就有可能有肠道病原菌存在。目前在评定食物的卫生质量而进行检验时，也都采用大肠菌群或大肠杆菌作为粪便污染的指示细菌，只要有粪便污染的水或食品，总是被人们认为是不卫生的。

一、实验材料

恒温培养箱；乳糖胆盐发酵管；革兰染色液一套；乳糖发酵管；伊红美蓝琼脂；待测水样或食品。

试管；平皿；载玻片；接种环；移液管。

二、实验程序

1. 大肠菌群的检验程序（表2-4）

2. 检样稀释

制备样品原液，1∶10，1∶100 等 10 倍递增稀释液，根据水质卫生标准要求或对检样污染情况的估计，从中选择 3 个稀释度，每一稀释度做 3 次重复实验。

3. 乳糖发酵实验

将待检样品接种于乳糖胆盐发酵管内，接种量在 1 mL 以上者，用双料乳糖胆盐发酵管；1 mL 及 1 mL 以下者，用单料乳糖胆盐发酵管。每一稀释度接种 3 管，置 36 ℃ ±1 ℃温箱内，培养 24 h ±2 h，如所有乳糖胆盐发酵管都不产气，则报告为大肠菌群阴性；如有产气者，则按表2-4所示的程序进行。

4. 分离培养

将产气的发酵管分别转种在伊红美蓝琼脂平板上，置 36 ℃ ±1 ℃温箱内，培养 18 ~ 24 h 后取出，观察菌落形态，并作革兰染色和证实实验。

5. 证实实验

在上述平板上，挑取可疑大肠菌群落 1 ~ 2 个进行革兰染色；同时接种乳糖发酵管，置 36 ℃ ±1 ℃温箱内培养 24 h ±2h，观察产气情况。凡乳糖管产气，革兰染色为阳性的无芽孢杆菌，即可报告菌群阳性。

三、注意事项

食品卫生国家标准：全脂牛乳粉，细菌总数每克不得超过 50 000 个，大肠菌群每百克中最可能不得超过 40 个，致病菌不得检出。

表 2-4　大肠菌群 MPN 检索表（3×3 管）

阳性管数			MPN	95%可信限		阳性管数			MPN	95%可信限	
1	0.1	0.01	100 mL	下限	上限	1	0.1	0.01	100 mL	下限	上限
0	0	0	<30			2	0	0	90	10	360
0	0	1	30	<5	90	2	0	1	140	30	370
0	0	2	60			2	0	2	200		
0	0	3	90			2	0	3	260		
0	1	0	30			2	1	0	150	30	440
0	1	1	60	<5	130	2	1	1	200	70	890
0	1	2	90			2	1	2	270		
0	1	3	120			2	1	3	340		
0	2	0	60			2	2	0	210	40	470
0	2	1	90			2	2	1	280	100	1 500
0	2	2	120			2	2	2	350		
0	2	3	160			2	2	3	420		
0	3	0	90			2	3	0	290		
0	3	1	130			2	3	1	360		
0	3	2	160			2	3	2	440		
0	3	3	190			2	3	3	530		
1	0	0	40	<5	200	3	0	0	230	40	1 200
1	0	1	70	10	210	3	0	1	390	70	1 300
1	0	2	110			3	0	2	640	150	3 800
1	0	3	150			3	0	3	950	70	2 100
1	1	0	70	10	230	3	1	0	430	140	2 300
1	1	1	110	30	360	3	1	1	750	300	3 800
1	1	2	150			3	1	2	1 200		
1	1	3	190			3	1	3	1 600		
1	2	0	110	30	360	3	2	0	930	150	3 800
1	2	1	150			3	2	1	1 500	300	4 400
1	2	2	200			3	2	2	2 110	350	4 700
1	2	3	240			3	2	3	2 900		
1	3	0	160			3	3	0	2 400	360	13 000
1	3	1	200			3	3	1	4 600	710	24 000
1	3	2	240			3	3	2	11 000	1 500	48 000
1	3	3	290			3	3	3	≥24 000		

　　大肠菌群的细菌能够生长在含有胆盐的培养基上，胆盐对革兰阳性杆菌有抑制作用，因此，一般培养大肠杆菌都选用含有胆盐的培养基。大肠杆菌群具有分解乳糖而产酸产气的特点，据此就比较容易与其他细菌区分，借此就可初步作出鉴别。若有其他非典型菌和克雷伯菌属混杂在一起而进行鉴别时，就会增加一些困难。

四、结果记录

　　根据证实为大肠菌群阳性管数，从 MPN 检索表（表 2-4）报告每 100 mL 或 100 g 食品中大肠菌群的最可能数。

第三章　普通植物病理学实验

实验一　植物病害的症状观察

一、实验目的

通过植物病害症状的观察，学习描述和记载植物病害症状的方法，识别植物病害症状类型及其特点，学会区分非侵染性病害和侵染性病害，了解症状在植物病害诊断中的作用。

二、实验方法

用肉眼或放大镜仔细观察和识别各种类型的病害症状。

三、实验内容

(一)非侵染性病害症状

田间或在实验室内观察苹果小叶病、番茄生理性裂果、甜椒果实高温日灼等植物病害的症状特点。

(二)侵染性病害症状

1. 病症

①霉状物：真菌病害常在发病部位产生各种霉状物，如霜霉、灰霉、青霉和黑霉等。观察黄瓜霜霉病、柑橘青霉病、番茄灰霉病等病害标本。

②粉状物：是真菌在植物发病部位形成的白粉、锈粉、黑粉等肉眼可见的病原物的结构。观察玉米黑粉病、小麦锈病、小麦散黑穗病、小麦白粉病等病害标本，注意粉状物的颜色、质地和着生状况等。

③粒状物：是真菌在病部产生的繁殖体或营养体，具各种颜色、大小、形状和排列等特征。借助放大镜观察高粱炭疽病、茄子褐纹病、苹果轮纹病、小麦白粉病等病害标本。

④菌核：是真菌菌丝体纠结形成的休眠结构，一般坚硬，多为黑色。观察水稻小菌核病、油菜菌核病和葱类菌核病等病害标本。

⑤根状菌索：是在发病植株根部(或块茎上)及其附近的土壤中由许多菌丝聚集而成的白色或紫色的棉絮状物。观察甘薯紫纹羽病、苹果紫纹羽病和花生白绢病等病害标本。

⑥脓状物：是细菌性植物病害的特有病症，是病部溢出的浅黄色或灰白色的菌脓，干燥后变成菌膜或菌胶状物。观察棉花细菌性角斑病、番茄青枯病、十字花科蔬菜细菌性软腐病等病害标本，注意菌脓的颜色。

2. 病状

①变色：变色主要有2种类型：一种是褪绿或黄化，即整个植株、叶片局部或全部均匀褪绿或黄化。观察小麦黄矮病的标本。另一种是花叶，即叶片呈现出形状不规则的深绿、浅绿或黄色相间的杂色分布。观察青菜花叶病、苹果花叶病的标本。

②坏死：坏死是由植物病部组织和细胞的死亡引起的，主要有以下类型：

腐烂：是病组织坏死解体，多发生在植物的根、茎、叶、花和果实上，幼嫩和多肉的组织更易发生。根据腐烂部位的水分多少和坚实程度，可分为干腐、湿腐和软腐；根据腐烂的部位，可分为根腐、茎腐、果腐、花腐等。

溃疡：感病植物皮层坏死，病部稍微凹陷，周围常为木栓化的愈伤组织包围，多见于木本植物的枝干。观察柑橘溃疡病和杨树溃疡病等病害标本。

斑点：受病部位坏死，产生各种形状、颜色和大小的斑点，根据病斑的形状、颜色等特点可区分为黑斑、褐斑、紫斑、角斑、轮纹斑、网斑等多种类型。观察大葱紫斑病、番茄叶斑病、玉米大斑病、棉花角斑病等病害标本。

穿孔：由病斑的坏死组织脱落而形成，如桃叶穿孔病。

③萎蔫：是由于植物根或茎的维管束组织受到破坏，使水分不能正常运输，发生凋萎现象。观察棉花枯萎病和茄科植物青枯病的标本。

④畸形：由感病组织生长过度或发育不足而引起，常见的畸形类型有以下几种：

矮缩：植物各个器官的生长发育受到抑制，病株比健株矮，如水稻矮缩病。

丛生：感病植物的侧芽和不定芽畸形生长，使主干或侧枝上形成许多短而细小的丛生枝条，状如扫帚，如枣疯病、竹丛枝病等。

肿瘤：植物的根、干或枝条感病后局部组织增生形成肿瘤。观察柳杉肿瘤病和樱花根癌病的标本。

卷叶和蕨叶：卷叶是叶片两侧沿叶脉向上卷曲的现象，严重时呈卷筒状，如马铃薯卷叶病。蕨叶是叶片发育不良或完全不发育而呈线状或蕨叶状的现象，如番茄蕨叶病。

疮痂：叶或果实上产生木栓质的小突起称疮痂。观察柑橘疮痂病的标本。

四、作业与思考题

1. 说明症状在病害诊断中的作用。
2. 简述病症与病状的区别和联系。

实验二　植物细菌病害及其诊断

一、实验目的

为了能正确地诊断细菌病害，首先应掌握细菌病害的症状特点，结合合适的检查方法对感病植物进行全面细致的诊断。通过对各种病害标本及照片的观察，掌握细菌病害的各种症状类型，学习诊断细菌病害的常用技术，如显微镜检查等。

二、实验方法

运用显微镜观察感病植物内的细菌形态，同时观察各种症状类型的病害标本以帮助对细菌病害的了解。

三、实验内容

(一)植物细菌病害的症状类型

①坏死：病原细菌侵害薄壁细胞组织时，首先引起侵染点细胞或组织的局部坏死，外观症状表现为斑点、叶枯、穿孔和溃疡等。病斑初期呈水渍状半透明，有的还有淡黄色或灰白色的黏性液滴从病组织中溢出，干燥后呈鱼籽状黏附在病斑部位。有的病斑在后期脱落而成穿孔状。观察棉花角斑病、水稻条斑病、桃穿孔病的病状和病症。

②腐烂：当柔软幼嫩多汁的组织遭受细菌侵害后，细胞间果胶质分解，组织解体而造成软腐症状，并伴有恶臭气味。观察白菜软腐病(*Erwinia carotovora*)和水稻基腐病的病状。

③萎蔫：典型的萎蔫是维管束组织受到细菌的侵染，破坏了导管的供水能力。初期为暂时性凋萎或青枯，后期为永久性枯萎。观察番茄和马铃薯青枯病(*Ralstonia solanacearum*)的标本。

④瘤肿或畸形：由于病部薄壁细胞的分裂加速和细胞体积的增大，促使局部组织过度发育而成瘤肿。观察冠瘿病菌(*Agrobacterium tumefaciens*)危害桃树根冠部或番茄苗茎部引起的冠瘿病症状。病株基部形成大小不等的肿瘤，初淡褐色，表面粗糙不平、柔软，后颜色变深，内部组织木栓化，成为坚硬的肿瘤。

(二)植物细菌病害的诊断

1. 根据症状的诊断

根据病害标本的症状，结合具体病害的特点，可对某些病原细菌的危害特点作初步归类。切取一段病叶或病枝插在湿沙中，经保温保湿后，如果在上方切口处有混浊的菌脓溢出就可初步断定为细菌病害。细菌侵染根、茎部的导管组织除了观察木质部是否变褐外，也常用这种方法进行诊断。

2. 用显微镜检查有无喷菌现象

观察植物细菌病害的症状特点，对细菌病害的诊断有一定作用，但由于细菌病害的症状变化很大，比较可靠的方法还是用显微镜检查病组织中有无大量细菌存在。具体操作方法是：切取小块新鲜的病组织(最好是病健交界处的组织)平放在载玻片上，加一滴蒸馏水，盖上盖玻片后立即放在低倍镜下观察(注意光线要弱)。如果是细菌病害，则在切口处有大量细菌呈烟雾状从病组织中流出。但是有少数危害薄壁细胞组织的细菌病害，如冠瘿病或发根病等，由于在薄壁细胞中的细菌量极少，切片镜检时也没有很多细菌从切口处喷出来。

根据病理解剖上的特征，植物细菌病害可以分为侵染薄壁细胞组织和侵染维管束组织2种类型。如果细菌从维管束组织流出，表明这是侵染维管束组织的病害；如果大量细菌从薄壁组织中流出，表明这是侵染薄壁细胞组织的病害。

四、作业与思考题

1. 记录不同症状类型的细菌病害的特点。
2. 夏季的菜园中，茄、瓜等作物经常出现萎蔫症状，怎样判断这是细菌病害还是真菌病害？

实验三　植物病原真菌一般形态观察

一、实验目的

通过观察，认识病原真菌的营养体及其变态、真菌的子实体和孢子类型。

二、实验方法

用自制临时玻片标本的方法在显微镜下观察真菌的营养体及繁殖体的形态特点。

三、实验内容

(一)观察菌丝体及其变态结构

1. 菌丝体

用挑针分别挑取培养好的黄瓜绵腐病菌和棉花立枯病菌的菌丝体，用乳酚棉蓝或蒸馏水作浮载剂制作临时玻片，镜检。

2. 菌丝体变态的观察

①吸器：观察小麦白粉病菌或白菜霜霉病菌的示范玻片标本。
②假根：挑取培养好的甘薯软腐病菌制片，观察孢子囊梗末端的根状分枝菌丝体。
③附着胞：观察炭疽病菌的附着胞。
④菌核：观察油菜菌核病的菌核外形、颜色和大小，镜检观察菌核切片。

⑤菌索：观察苹果紫纹羽病菌的根状菌索。

⑥子座：在显微镜下观察黑麦麦角病菌子座切片。

(二)观察真菌的繁殖体

1. 无性孢子

真菌无性繁殖产生的孢子称为无性孢子。

①游动孢子囊和游动孢子：观察水霉菌游动孢子释放录像片。

②孢子囊和孢囊孢子：挑取培养好的甘薯软腐病菌制片，在显微镜下观察其孢子囊的结构、囊轴、孢囊孢子、孢囊梗、假根和匍匐丝的形态。

③分生孢子梗和分生孢子：分生孢子梗和分生孢子的形态是重要的分类学特征。取玉米大斑病菌、小麦白粉病菌、马铃薯早疫病菌制片，观察分生孢子的形状和颜色，分生孢子梗的特征。

④厚垣孢子：挑取培养好的棉花枯萎病菌制片，镜检。

2. 有性孢子

真菌有性繁殖产生的孢子称为有性孢子。

①休眠孢子囊：取甘蓝根肿菌切片或挑取玉米褐斑病菌制片，镜检观察休眠孢子囊的形态。

②卵孢子：挑取谷子白发病病穗上的病原物制片，镜检观察卵孢子的形态和颜色。

③接合孢子：观察根霉菌、毛霉菌的接合孢子。

④子囊和子囊孢子：用挑、刮、切的方法，取小麦白粉病菌、苹果树腐烂病菌等病害标本制片，观察子囊果、子囊和子囊孢子的形态、颜色及着生情况。

⑤担子和担孢子：取小麦黑穗病菌切片，注意观察黑穗病病菌冬孢子萌发形成的担子及担孢子的形态。

(三)临时玻片

1. 浮载剂

制作临时玻片都要使用浮载剂，浮载剂的作用是防止材料干燥和集中光线，以利于显微镜下观察。浮载剂的种类很多，最常用的是水和乳酚油，其次是甘油、甘油明胶，希尔浮载剂等。

①水：水浮载剂一般使用蒸馏水，应用最为方便，对细菌、真菌孢子等无不利影响。观察细菌溢、线虫活动、真菌孢子萌发，都必须用水作浮载剂。测量真菌菌丝直径和真菌孢子大小时也以水作浮载剂为好。但是用水作浮载剂制片时较易形成气泡，制成的玻片也易干燥而不能保存。

②乳酚油：乳酚油长期以来一直是真菌学和植物病理学工作者习惯使用的浮载剂。乳酚油的组成为：苯酚结晶(加热熔化)20 mL，乳酸 20 mL，甘油 40 mL，水 20 mL。各成分混合后成为油状黏稠液体，具杀死和固定病原物的作用，可使干瘪的真菌孢子膨胀复原，还可使病组织变得略为透明。如在乳酚油中加入 0.05%~0.1%

的染料制成棉蓝乳酚油、藏红乳酚油等，还能使菌丝或孢子略微着色，更便于观察。用乳酚油制作的玻片可长期保持湿润不会干燥，它的缺点是很难精确测量病原物的大小。另外，乳酚油能与许多封固剂起作用，盖玻片也易滑动，不易封固。

③希尔（Shear）浮载剂：配方为：2%醋酸钾水溶液 30 mL，甘油 120 mL，酒精 180 mL。

2. 临时玻片的制作

临时玻片制作方法很多，如涂、撕、粘、挑和切片等，可根据病原物的类型选择使用。

①涂抹法：细菌和酵母菌的培养物常用涂抹法制片。将细菌或酵母菌的悬浮液均匀地涂在洁净的载玻片上，在酒精灯火焰上烘干，固定，再加盖玻片封固。加盖玻片前还可进行染色处理，使菌体或鞭毛着色而易于观察。

②撕取法：用小金属镊子仔细撕下病部表皮或表皮毛制成临时玻片。此法可以观察着生在寄主或基物表面的菌丝和孢子，寄主表皮细胞内的真菌菌丝、吸器和休眠孢子囊堆，以及病毒病的内含体等。

试以小麦白粉病叶、烟草花叶病病叶、蚕豆花叶病叶、受禾谷多黏菌危害的小麦病根等为材料，用撕取法制作临时玻片，观察病原物的形态。

③粘贴法：将塑料胶带纸剪成边长 5 mm 左右的小块，使胶面朝下贴在病部，轻按一下后揭下制成玻片。粘贴法用于菌丝或子实体着生于病组织或基物表面的材料制片，特别适用于观察分生孢子在分生孢子梗上的着生情况。

④挑取法：采用挑取法可以直接用挑针从病组织或基物（如培养基）上挑取表面的霉状物、粉状物或孢子团制成玻片。也可以先将埋生或半埋生的真菌子实体（如子座、分生孢子器、子囊壳等）连同部分病组织一同排列载玻片上，再用挑针将病菌子实体剥离出来制片。还可以用刀片刮取或用小镊子镊取病部子实体来制片。

⑤组织透明法：用水合氯醛或乳酚油或氢氧化钾液将病组织整体透明后再制成玻片。用于观察寄主组织内的细菌、真菌菌丝，吸器，子实体等，可以观察到病原物在寄主内的原有状态。

取病组织小块浸在乳酚油内煮 30 min，材料透明后取出制片。如病原物结构无色时还可加棉蓝、苯胺蓝或酸性晶红等染料染色。少量病组织材料可以放在载玻片上，滴加乳酚油后在酒精灯上徐徐加热至蒸汽出现。如此处理数次，待组织透明后加盖玻片进行镜检。

⑥徒手切片：徒手切片是日常制作临时玻片时最常用的一种方法。制成的玻片可保持寄主组织和病原物原有的色泽，还可以观察病组织和病原物的解剖结构。切得好的徒手切片并不比石蜡切片差，而且非常方便。用树脂、指甲油或油漆封固后还可以作为半永久玻片保存。

选取病状典型、病症明显的病组织材料制作徒手切片，先在病健交界处切取病组织小块（边长 5~8 mm），一般的叶片或茎秆皮层组织可直接放在载玻片上或小木块上，用食指轻轻压住，随着手指慢慢地后退，用刀片将压住的病组织小块切成很薄的丝或片，切下的薄片立即放在盛有清水的培养皿或载玻片上的水滴中，用挑针或接种针挑取薄而合适的材料放在另一干净载玻片上的浮载剂液滴中央，盖上盖玻片，仔细擦去多余的浮载剂，即制成一张临时玻片。

感病材料较粗大坚硬的，可用手指捏紧后用锋利的剃刀或单面刀片切。材料较小而柔软的，可夹在新鲜的胡萝卜或马铃薯块中间，连同夹持物一起切成薄片，后面的制作步骤同叶片感病组织制片。

感病组织材料很干燥的，为防止切片时发生破碎，可先蘸少量水湿润软化后再切。徒手切片获得的是感病组织及病原物的剖面薄片，因而能够观察着生于寄主表面的病原物形态，也能够观察寄主组织内部的病原物，如寄主薄壁细胞内的细菌、埋生于寄主组织内的真菌子实体结构等。此外，徒手切片还可以用来观察和研究寄主组织的病理变化情况，如分期或分段取病组织材料做徒手切片，能够观察病原物的侵染过程，病原物在寄主组织内的扩展情况，以及寄主组织本身的病理反应和变化等。

四、作业与思考题

1. 绘出有隔菌丝、无隔菌丝、玉米大斑病菌分生孢子形态图。
2. 植物病原真菌的生活史包括哪几个阶段？

实验四　植物病原真菌的分离与培养

一、实验目的

学习植物病原真菌分离培养和纯化的基本原理和方法，掌握病原真菌分离的操作技术，学会观察病原物培养性状的方法。

二、实验方法

在实验室内用病组织分离的方法来获得病原真菌的纯培养，并鉴定出所分离的真菌种类。

三、实验内容

(一)准备工作

植物病原真菌的分离培养和纯化过程必须在无菌操作下进行，一般是在超净工作台上来进行，也可在清洁的桌面上进行。分离时尽量避免来回走动，减少污染的机会。所选的分离材料要保持新鲜和典型。

(二)植物病原真菌的分离和纯化

植物病原真菌的分离常采用组织分离法，具体操作步骤如下：

①取已灭过菌的培养皿，在皿底或皿盖上做好必要的标记(时间、分离材料名称和分离人姓名)。以无菌操作法向每个培养皿内倒入已加热熔化并冷却到45 ℃左右

的马铃薯琼脂培养基(PDA 培养基)，使每皿的培养基厚度为 2~5 mm，轻摇后静置使培养基冷却成平板。

②取玉米大斑病(或其他病叶)的新鲜病叶，选择单个典型的病斑，沿病斑边缘连同其周围 1~2 mm 的健康部分切取感病组织数块，切取的感病组织大小一般长、宽各 4~5 mm。将病组织在 70% 酒精中浸 3~5 s，按无菌操作法将感病组织移入 0.1% 升汞液中消毒 1~2 min，然后用灭过菌的镊子将切块移到无菌水中连续漂洗 3 次，除去残留的消毒液；或者将感病组织用 10% 漂白粉溶液消毒 5 min，但不用漂洗。果实、块茎和枝干内部可用脱脂棉蘸 70% 酒精擦拭病部表面，然后烧去表面酒精，重复 2~3 次，达到表面消毒的目的。

③用无菌操作法将感病组织移置平板培养基上，每个培养皿内可放 4~5 块。翻转培养皿放入 26~28 ℃的恒温箱内培养。3~4 d 后观察分离菌生长情况。

④培养 3~4 d 后，用无菌操作法自培养皿中挑取典型菌落，在显微镜下观察是否为玉米大斑病病菌的分生孢子。如是，即可用接种针挑取菌落一小块，移入试管斜面培养基，置于 26~28 ℃的恒温箱内培养 3~4 d 后，观察菌落生长情况。如无杂菌生长，即得该病原菌的纯菌种，将试管移入冰箱冷藏保存。如有杂菌，应重新分离获纯培养。

四、作业与思考题

1. 进行病原物分离培养时，为什么要选取病健交界处的感病组织培养？
2. 为什么要分离纯化病原物？

实验五　孢子萌发与环境条件

一、实验目的

学习各种孢子萌发方法和了解环境条件对孢子萌发的影响。

二、实验方法

在实验室用载玻片法分析不同环境条件对孢子萌发的影响。

三、实验内容

1. 温度对孢子萌发的影响

温度影响孢子能否萌发及萌发的快慢、萌发率的高低及芽管的生长，甚至萌发的方式，实验通常采用载玻片法。在培养皿中放入吸水纸，加水使湿润并略有水膜，上加弯玻棒 2 根，放入双凹玻片，在培养皿盖上注明标记。取柑橘炭疽病菌菌种，加入 0.2% 马铃薯液，用移菌环轻擦菌种表面移下孢子并配成孢子悬浮液，取一滴于显微镜下检查，要求在低倍视野中有 20~30 个孢子。将制备好的孢子悬浮液用吸管取出滴在双凹玻片上，每端各 1 滴，分别放入 5、10、15、20、25、30、35、40 ℃温箱中

(每人做2种温度处理)12 h后镜检,求出萌发率。孢子萌发的标准是芽管长度超过孢子本身直径的一半,萌发率计算公式是:

$$萌发率(\%) = 孢子萌发数/孢子总数 \times 100$$

2. 湿度对孢子萌发的影响

在硫酸干燥器中分别加入不同浓度的硫酸溶液,以控制干燥器内的相对湿度。实验是在25 ℃中进行的,配成相对湿度50%、75%、90%及100%(干燥器内仅加水)。用玻棒蘸少许柑橘炭疽病菌孢子悬浮液,或马铃薯晚疫病菌的孢子囊悬浮液涂在洁净的载玻片上立即晾干,分别放在相对湿度不同的4个干燥器内,经过24 h后镜检(每人做2种相对湿度试验)。

3. 酸碱度对孢子萌发的影响

预先配制不同酸度值的灭菌水溶液,pH值分别为3、4、5、6、7、8、9、10。将柑橘炭疽病菌菌悬液与不同pH值的水液等量混合。将此孢子悬浮液滴在双凹玻片的两端。玻片置于培养皿内的弯玻璃棒上(皿内有保湿的滤纸)写好标签,加盖后置于25 ℃温箱中,12 h后镜检,每人制作2种pH值的液体,加入孢子作萌发试验。

4. 营养物质对孢子萌发的影响

将蒸馏水注入柑橘炭疽病菌斜面上,使成孢子悬浮液,倒在几个离心管中,离心3~5 min(2 000 r/min),吸去上面清液后,再用蒸馏水冲洗离心管1~2次。再次离心,吸去上面清液,最后分别注入0.2%橘子汁液、0.2%葡萄糖液、0.2%蔗糖液、0.2%乳糖液以及0.2%马铃薯液(以上各液均事先调节pH值)。注意:需留一管不加营养液,只加蒸馏水作为对照。将配好的孢子悬浮液分别滴在双凹玻片上,放入培养皿中置于25 ℃温箱中,12 h后镜检,每人制作2种糖溶液和1个对照的孢子萌发试验。

四、作业与思考题

1. 列表记载各种不同处理的孢子萌发率,分析实验结果。

处理方式	孢子总数	萌发数	萌发率
温　度			
湿　度			
酸碱度			
营养物质			

2. 马铃薯晚疫病菌孢子囊的萌发方式受哪些因素影响?结果如何?

3. 影响孢子萌发的因素有哪几方面?怎样测定各种因素对孢子萌发的影响?

实验六　植物病原物的接种技术

一、实验目的

学习植物侵染性病害研究中常用的接种方法。

二、实验方法

在实验室采用喷洒法在盆栽黄瓜苗叶片接种黄瓜霜霉病菌，用伤口接种法在番茄果实上接种番茄灰霉病菌。

三、实验内容

1. 喷洒法

盆栽黄瓜苗，待长出两片子叶后，在叶面上喷洒清水，将黄瓜霜霉病孢子轻轻弹落在黄瓜叶片上，将处理过的黄瓜苗放入恒温恒湿光照培养箱中培养，记载连续 5 d 的发病情况。发病等级的判断方法如下：

0 级：无病

1 级：病部 < 全叶面积的 25%

2 级：病部占全叶面积 25%~ 50%

3 级：病部占全叶面积 50%~ 75%

4 级：病部 > 全叶面积 75%

2. 伤口接种法

市购大小、色泽均匀的番茄果实，洗净，用 70% 的酒精表面消毒，在番茄果实赤道线上用无菌接种针均匀刺 4 个直径约 5 mm 的伤口，在伤口上接上事先培养 3 d 的黄瓜灰霉病菌菌饼（有菌丝的一面向下），用无菌水浸湿的棉球保湿，并放入恒温恒湿光照培养箱中培养，记载连续 5 d 的发病情况。

四、作业与思考题

1. 记录观察结果，喷洒法记录叶片发病情况，伤口接种法记录菌落直径。

日　期				
黄瓜霜霉病发病级数				
番茄灰霉病菌落直径				

2. 接种的目的是什么？接种后的植株应怎样培养？

第四章 植物病原真菌的分类与鉴定

实验一 鞭毛菌亚门真菌及其所致病害

一、实验目的

通过实验要求了解鞭毛菌亚门真菌的主要形态特征，掌握与植物病害有关的重要属的形态特征、分类依据及所致病害的症状特点，同时学习使用检索表来鉴定病菌。

二、实验方法

通过观察示范玻片标本和自制临时玻片的方法来认识鞭毛菌亚门真菌的主要形态特征。

三、实验内容

(一)根肿菌纲

根肿菌纲真菌都是寄主细胞内专性寄生菌，其营养体是没有细胞壁的原生质团。繁殖时整个营养体转变为繁殖体。休眠孢子囊萌发时释放出游动孢子，孢子前端生双鞭毛，不等长，尾鞭式。

1. 根肿菌属 (*Plasmodiophora*)

根肿菌是常见的植物病原菌，它是细胞内的专性寄生物，危害植物引起肿根。镜检切片中的病原菌，受害细胞内有病原菌的营养体，为形状不定的原生质团。有的寄主细胞内可见到许多堆积在一起的鱼籽状颗粒，为病菌的休眠孢子，休眠孢子有细胞壁。观察芸薹根肿菌 (*P. brassicae*) 的切片。

2. 粉痂属 (*Spongospora*)

观察马铃薯粉痂病标本，镜检观察马铃薯粉痂病菌 (*S. subterranea*) 的切片，注意寄主细胞内由休眠孢子聚集成多孔的海绵状圆球。

马铃薯粉痂病只发生在马铃薯的皮层组织，不深入根内部组织。受害马铃薯表皮粗糙。镜检马铃薯粉痂病菌切片，在寄主根的皮层组织的受害细胞中可看到病原菌的休眠孢子，多个休眠孢子聚集呈海绵球或空心球。

(二)卵菌纲

卵菌纲有发达的菌丝体，菌丝无隔膜。无性繁殖形成游动孢子囊，其中产生多个游动孢子。游动孢子具 1 根茸鞭和 1 根尾鞭。有性繁殖时由雄器和藏卵器交配，在藏卵器中形成 1 个或几个卵孢子。

1. 水霉目

本目的主要特征是藏卵器中形成 1 个以上的卵孢子；游动孢子具两游现象，游动孢子囊不脱落，与菌丝无显著差异。与植物病害关系较密切的有下列 2 个属。

（1）水霉属（*Saprolegnia*）

孢子囊圆筒形或棍棒形，新孢子囊从老孢子囊内的基部长出，称为"孢子囊层出"。游动孢子两游现象明显。串囊水霉菌（*S. monilifera*）危害水稻秧苗根部，引起烂秧。

（2）绵霉属（*Achlya*）

孢子囊圆筒形或棍棒形，新孢子囊从老孢子囊内的基部外侧长出，称为"孢子囊侧生"。孢子囊呈聚伞形排列，游动孢子第一个游动时期很短。稻绵霉（*A. oryzae*）危害水稻秧苗，引起水稻烂秧。

2. 霜霉目

许多霜霉目真菌是重要的植物病原菌。无性繁殖通常产生卵形或梨形的孢子囊，孢子囊成熟时可释放游动孢子，或直接萌发长出芽管。游动孢子无两游现象。藏卵器内只有 1 个卵球。霜霉目一般分 4 个科，即腐霉科（Pythiaceae）、霜疫霉科（Peronophthoraceae）、霜霉科（Peronosporaceae）和白锈科（Albuginaceae）。

（1）腐霉科（Pythiaceae）

为霜霉目中最原始的一类，是水霉目进化到霜霉目的过渡类型，其中低等类型接近水霉，高等类型接近霜霉。该科真菌的菌丝体发达，少数可形成吸器。多数种的孢囊梗与菌丝无区别，少数具定形的孢囊梗并可继续生长。孢子囊形态多样，从线形至球形；萌发生游动孢子或芽管；游动孢子肾形，侧生等长的双鞭毛。有性生殖为霜霉目的一般模式，即藏卵器由侧生或围生的雄器授精后形成厚壁的卵孢子。少数可行孤雌生殖。

常见的重要属有腐霉属、疫霉属、指疫霉属和霜疫霉属。

①腐霉属：包括一些寄生于藻类的水生种和许多寄生于显花植物的土壤寄藏种，全球约 120 种，中国有 40 多种，最著名的是引起幼苗猝倒病的瓜果腐霉和广泛分布在中国土壤中的中国腐霉。

②疫霉属：疫霉属与腐霉属的主要区别是它的游动孢子不在孢囊内形成，而是在孢子囊内分化形成。此属约 50 种，中国有 25 种。许多种是经济植物的重要病原菌，如引起马铃薯晚疫病的致病疫霉遍及全球马铃薯栽培区，它不仅使马铃薯的产量降低，而且孕妇吃了病薯以后，可能造成胎儿脊椎发育不全；中国疫霉在中国引起黄瓜疫霉病。

③指疫霉属：兼具指梗霉和疫霉的特征，有 4 种，常见的为侵染禾本科植物的大孢指疫霉。

④霜疫霉属：是中国台湾、广东等省荔枝果实上的一单种属，它的高度分化和有限生长的孢囊梗很像霜霉科；而易于培养、具乳突的孢子囊和围生的雄器，又很像腐霉科，故 G·M·沃特豪斯（1973 年）将它归入腐霉科，柯文雄等（1978 年）主张将它从腐霉科分出，独立成霜疫霉科。

（2）霜疫霉科（Peronophythoraceae）

霜疫霉科，孢囊梗高度分化，长短相差很大，由数百至千余微米，于顶端双分叉一至数次，或在主轴两边形成近双分叉的小枝。因其无性阶段的孢囊梗状似霜霉，有性阶段及其生理特性又像疫霉而得名。

该科仅有 1 属 1 种。荔枝霜疫霉引起荔枝果实的腐烂。过去认为此菌仅见于中国广东、台湾等省，以后又在新几内亚见到报道。

（3）霜霉科（Peronosporaceae）

霜霉科是霜霉目中进化程度最高的 1 科。全部是维管束植物的专性寄生菌。菌丝体发达，生于寄主细胞间，以球形或线形吸器伸入寄主细胞吸取养料。孢囊梗由内生菌丝发生，从寄主气孔伸出，与菌丝的区别很明显，常具有特征性的各种分枝，是分属的主要依据。孢子囊单生于孢囊梗分枝的顶端，同时成熟，成熟后脱落，借风传播。萌发时产生肾形的、带有侧生双鞭毛的游动孢子或芽管。有性器官生于寄主细胞间，藏卵器仅含 1 个卵球，经雄器授精后发育成卵孢子。

根据孢囊梗形态（特别是分枝）的特征、孢子囊的形态和萌发方式、卵孢子的形态及其与藏卵器的关系等，本科主要分属见如下检索表。

霜霉科主要属的检索表

A. 孢囊梗粗壮，上部为重复 2~3 次的不规则二叉状分枝，在分叉上伸出 2~5 个细短的丛生小梗 ……………………………………………………………………………………………… 指梗霉属（*Sclerospora*）

A. 孢囊梗细长，有发达而规则的分枝 …………………………………………………………………… B

B. 孢囊梗单轴式或近双叉分枝 …………………………………………………………………………… C

B. 孢囊梗成锐角二叉分枝 ………………………………………………………………………………… D

C. 小枝与主轴成直角或近似直角，二次或多次分枝，分枝末端平钝 ………………… 单轴霉属（*Plasmopara*）

C. 主杆单轴分枝，然后做 2~3 回不完全对称的双叉锐角分枝，顶端尖锐 ………… 假霜霉属（*Pseudoperonospora*）

D. 分枝顶端尖细 ……………………………………………………………………………………… 霜霉属（*Peronospora*）

D. 分枝顶部膨大呈盘状，具 3~4 个指状周生小梗 ……………………………………… 盘梗霉属（*Bremia*）

（4）白锈科（Albuginaceae）

本科菌物全部是高等植物专性寄生菌，在寄主上产生白色疱状或粉状孢子堆，很像锈菌的孢子堆，故名白锈菌，引起的病害称为白锈病。菌丝在寄主细胞间生长发育，产生小圆形吸器伸入细胞内吸收养料。孢囊梗粗短，棍棒形，不分枝，成排生于寄主表皮下。孢子囊在孢囊梗顶端串生形成链状，圆形或椭圆形，两个孢子囊间有"间细胞（intercalary cell）"相连接。孢子囊萌发时产生游动孢子或芽管。有性阶段的性器官在寄主细胞间形成，藏卵器球形，内部分化成卵球和卵周质。雄器棒形，侧生。卵孢子球形，壁厚，表面有网状、疣状或脊状突起等纹饰。如十字花科白锈菌（*Albugo candida*），引起油菜、白菜、萝卜等植物白锈病。

仅含白锈属（*Albugo*）1 个属。

四、作业与思考题

1. 绘出大白菜霜霉病菌孢囊梗、孢子囊形态图。

2. 绘出瓜果腐霉病菌、马铃薯晚疫病菌或十字花科蔬菜白锈病菌孢囊梗、孢子囊、卵孢子形态图。

实验二　接合菌亚门真菌及其所致病害

一、实验目的

认识接合菌亚门真菌的一般形态及所致病害的症状类型，了解同宗配合与异宗配合的含义及同型配子囊、异型配子囊的差别。

二、实验方法

用显微镜观察玻片标本，结合观察挂图和病害标本。

三、实验内容

1. 根霉属（*Rhizopus*）

菌丝发达，有分枝，一般无隔，分布在基物表面或基物内，有匍匐菌丝和假根。孢囊梗2~3根丛生，产生于假根相反方向的菌丝上，一般不分枝，顶端产生孢子囊。孢子囊球形，内有大量孢囊孢子。有囊轴，锣锤形。孢囊孢子球形至卵圆形，单胞。接合孢子色深，表面有瘤状突起，配囊柄膨大，2个柄大小不等（图4-1）。

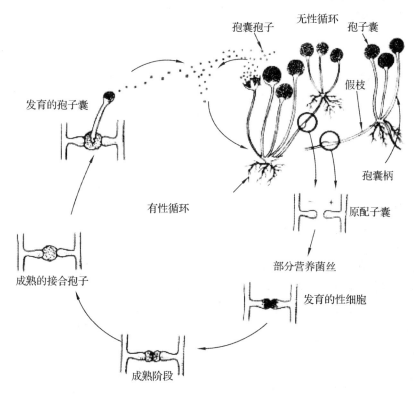

图4-1　根霉属的无性繁殖和有性繁殖

观察甘薯软腐病（*Rhizopus stolonifer*）症状，受害甘薯变软腐烂，有时还散发出酒味。病甘薯表面生出白色、灰色至黑色毛状物。仔细观察能见到白色菌丝体中有许多小黑点，即病菌的孢子囊。用挑针挑取霉层制片、镜检，观察孢子囊、孢囊孢子、孢囊梗及囊轴、假根的形态。

2. 毛霉属（*Mucor*）

孢囊梗分枝或不分枝，无匍匐菌丝和假根。

四、作业与思考题

1. 绘出匍枝根霉（*Rhizopus stolonifer*）的孢子囊、孢囊梗、孢囊孢子、假根、匍匐菌丝和接合孢子图。

2. 何谓同宗配合、异宗配合？

实验三　子囊菌亚门真菌及其所致病害

一、实验目的

通过本实验了解子囊菌亚门各纲病原菌的形态特征，掌握子囊菌各主要属的分类特征及所致主要病害的症状。

二、实验方法

通过用显微镜观察玻片标本的方式来认识了解各种重要子囊菌的形态特征，同时用放大镜和肉眼观察病害实物标本来认识一些重要植物病害的症状特点。

三、实验内容

（一）半子囊菌纲

半子囊菌纲属低等子囊菌，子囊不是由产囊细胞发育而来，而是由双核菌丝上双核细胞发育形成的。子囊裸生，无子囊果。子囊壁薄，没有孔口，靠壁的胀裂或消解来释放子囊孢子。

观察外囊菌属（*Taphrina*）的特征。取桃缩叶病（*T. deformans*）或李袋果病（*T. pruni*）材料制成临时玻片，在显微镜下观察。可见子囊在寄主叶片的角质层下排列成栅栏状，形成无包被的子囊层。子囊长圆柱形，上宽下狭，顶端平，无色。子囊基部的空腔称为足细胞。子囊内含8个子囊孢子。子囊孢子圆形，无色，并可在子囊内或外进行芽殖。

（二）不整囊菌纲

子囊果是没有孔口的闭囊壳，子囊由产囊丝形成，常为椭圆形，其中多数有8个圆形子囊孢子。子囊壁薄，早期消解，所以成熟的闭囊壳内只能看到分散的子囊孢子。

不整囊菌纲只有1个散囊菌目(又称曲霉目)，本目真菌大多数在土壤、粪便及动植物残体上营腐生生活，少数寄生在植物上，引起果实腐烂和根腐。无性阶段经常发生，其中包括许多有重要经济价值的真菌，如青霉菌(*Penicillium*)和曲霉菌(*Aspergillus*)。

(三)核菌纲

核菌纲的子囊果是子囊壳或闭囊壳，子囊单层壁，有的子囊间有侧丝。核菌纲真菌是一类重要的、常见的子囊菌，引起许多重要病害，如白粉病、甘薯黑斑病、小麦全蚀病、麦类赤霉病、板栗干枯病等。

1. 白粉菌目

白粉菌都是专性寄生菌，菌丝蔓延于寄主体表，外观犹如白粉，引起植物白粉病。有性阶段产生闭囊壳，闭囊壳外有附属丝，闭囊壳内有1至多个子囊。附属丝的形状和子囊数目的多少是分类的重要依据。

(1)白粉菌属(*Erysiphe*)

菌丝体表生，闭囊壳深褐色，附属丝菌丝状，不分枝或稍有不规则分枝。闭囊壳内子囊多个，椭圆形或洋梨形，有柄，内含2~8个子囊孢子。子囊孢子椭圆形，单胞，无色。观察蓼白粉菌(*E. polygoni*)玻片标本，注意观察附属丝的形态特征，子囊和子囊孢子的数目。

(2)布氏白粉菌属(*Blumeria*)

闭囊壳上的菌丝状附属丝发育不良，很短，分生孢子梗基部膨大呈近球形。观察小麦白粉病菌(*B. graminis*)的玻片标本。

(3)单丝壳属(*Sphaerotheca*)

附属丝菌丝状，闭囊壳内只有1个子囊，子囊孢子8个。观察瓜类白粉病菌(*S. fuliginea*)的玻片标本。

(4)叉丝单囊壳属(*Podosphaera*)

附属丝刚直，顶端双叉状分枝，闭囊壳内只有1个子囊，子囊孢子8个。观察桃白粉病菌(*P. tridactyla*)的玻片标本。

(5)叉丝壳属(*Microsphaera*)

附属丝刚直，顶端叉状分枝，分枝顶端常卷曲，闭囊壳含多个子囊，子囊孢子多为8个。观察板栗白粉病菌(*M. sinensis*)或洋槐白粉病菌(*M. spp.*)的玻片标本。

(6)球针壳属(*Phyllactinia*)

附属丝在"赤道"部位着生，针形，基部膨大，闭囊壳内含多个子囊，子囊孢子1~3个。观察桑里白粉病菌(*P. corylea*)的玻片标本。

(7)钩丝壳属(*Uncinula*)

附属丝一般单枝，顶端螺旋状或钩状卷曲，闭囊壳内含多个子囊，子囊孢子4~6个。观察朴树白粉病菌(*U. shiraiana*)和葡萄白粉病菌(*U. necator*)的玻片标本。

白粉菌主要属检索表

2. 球壳菌目

子囊果是子囊壳，子囊壳具有真正壳壁，单生或丛生于子座上。子囊一般排列成子实层，少数是分散的。无性阶段发达，有性阶段大都是腐生的，也有一些寄生的，引起重要的植物病害。

(1)长喙壳属(*Ceratocystis*)

子囊壳瓶状，表生或生于基质内，黑色，顶端有由平行菌丝组成的长颈，颈端组织特别疏松，似羽毛状，肉眼观察多数子囊壳丛生呈毛刺状，子囊卵形至长圆形，散生，子囊壁早期消解。子囊孢子卵圆形、钢盔状，成熟后自孔口释出。观察甘薯黑斑病菌(*C. fimbriata*)的玻片标本，注意观察子囊壳和子囊孢子的形态特征。

(2)赤霉属(*Gibberella*)

子座瘤状或垫状，散生。子囊壳群生或单生于子座上或子座的四周，子囊壳球形到圆锥形，壳壁深蓝色或紫褐色。子囊棍棒形，有柄，其间有顶生侧丝。子囊孢子纺锤形，有2~3个分隔，无色。观察小麦赤霉病菌(*G. zeae*)的玻片标本，注意观察子座、子囊壳的形状。

(3)香柱菌属(*Epichloe*)

子座浅色，平铺形，缠在禾本科植物的茎或叶鞘上，形成一个鞘，初为白色，后变为金黄色。子囊壳完全埋没于子座中，或有突出的孔口，长卵圆形。子囊细长，单层壁，顶端加厚，具折光性的顶帽；子囊孢子有隔膜，丝状无色，几乎与子囊同长。观察竹叶筒卷病菌(*E. bambusae*)的玻片标本，注意观察子座、子囊壳的形状和颜色。

(4)麦角菌属(*Claviceps*)

麦角菌在禾本科植物的子房内寄生，后期形成香蕉形菌核，紫黑色，内部白色；子座柄细长，头部扁球形，红褐色，外缘有一层排列整齐的子囊壳，孔口略露于外。子囊壳瓶状，子囊长圆柱形，子囊孢子线状，单细胞，无色。观察黑麦麦角病菌(*C. purpurea*)的玻片标本，注意观察子座的形状和颜色。

(5)黑腐皮壳属(*Valsa*)

圆锥形的子座埋没在树皮内，只顶端暴露于外。子囊壳生于子座内，3~14个成群，黑色，圆烧瓶状，有长喙，顶端有孔口。子囊长椭圆形或纺锤形，顶部稍厚，含8个子囊孢子。子囊孢子单胞，无色，腊肠形。观察苹果腐烂病菌(*V. mali*)的玻片标本，注意观察子座的着生位置。

（6）顶囊壳属(*Gaeumannomyces*)

子囊壳直接埋生在寄主组织内，或初内生，后期突破寄主表皮外露。子囊圆筒形或棍棒形，具8个子囊孢子，有侧丝。子囊孢子丝状，无色至淡黄色，有数个隔膜。观察小麦全蚀病菌(*G. graminis*)的玻片标本，注意观察子囊和子囊孢子的形态。

（7）黑痣菌属(*Phyllachora*)

在寄主的角质层下或表皮下形成子座，子座盾状隆起，呈黑痣状。子囊壳群生在子座内，瓶状，黑色，具孔口。子囊生在子囊壳基部或侧面的内壁上，圆柱形，有侧丝。子囊孢子椭圆形，无色，单胞。观察竹叶黑痣病菌(*Ph. spp.*)的玻片标本，注意观察子座的形态特征。

3. 小煤炱目

小煤炱菌是维管束植物的专性寄生菌，在寄主植物的叶、茎表面产生暗色菌丝体。子囊壳具1个小孔，子囊生于子囊壳的基部，多隔的子囊孢子自单壁的子囊内强力弹射出来。

小煤炱属(*Meliola*)

菌丝表生，暗色或黑色，在寄主表皮细胞内形成吸器。子囊成束生于子囊果基部，子囊内含子囊孢子8个。子囊孢子椭圆形，暗褐色，2~4个分隔。观察柑橘煤烟病菌(*M. bulleri*)的玻片标本，注意观察子囊果的形状。

（四）腔菌纲

有性阶段形成子座性质的子囊果，称子囊座。子囊座内部组织溶解形成子囊腔，它没有真正的壁。子囊座内可以包含1个或几个子囊腔，并具有孔口和拟侧丝。子囊双层壁，子囊孢子大多数有隔膜，多细胞。

1. 多腔菌目

每个子囊座中含有多个子囊腔，每个子囊腔中有1个子囊。子囊球形，子囊孢子椭圆形，1至几个细胞或砖格状。

多腔菌属(*Myriangium*)

子囊座表生，黑色，炭质，子囊腔不规则地分布在子囊座的上部可育部分。每个子囊腔只含1个子囊，子囊球形，含8个子囊孢子。子囊孢子多细胞，具纵横隔膜，为砖格状，无色或淡色。观察竹鞘多腔病菌(*M. bambusae*)的玻片标本。

2. 座囊菌目

典型特征是子囊腔顶端具孔口，子囊卵圆形到棍棒形，双层壁，成束或平行排列于子囊腔内。子囊间无拟侧丝。

球腔菌属(*Mycosphaerella*)

子囊座生于叶两面，黑色，球形或瓶形，有短乳头状孔口。子囊双层壁，成熟时平行排列在子囊腔内，无拟侧丝。子囊孢子椭圆形，无色，双细胞。观察小麦叶鞘枯萎病菌(*M. tulasnei*)的玻片标本。

3. 格孢腔菌目

子囊座为假囊壳，子座内有多个子囊腔。子囊间有拟侧丝。

(1)格孢腔菌属(*Pleospora*)

子囊腔球形或瓶形，黑色，顶部光滑而无刚毛。子囊棒形至圆柱形，平行排列，子囊间有拟侧丝。子囊孢子8个，卵圆形，多细胞，有纵横分隔，无色或黄褐色。观察葱黑斑病菌(*P. herbarum*)的玻片标本。

(2)黑星菌属(*Venturia*)

子囊座在寄主表面或突破寄主组织而外露，膜质，深褐色，近球形，顶部有孔口，周围有少数刚毛。子囊无柄或有短柄，棍棒形或圆筒形。子囊孢子椭圆形或长卵形，偏下方有一横隔，黄褐色。观察梨黑星病菌(*V. pirina*)的玻片标本。

(五)盘菌纲

子囊果为子囊盘，子囊盘成熟后子实层裸露，子囊通常埋生于侧丝之间，子囊孢子能从子囊中强力释放。盘菌绝大多数是腐生菌，只有少数是植物寄生菌，有的盘菌可食。本实验只观察柔膜菌目的核盘菌属。

核盘菌属(*Sclerotinia*)

菌核生在寄主的茎、叶内。从菌核上生出有柄的子囊盘，一般一个菌核生子囊盘4~5个。子囊平行排列，棍棒状到圆筒形，顶端加厚，中央有小孔道，遇碘变蓝。子囊间有永存性的侧丝。子囊孢子椭圆形或纺锤形，单细胞，无色。观察油菜菌核病菌(*S. sclerotiorum*)的玻片标本。

四、作业与思考题

1. 绘出外囊菌属的形态图。

2. 绘制白粉菌属、叉丝单囊壳属、球针壳属、钩丝壳属的闭囊壳上的附属丝形态图。

3. 叙述子囊菌的有性生殖过程及有性生殖在生活史中的意义。

实验四　担子菌亚门真菌及其所致病害

一、实验目的

认识担子菌亚门中主要病原菌的形态特征及所致病害的症状类型，掌握锈菌目、黑粉菌目各主要属的形态特征和典型生活史。了解担子菌亚门真菌子实体的复杂性。

二、实验方法

通过用显微镜观察玻片标本的方式来认识了解各种重要锈菌和黑粉菌的形态特征，同时用放大镜和肉眼观察病害实物标本来认识一些重要锈病和黑粉病的症状特点。

三、实验内容

(一)冬孢菌纲

本纲真菌的特征是不形成担子果,担子从冬孢子上产生,冬孢子成堆或分散。本纲包含锈菌目和黑粉菌目,它们中的绝大多数寄生于植物上,是一类重要的植物病原菌。

1. 锈菌目

本目真菌的特征是担子产生自外生型冬孢子上,担子有横隔膜;担孢子由小梗上产生,孢子强力弹射。锈菌目真菌称为锈菌,侵染寄主植物所表现的症状多为黄褐色至深褐色的锈斑。由锈菌引起的病害称为锈病。锈菌大多引起局部侵染,少数为系统性侵染,是一类重要的植物专性寄生菌。

(1)柄锈菌属(*Puccinia*)

夏孢子堆生于叶的两面或叶鞘、秆和颖片上,长椭圆形,粉质,橙黄色。夏孢子单生,单细胞,椭圆形,表面有刺,黄褐色。冬孢子堆产生在寄主表皮下,大多数突破表皮,冬孢子有短柄,双细胞,壁厚,萌发形成担子和担孢子。观察小麦秆锈病菌(*P. graminis*)的玻片标本。

(2)单胞锈菌属(*Uromyces*)

夏孢子堆生于叶的两面,褐色。夏孢子球形、卵圆形或椭圆形,有密刺,黄褐色,有芽孔2个。冬孢子堆深褐色,冬孢子有柄,单细胞,近球形至椭圆形,顶端有淡褐色乳头状突起,萌发形成担子和担孢子。观察豇豆锈病菌(*U. vignae*)的玻片标本。

(3)栅锈菌属(*Melampsora*)

冬孢子堆着生于叶的两面或茎的表皮下。冬孢子无柄,单细胞,紧密排列成单层,初呈红色,后期变黑,萌发形成担子和担孢子。观察亚麻锈病菌(*M. lini*)的玻片标本。

(4)层锈菌属(*Phakopsora*)

冬孢子堆生于叶背,深红褐色,冬孢子无柄,单细胞,棍棒形至长椭圆形,冬孢子紧密排列成2~6层。观察大豆锈病菌(*P. pachyrhiki*)的玻片标本。

(5)多胞锈菌属(*Phragmidium*)

冬孢子堆生于叶背,黑色,早期裸露,周围侧丝多,侧丝无色,圆筒形至棍棒形。夏孢子球形至广椭圆形,有瘤,黄色,有芽孔6~8个。冬孢子单生,圆筒形,有隔膜4~9个,深褐色,密生细瘤,顶端有黄褐色的圆锥形突起,具不脱落长柄,柄上部黄褐色,下部无色且膨大。观察玫瑰锈病菌(*P. rosae-multifeorae*)的玻片标本。

(6)胶锈菌属(*Gymnosporangium*)

冬孢子堆生于寄主表皮下,后期突破表皮,红褐色,遇水膨胀胶化,变为黄橙色。冬孢子一般双细胞,单生于长柄上,壁薄,柄遇水胶化。担孢子卵形,单胞,淡黄褐色。锈孢子器生于叶背、叶柄、果实或果梗上,有包被,包被顶部不规则地裂开，群生于寄主表皮下，后突破表皮。观察梨锈病菌(*G. haraeanum*)的玻片标本。

(7)疣双胞锈菌属(*Tranzschelia*)

冬孢子由两个圆形而易分离、表面有疣状突起的细胞构成；夏孢子有柄单细胞，椭圆形或倒卵形，表面有刺。观察由刺李疣双胞锈(*T. pruni-spinosae*)引起桃褐锈病的玻片标本。

锈菌主要属检索表

1. 冬孢子无柄，单细胞，聚集成层状、垫状或柱状，着生在寄主表皮层下 ················ 2
1. 冬孢子有柄，单细胞或多细胞，多突破寄主表皮裸生于体外 ······················· 3
2. 冬孢子仅侧面密结成单层 ······························· 栅锈菌属(*Melampsora*)
2. 冬孢子上下侧面密结成多层，冬孢子堆凸镜状 ················ 层锈菌属(*Phakopsora*)
3. 冬孢子单细胞 ··· 单胞锈菌属(*Uromyces*)
3. 冬孢子双细胞或多细胞 ··· 4
4. 冬孢子多细胞，排成单行，有长柄，通常下部膨大 ············ 多胞锈菌属(*Phragmidium*)
4. 冬孢子双细胞 ··· 5
5. 冬孢子柄长，遇水胶化，冬孢子壁薄 ···················· 胶锈菌属(*Gymnosporangium*)
5. 冬孢子柄短，遇水不胶化 ·· 6
6. 冬孢子壁厚，2 个细胞之间缢缩不深，冬孢子壁平滑 ············ 柄锈菌属(*Puccinia*)
6. 冬孢子壁薄，2 个细胞之间缢缩很深，冬孢子壁密布粗疣 ······· 疣双孢锈菌属(*Tranzschelia*)

2. 黑粉菌目

由黑粉菌侵害作物引起的病害都称为黑粉病，常见的如麦类黑粉病、稻叶黑粉病、玉米瘤黑粉病、茭白黑粉病等。病部组织内大多出现分散或成团的黑色粉状物，这是病菌的冬孢子。黑粉菌的冬孢子为内生型的休眠孢子，萌发时先产生担子(先菌丝)，在担子上着生担孢子(小孢子)。

(1)黑粉菌属(*Ustilago*)

冬孢子堆可产生在寄主各个部位，多数黑褐色到黑色，外无假膜。冬孢子散生，单细胞，萌发时产生有隔的担子，担子由 2~4 个细胞组成，每细胞侧生或顶生 1 个担孢子。有些种冬孢子萌发直接产生芽管而不形成担子。观察小麦散黑穗病菌(*U. tritici*)的玻片标本。

(2)轴黑粉菌属(*Sphacelotheca*)

冬孢子堆生于寄主各部，团粒状或粉状，初期有菌丝形成的假膜包围着，成熟后假膜分离成团状或链状的不孕细胞，不孕细胞球形或椭圆形，无色或淡色。冬孢子散生，单细胞，孢子堆中有一由寄主残余组织所形成的中轴。观察高粱或玉米丝黑穗病菌(*S. reiliana*)的玻片标本。

(3)腥黑粉菌属(*Tilletia*)

冬孢子堆多数产生于寄主子房内，成熟后呈粉状或带胶合状，常有恶腥气味。冬孢子单生于产孢菌丝的中间细胞或顶端细胞内，外围有无色或淡色的胶质鞘，表面常有网状或刺状突起。冬孢子萌发时产生无隔膜的先菌丝，通常在产生担孢子时形成膜，顶端产生成束的担孢子，担孢子常可呈"H"形结合。观察小麦网腥黑穗病菌(*T. caries*)的玻片标本。

（二）层菌纲

层菌纲真菌一般有裸果式或半裸果式的担子果，担子层状排列在担子果内。除少数能寄生植物引起病害外，大多数都是腐生性的。根据担子有无隔膜而分为有隔担子菌和无隔担子菌 2 个亚纲。

1. 有隔担子菌亚纲

绝大多数是腐生的，常见的有木耳属（*Auricularia*）、银耳属（*Tremella*）等。

2. 无隔担子菌亚纲

大多数是腐生的，并且可产生显著的担子果，如各种伞菌和多孔菌；只有少数是寄生的，如外担子菌中侵害茶叶的茶饼病菌（*Exobasidium camellia*）等。观察木耳、银耳、蘑菇、香菇、灵芝等的担子果形态和茶饼病标本。

（三）腹菌纲

担子果有包被，为闭果式，常见的如鬼笔、马勃和鸟巢菌等。

四、作业与思考题

1. 绘制柄锈菌属、胶锈菌属、层锈菌属、黑粉菌属的形态图。
2. 黑粉菌和锈菌生活史有何不同？
3. 锈菌和黑粉菌的侵染方式有何不同？在防治上又有什么不同？

实验五　半知菌亚门真菌及其所致病害

一、实验目的

通过半知菌中各类型代表菌的观察，掌握半知菌主要属的形态特征及所致主要病害的症状特点，进一步学习和训练徒手切片的技能。

二、实验方法

以显微镜观察自制的临时玻片标本来认识半知菌主要属的形态特征；观察病害症状标本来加深对半知菌重要性的认识。

三、实验内容

（一）丝孢纲

丝孢纲真菌大多数是高等植物的寄生菌。本纲真菌的分生孢子着生在分生孢子梗上，分生孢子梗散生、束生或着生在分生孢子座上。或者不产生任何类型的分生孢子。

（1）梨孢属（*Pyricularia*）

分生孢子梗细长，无色，很少分枝，有隔膜，单生或簇生；分生孢子梨形，下端较宽，无色，有 2~3 个细胞。

取稻瘟病的发病小枝梗或病穗茎，保湿，挑取病部灰绿色霉层，镜检，观察稻瘟病菌(*P. grisea*)的分生孢子梗和分生孢子的形态。

(2)粉孢属(*Oidium*)

引起植物白粉病。菌丝生于寄主表面，白色。分生孢子梗短小无分隔，分生孢子短圆柱形，单胞、无色、串生。观察小麦白粉病的标本，挑取叶面少许粉状物镜检，观察小麦白粉病菌(*O. moniliodes*)的分生孢子。

(3)青霉属(*Penicillium*)

分生孢子梗无色，单生，少数集聚成孢梗束，直立，顶端形成 1 至多次帚状分枝，分枝顶端产生成串的分生孢子。分生孢子圆形或卵圆形，无色。观察柑橘青霉病(*P. italicum*)的病害症状和病菌的分生孢子梗和分生孢子。

(4)曲霉属(*Aspergillus*)

分生孢子梗直立，顶端膨大成圆形或椭圆形，上面着生 1~2 层放射状分布的瓶状小梗，分生孢子聚集在分生孢子梗顶端呈头状。观察米曲霉菌(*A. oryzae*)的分生孢子梗和分生孢子。

(5)尾孢属(*Cercospora*)

分生孢子梗黑褐色，不分枝，丛生于子座组织上，顶端着生分生孢子，分生孢子脱落后，梗继续生长，故分生孢子梗呈曲膝状。分生孢子无色或暗色，线形或鞭形，多胞。观察花生褐斑病菌(*C. personata*)的分生孢子梗和分生孢子。

(6)黑星孢属(*Fusicladium*)

分生孢子梗黑褐色，极短，顶端着生分生孢子，脱落后分生孢子梗上留有明显的孢子痕。分生孢子深褐色，椭圆形至梨形，双胞。观察梨黑星病菌(*F. virescens*)的分生孢子梗和分生孢子。

(7)轮枝孢属(*Verticillium*)

分生孢子梗直立，无色，具隔膜，常分枝。第一次分枝呈轮生、对生或互生，第二次分枝着生于第一次分枝上，分枝末端及主梗顶端生瓶状产孢细胞。分生孢子连续产生，常聚成孢子球，分生孢子球形、卵形或椭圆形，无色或略带淡褐色，单胞。观察引起棉花黄萎病的大丽轮枝菌(*V. dahliae*)的形态。

(8)链格孢属(*Alternaria*)

分生孢子梗暗色，顶端串生分生孢子，或为单生。分生孢子褐色，砖格状分隔，倒棍棒状，椭圆形或卵圆形，顶端有喙状细胞。观察马铃薯早疫病菌(*A. solani*)的形态。

(9)平脐蠕孢属(*Bipolaris*)

分生孢子梗单生或丛生，基部深褐色，膨大，顶部色淡，多隔膜，不分枝，曲膝状，有疤痕。分生孢子纺锤形，明显弯曲，近中部最宽，两端窄，脐点基部平截。分生孢子萌发时，两端细胞萌芽。观察引起玉米小斑病的玉蜀黍平脐蠕孢(*B. maydis*)的形态。

(10)凸脐蠕孢属(*Exserohilum*)

分生孢子梗青褐色，有隔膜。分生孢子圆筒形，两端略尖，直或稍弯曲，多为 5

个分隔，分生孢子的脐点强烈突出，带有双壁结构，萌发时两端细胞萌芽。观察玉米大斑病菌（*E. turcicum*）的玻片标本。

（11）凹脐蠕孢属（*Drechslera*）

分生孢子梗有隔，不分枝，单生或束生，褐色，上端曲膝状。分生孢子圆筒形，两端细胞钝圆，脐点凹陷于基细胞中，端细胞萌芽时形成二次性分生孢子梗。观察大麦条纹病菌（*D. graminea*）的玻片标本。

平脐蠕孢属（*Bipolaris*）、凹脐蠕孢属（*Drechslera*）和凸脐蠕孢属（*Exserohilum*）是近年来从长蠕孢属（*Helminthosporium*）中分出来的，它们的比较见表4-1。

表4-1 3种蠕形孢属的形态特征比较

		凹脐蠕孢属 （*Drechslera*）	平脐蠕孢属 （*Bipolaris*）	凸脐蠕孢属 （*Exserohilum*）
分生孢子形状		直、圆筒形	梭形，直或弯曲	梭形至圆筒形，直或弯曲
分生孢子萌发		端细胞和中部细胞，或仅端细胞萌发，基细胞芽管远离脐点	2个端细胞或1个端细胞萌芽，基细胞芽管靠近脐点	端细胞萌发，基细胞芽管靠近脐点
脐点类型		脐点内陷，腔穴状	脐点微突出，平截	脐点强烈突出
分生孢子隔膜	第一隔膜	划出基细胞	在中部或亚中部	在亚中部
	第二隔膜	在分生孢子其余部分的中部	划出基细胞	在分生孢子顶部1/3处
	第三隔膜	在分生孢子顶部	在分生孢子顶部	在第一与第二隔膜中间
	隔膜数	4~8个	多为7~8个	较少，4~6个
产孢节		光滑	光滑或粗糙	光滑或粗糙

（12）丝核菌属（*Rhizoctonia*）

菌丝无色至褐色，直角分枝，在近分枝处形成分隔，分隔处缢缩。菌核褐色或黑色，内外颜色一致，疏松，与菌丝体相连。观察水稻纹枯病菌（*R. solani*）的菌丝形态。

（13）镰孢属（*Fusarium*）

镰孢属是瘤座菌目的代表菌。特点是分生孢子梗着生在分生孢子座上。分生孢子梗形状不一，不分枝，聚集而形成垫状的分生孢子座。分生孢子无色，有两型，大型分生孢子多细胞，镰刀形；小型分生孢子单细胞，椭圆形。有的镰孢菌还可产生厚垣孢子，是病菌在不良条件下形成的休眠孢子。观察棉花枯萎病菌（*F. oxysporum*）或水稻恶苗病菌（*F. moniliforme*）的玻片标本。

（二）腔孢纲

腔孢纲真菌的分生孢子梗和分生孢子着生在分生孢子盘或分生孢子器内，危害植物时在病部往往形成小黑点的病症，为病菌的分生孢子盘或分生孢子器。

（1）炭疽菌属（*Colletotrichum*）

分生孢子盘有褐色的刚毛，一般着生在分生孢子盘的周围。分生孢子梗较短，无色。分生孢子初长椭圆形，后呈月牙形。观察黄麻炭疽病菌（*C. gloeosporioides*）或棉花炭疽病菌（*C. gossypi*）的玻片标本。

（2）痂圆孢属（*Sphaceloma*）

分生孢子盘褐色。分生孢子梗圆筒形，无色或淡褐色，不分枝，1~2 个隔膜。分生孢子椭圆形，单胞，无色。观察柑橘疮痂病菌（*S. fawcettii*）或葡萄黑痘病菌（*S. ampelinum*）的玻片标本。

（3）拟盘多毛孢属（*Pestalotiopsis*）

分生孢子盘黑色。分生孢子梗短而细，不分枝。分生孢子椭圆形至梭形，多胞，中间细胞褐色，两端细胞无色，顶端附着有 2~5 根刺毛，刺毛无色，分生孢子基部有短柄，无色。观察枇杷灰斑病菌（*P. funerea*）的玻片标本。

（4）叶点霉属（*Phyllosticta*）

分生孢子器埋生，单腔，有孔口。分生孢子近卵圆形，单胞，无色。观察枇杷斑点病菌（*P. eriobotryae*）的玻片标本。

（5）茎点霉属（*Phoma*）

茎点霉属危害寄主的果实、茎秆和老叶，病部有明显的小黑点。分生孢子器埋生或半埋生，球形，褐色，有孔口，内壁着生分生孢子梗。分生孢子单胞，无色。观察葡萄黑腐病菌（*P. viticola*）的玻片标本。

（6）大茎点霉属（*Macrophoma*）

分生孢子器暗色，球形，具孔口埋生于寄主组织内，孔口突破寄主表皮而外露。分生孢子梗短，分生孢子一般大于 15 μm。观察引起苹果、梨、桃轮纹病的轮纹大茎点菌（*M. kawatsukai*）的玻片标本。

（7）拟茎点霉属（*Phomopsis*）

分生孢子器黑色，球形或圆锥形，有或无孔口。分生孢子梗短，不分枝，分生孢子有 2 种类型。甲型分生孢子卵圆形至纺锤形，单细胞，无色，能萌发；乙型分生孢子线形，一端弯曲呈钩状，不能萌发。观察茄褐纹病菌（*P. vexans*）的玻片标本。

（8）壳二孢属（*Ascochyta*）

分生孢子器球形，褐色，分散、埋生，器壁薄；分生孢子梗短；产孢细胞桶形或椭圆形，光滑；分生孢子卵圆形至圆筒形，双细胞，无色。观察蚕豆褐斑病菌（*A. fabae*）的玻片标本。

（9）壳针孢属（*Septoria*）

分生孢子器球形，褐色，器壁革质至炭质，有一圆形的孔口；分生孢子多细胞，细长筒形、针形或线形，直或微弯。观察小麦叶枯病菌（*S. nodorum*）的玻片标本。

四、作业与思考题

1. 绘制梨孢菌、链格孢菌、尾孢菌、青霉菌、镰孢菌、炭疽菌、叶点霉和壳二孢属等病原菌的形态特征图。

2. 在显微镜下如何区别分生孢子器和子囊壳？

3. 半知菌的学名和中文属名包含着什么内容？

第五章　植物病害识别与防治

实验一　水稻病害

一、实验目的

通过实验，认识水稻各种常见病害的症状特点及病原物形态特征，能正确区分易混淆的病害，从而为病害诊断、田间调查和病害防治提供科学依据。

二、实验材料

水稻病害的盒装标本、浸渍标本及新鲜标本，如稻瘟病、稻纹枯病、稻恶苗病、稻细菌性条斑病、水稻干尖线虫病、稻白叶枯病等；病原菌玻片或培养的病原物。

三、实验内容与方法

(一)稻瘟病

1. 症状

该病在水稻整个生育期中都可发生，根据发病部位的不同，可分为苗瘟、叶瘟、节瘟、穗颈瘟、枝梗瘟、谷粒瘟等，其中以穗颈瘟危害最大。叶瘟的典型症状是病斑呈纺锤形，少数为圆形或长条形，病斑最外层为黄色的中毒部，内层为褐色的坏死部，中央为灰白色的崩溃部，两端常有延伸的褐色坏死线。在阴雨、高湿的气候条件下，感病品种上常出现暗绿色、水渍状、近圆形或椭圆形、有大量灰色霉层的病斑，这是病害流行的前兆。在不适宜的环境条件下病斑常为白点型，在抗病品种及老叶上多为褐点型。

2. 病原

灰梨孢(*Pyricularia grisea*)，属半知菌亚门梨孢霉属。分生孢子梗 3~5 根丛生，自气孔伸出，(112~456) μm×(3~4) μm。分生孢子顶生，鸭梨形或短倒棍棒形，顶端尖，基部钝圆，脚胞突出，大多 2 个隔膜，无色，密集时灰绿色，(17~33) μm×(6.5~11) μm。病菌在病种子及病稻草上越冬。

(二)稻纹枯病

1. 症状

该病是水稻种植地区普遍发生的重要病害。以分蘖后期至抽穗期发生最为严重，主要侵害叶鞘及叶片，严重时可危害穗部和茎秆内部。通常病斑边缘褐色，中央灰绿色或灰白色，呈不规则云纹状。湿度大时病部可见到褐色菌核，菌核以少量菌丝联系于病斑表面，容易脱落。

2. 病原

立枯丝核菌（*Rhizoctonia solani*）。菌核褐色或黑色，形状各不相同，表面粗糙，内外层颜色一致，组织较疏松，着生在菌丝中，彼此以菌丝相连。菌丝褐色，近分枝处形成隔膜，呈缢缩状，菌丝多为直角分枝。不产生无性孢子。

（三）稻恶苗病

1. 症状

该病从苗期至抽穗期都有发生。秧田病苗通常徒长，即比健苗高而细弱，叶片淡黄绿色，根部发育不良。本田一般分蘖期始现病株，症状与苗期相似，同时分蘖减少，下部茎节生有许多倒生的不定根，叶鞘和茎秆上有淡红至灰白色粉霉，严重时病株枯死。

2. 病原

串珠镰孢菌（*Fusarium moniliforme*）。菌丝白色，有时为淡黄或淡红色，上面产生瓶状小梗。小型分生孢子椭圆至卵形，呈链状排列，大多单胞，偶有 1 个隔膜，无色，（5~12）μm ×（1.5~2.5）μm；大型分生孢子产生在菌丝侧枝上的分生孢子梗上，新月形，直或稍弯，两端尖，3~7 个隔膜。其中 3~4 个隔膜的，（25~36）μm ×（2.5~3.5）μm；5~6 个隔膜的，（30~50）μm ×（2.5~4）μm；7 个隔膜的，（40~60）μm ×（3~4）μm。有性态为滕仓赤霉（*Gibberella fujikuroi*），不常见。病菌以菌丝和分生孢子在种子内外和病稻草上越冬，病菌在生长过程中能分泌赤霉素，引起植株徒长。

（四）水稻白叶枯病

1. 症状

该病多在分蘖期后发生，主要侵染水稻叶片，沿叶尖、叶缘或中脉形成长条状病斑，初为黄褐色，后为枯白色。在感病品种上，或多肥栽培、温湿度极有利于病害发展时，病叶常为灰绿色，向内卷曲呈青枯状。在高湿或晨露未干时，病斑的表面常有蜜黄色黏性菌脓，干燥后呈鱼籽状小胶粒，易脱落。

2. 病原

水稻黄单胞菌（*Xanthomonas oryzae*）。菌体短杆状，鞭毛单极生，革兰染色阴性。菌落蜜黄色，具黏性。病菌一般经伤口和水孔侵染叶片。

（五）稻胡麻斑病

1. 症状

苗期到成熟期的植株地上部位均可发生，但以叶片发生最普遍。叶片病斑椭圆形，褐色，有黄色晕圈，有时中央呈枯白色坏死状。穗颈、子粒、枝梗和谷粒病斑均为褐色，表面产生黑色霉层。

2. 病原

稻平脐蠕孢(*Bipolaris oryzae*)。胡麻斑病的病斑上一般很少产生孢子，病穗颈，特别是病谷粒上在潮湿的条件下较易长出黑褐色茸毛状霉层。分生孢子褐色、倒棍棒形、多数弯曲，分生孢子的脐点基部平截。

(六)稻曲病

1. 症状

该病在水稻开花后至乳熟期发生，主要分布在穗的中下部，一般一个穗上几个至几十个子粒受害。病菌侵入谷粒后先从内外颖壳缝隙处露出淡黄绿色孢子座，后包裹整个颖壳，逐渐变为墨绿色，最后孢子座表面龟裂，散出墨绿色的粉状物。有的病粒在孢子座基部两侧产生黑色、扁平、硬质的菌核。

2. 病原

稻绿核菌(*Ustilaginodea virens*)。病菌的有性态为 *Clavicepter oryzae-sativae*。厚垣孢子侧生于孢子座内的放射状菌丝上，球形或椭圆形，呈墨绿色，表面有瘤状突起。分生孢子单胞、椭圆形。子囊壳生于子座表层，子囊圆筒形，子囊孢子无色、单胞、丝状。

(七)稻秆尖线虫病

1. 症状

受害稻苗上部叶片尖端2~4 cm处变成枯白色、灰白色或褐色的秆尖，与健部界限明显，卷缩扭曲，捻卷似猪尾状，易受风吹或摩擦折断脱落。分蘖期、拔节期不表现症状，孕穗期上部叶片尤其是剑叶叶尖1~8 cm外变成黄白色半透明状，秆尖捻曲尤为明显，病健交界处有不规则的褐色线纹。

2. 病原

水稻秆尖线虫(*Aphelenchoides besseyi*)。雌雄虫体细长，雌虫尾锥形，尾末端具有3~4个尖突。放松时虫体伸直或稍向腹面弯曲成盘状。雄虫较常见，放松时虫体上、中部呈直线，尾部弯曲近90°。交合刺新月形、刺状，无交合伞。

(八)稻绵腐病

1. 症状

通称"烂秧"。幼苗发病，初在幼芽基部开裂处出现少量白色胶状物，向四周放射状长出白色棉絮状菌丝，幼苗变锈褐色或绿色腐败死亡，重者成片死亡。

2. 病原

主要是稻绵霉(*Achlya oryzae*)。游动孢子囊管状，游动孢子肾形，2根鞭毛。雄器细长管状，藏卵器球形，内生多个卵孢子。

（九）幼苗立枯病

1. 症状

因病原种类、危害时期和环境条件不同，引起的症状也不同，常见的症状有以下几种类型：

①芽腐：出苗前或刚出土时发生。幼苗的幼芽或幼根变褐色，病芽扭曲、腐烂而死。在种子或芽基部生有霉层。

②针腐：多发生于幼苗立针期到 2 叶期。病苗心叶枯黄，叶片不展开，基部变褐。种子与幼苗茎基交界处生有霉层，茎基软腐，易折断，育苗床中幼苗常成片发病或死亡。

③黄枯：多发生于幼苗 3 叶期前后，病苗叶尖不吐水，在天气骤晴时，幼苗迅速表现青枯，心叶上部叶片卷曲，幼苗叶色青绿，最后整株萎蔫，在插秧后稻田可出现成片变青绿枯死。

2. 病原

主要是镰刀菌（*Fusarium* spp. ）、立枯丝核菌（*Rhizoctonia solani*）和腐霉菌（*Pythium* spp. ）。镰刀菌属病菌菌丝体呈白色或淡红色，大型分生孢子镰刀形，弯曲或稍直，多分隔、无色；小型分生孢子椭圆形或卵圆形，无色透明，单胞。立枯丝核菌只有菌丝和菌核，菌丝幼嫩时无色，呈锐角分枝，分枝处缢缩，有隔膜；老熟菌丝淡褐色，隔膜增多，细胞中部膨大，分枝呈直角，菌核形状不规则，褐色，直径 1~3mm。腐霉菌菌丝发达，无隔，孢子囊球状或姜瓣状，藏卵器近球形，内生 1 个卵孢子。

（十）水稻病毒病

1. 症状

水稻病毒病常见的有稻条纹叶枯病、稻普通矮缩病、稻黑条矮缩病和稻暂黄病。

①稻普通矮缩病：病株矮化丛生，分蘖增多，叶片变短、僵硬，呈浓绿色，新叶的叶片和叶鞘上出现与叶脉平行的黄白色虚线状条点。孕穗以后发病的仅在剑叶或其叶鞘上出现黄白色条点。

②稻条纹叶枯病：病株心叶沿叶脉呈断续的黄绿色或黄白色短条斑，后常合并成不规则的黄白色条斑，使叶片一半或大半变成黄白色，但在其边缘部分仍呈上述褪绿条斑。病株矮化不明显，但分蘖减少。高秆品种心叶细长柔软并弯曲成纸捻状，弯曲下垂、枯死，称为"假枯心"。矮秆品种发病后心叶展开仍较正常，发病早的植株枯死，发病迟的只在剑叶或其叶鞘上有褐色斑，但抽穗不良或畸形不实，呈"假白穗"状。

2. 病原

普通矮缩病由植物呼肠孤病毒属水稻矮缩病毒引起。病毒粒子球状，花叶细胞内含体近球形。传毒媒介主要是黑尾叶蝉。

条纹叶枯病由纤细病毒属水稻条纹病毒引起。病毒粒子环状或丝状，内含体"8"或"0"形，传毒媒介为灰飞虱。

四、水稻病害药剂防治方法

化学防治是防治水稻病害的重要手段，不同水稻生育期的防治方法也有所不同。

(一) 苗期病害防治

秧苗在三叶期和移栽前3~4 d分别喷药一次。使用药剂种类可根据当地苗病发生情况，有针对性选用广谱性杀菌剂，力求做到一次施药兼防多种病害。

(二) 大田期病害防治

水稻大田生长期的病害种类很多，不同稻区目标病害和防治重点有所不同。一般防治的重点时期是水稻分蘖期和孕穗期至抽穗期两个时期。

五、作业与思考题

1. 绘制稻瘟病菌、稻胡麻斑病菌、稻纹枯病菌、稻恶苗病菌、稻曲病菌的形态特征图。

2. 如何区别上题中的病原菌？

实验二　麦类病害

一、实验目的

通过实验认识并掌握麦类作物主要病害的症状特点及病原形态特征，为病害诊断、田间调查和病害防治提供科学依据。

二、实验材料

麦类各种病害的盒装标本、散装标本、新鲜标本、玻片标本，如小麦条锈病、小麦叶锈病、小麦秆锈病、小麦网腥黑穗病、小麦光腥黑穗病、小麦散黑穗病、小麦秆黑穗病、小麦全蚀病、小麦纹枯病、小麦赤霉病、小麦白粉病、小麦粒线虫病、小麦丛矮病、小麦霜霉病、小麦秆枯病、小麦根腐病等；病原菌玻片或培养的病原物。

三、实验内容与方法

(一) 小麦锈病

1. 症状

该病是我国小麦发生最广、危害最大的一类病害。小麦感病后，初期在麦叶或麦秆的表面出现褪绿的斑点，以后长出黄色、橙黄色或红褐色的粉疱，即锈菌的夏孢子堆；小麦生长后期病部又长出黑色的疱斑或粉疱，即冬孢子堆。

2. 病原

小麦锈病包括条锈病、叶锈病和秆锈病，它们的病原分别是条形柄锈菌（*Puccinia striiformis*）、小麦隐匿柄锈菌（*P. recondita*）和禾柄锈菌（*P. graminis*），3 种锈菌都是以夏孢子阶段重复发生在小麦上，并在小麦上越冬、越夏。它们的形态特征比较见表 5-1。

表 5-1　3 种锈菌夏孢子、冬孢子形态及危害状比较

		条形柄锈菌 （*Puccinia striiformis*）	小麦隐匿柄锈菌 （*Puccinia recondita*）	禾柄锈菌 （*Puccinia graminis*）
危害部位		主要危害叶片，其次是叶鞘、茎秆和颖片	主要危害叶片，叶鞘和茎秆上少见	主要危害叶片、叶鞘和茎秆，也侵染颖片
夏孢子堆	相对大小	最小	中等大小	最大
	形状	卵圆形	圆形或近圆形	长椭圆形
	颜色	鲜黄	橘红	棕褐
	排列	成行，与叶脉平行，互不愈合；在幼苗叶片上，多呈轮状排列	散生	散生，常相互愈合
	开裂程度	不明显	开裂一圈	大片开裂
夏孢子形态特征		近圆形、卵圆形，淡黄色，（18~28）μm×（18~24）μm，表面有微刺，发芽孔8~10个，散生	近圆形，橘黄色，（18~29）μm×（17~22）μm，表面有微刺，发芽孔6~8个，散生	长椭圆形，暗橙黄色，（21~42）μm×（13~24）μm，表面有明显的刺，发芽孔4个，排列在腰部
冬孢子形态特征		梭形或棍棒形，顶端平截或略圆，顶壁厚3~5 μm，基部狭细，褐色，（30~53）μm×（12~20）μm，柄短，稍脱落	长棍棒形，顶端平截或倾斜，顶壁厚3~5 μm，基部狭细，黄褐色，（29~58）μm×（12~27）μm，柄甚短，稍脱落	长椭圆形或棍棒形，顶端圆锥状或圆形，顶壁厚5~11 μm，基部狭细或圆，栗褐色，（28~64）μm×（12~24）μm，柄淡褐色，不脱落
转主寄主		无	唐松草属，小乌头	小檗属，十大功劳属

（二）小麦白粉病

1. 症状

病菌主要危害叶片，严重时也可以危害叶鞘、茎秆和穗部。病部最初出现白色霉点，以后扩大成白色霉斑。病斑近圆形或长椭圆形，严重时病斑连成一片，甚至整个植株均为霉层覆盖。霉层初为白色，以后逐渐变为灰白色至淡褐色。霉层下的叶片组织初期无明显变化，以后褪绿、发黄以至枯死。小麦生长后期病斑上出现许多小黑

点，是病菌的闭囊壳。

2. 病原

禾布氏白粉菌(*Blumeria graminis*)。菌丝体叶两面生，刚毛镰刀形，暗色。闭囊壳聚生或散生，扁球形，常埋生在菌丝层内，直径138~268 μm。附属丝发育不完全，(9~88) μm×(3.8~11.4) μm，不分枝，个别叉状分枝，无或1个隔膜。子囊12~28个，近椭圆形，有柄至近于无柄，(58.8~109.2) μm×(23.8~50) μm。子囊孢子一般8个，卵形，(18.8~23.8) μm×(11.3~13.8) μm。

3. 小麦白粉病药剂防治方法

使用化学药剂是防治小麦白粉病的关键措施，包括播种期种子处理和生长期喷药防治。

①拌种：在秋苗发病早且严重的地区，采用播种期拌种能有效控制苗期白粉病的发生，所用药剂为三唑酮。

②生长期喷药防治：在春季发病初期要及时进行喷药防治，常用药剂有三唑酮、烯唑醇、敌力脱等。

(三)小麦赤霉病

1. 症状

小麦从幼苗至抽穗均可发病，表现为苗枯、基腐、秆腐或穗腐，其中以穗腐危害最为严重。穗腐发生在小麦开花后，初在小穗和颖壳上出现水渍状褐色斑，逐渐蔓延至全部小穗，并随即枯黄。发病初期在颖壳缝处和小穗基部产生粉红色的胶质霉层，以后在霉层处产生蓝黑色颗粒。一个麦穗通常是少数小穗先发病，然后扩展到穗轴，破坏输导组织，致使被害部上段的小穗枯死，使之不能结实或子粒干瘪。

2. 病原

多种镰孢属真菌，其中禾谷镰孢菌(*Fusarium graminearum*)为绝对优势种。菌丝白色，棉絮状，有时淡黄或淡红色。小型分生孢子单生或聚集成头状，椭圆或卵形，单胞，(5~12) μm×(2~3) μm；大型分生孢子镰刀形，顶端钝，通常有3~5个隔膜，(49~60) μm×(4.3~5.5) μm。

(四)小麦散黑穗病

1. 症状

症状主要表现在穗部。病穗抽出初期整个穗部外面包着一层灰白色膜，呈一棒状物，膜内充满黑粉，黑粉成熟时，外膜破裂，经风吹黑粉散落仅剩穗轴。黑粉是病菌的冬孢子。

2. 病原

裸黑粉菌(*Ustilago nuda*)。冬孢子球形或近球形，表面有细刺。冬孢子萌发产生先菌丝，先菌丝的4个细胞可分别产生分枝菌丝，但不产生担孢子。

（五）小麦网腥黑穗病

1. 症状

病株稍矮，分蘖多。病菌侵入子房，使整个子粒被害，外面包有一层灰色薄膜，病粒称为菌瘿。病粒外护颖张开，使菌瘿外露（褐色）。菌瘿用手指微压易碎，散出黑色粉末，即病菌冬孢子。病穗有浓厚的鱼腥味，故称腥黑穗病。

2. 病原

小麦网腥黑粉菌（*Tilletia caries*）。冬孢子球形，表面有网纹。冬孢子萌发产生管状担子，担子顶端生 8～16 个线形无色的小孢子（担孢子），小孢子之间呈"H"形结合。

（六）小麦秆黑粉病

1. 症状

主要发生在叶片、叶鞘、茎秆上，发病部位纵向产生银灰色、灰白色条纹。条纹是一层薄膜，常隆起，内有黑粉，黑粉成熟时，膜纵裂，散出黑色粉末，即病菌的冬孢子。病株常扭曲，矮化，重者不抽穗，抽穗小，子粒秕瘦。

2. 病原

小麦条黑粉菌（*Urocystis tritici*）。冬孢子球形、扁球形，1～4 个冬孢子成团着生，外有不孕细胞。冬孢子萌发产生柱状先菌丝，顶端轮生出 3～4 个担孢子，担孢子长棒状，顶端尖削，微弯。

（七）小麦全蚀病

1. 症状

小麦整个生育期都可受害，以幼苗期受害最重，以抽穗、灌浆期症状最为明显。

幼苗期，轻病株在返青前症状不明显，仅分蘖少，底叶发黄，拔出时可见种子根、地下茎呈灰黑色；重病株可死亡，常出现成片死亡。

返青后，病株发育迟缓，生长矮小稀疏，根部受害由下而上逐渐扩展。根部受害扩展至茎基部和叶鞘，同时根系开始腐烂，此时田间湿度大时，茎基部表面、叶鞘内侧生一层厚厚的黑色菌丝层，就像粘贴了一层黑膏药，群众把这种症状称为"黑脚"。此时因小麦植株灌浆需要大量水分而得不到供应，在几天内突然出现成簇、成片的白穗，所以"黑脚"、"白穗"是病株成株期特有的症状。但田间干燥时，茎基部黑点不明显。到小麦生长后期，叶鞘内侧黑色菌丝层之间，长出许多黑色的小颗粒体，后突破表皮而外露，这是病菌的子囊壳。

2. 病原

禾顶囊壳（*Gaeumannomyces graminis*）。自然情况下小麦全蚀病菌不产生无性孢子，菌丝体栗褐色，粗壮，多呈锐角分枝，在分枝处产生隔膜，呈倒"V"字形，可作为苗期鉴定的辅助性状。子囊壳黑色，梨形，具孔口，内生子囊、子囊孢子。子囊棍棒形或袋状，透明，内生 8 个平行排列的子囊孢子。子囊孢子成熟时，子囊壁消解。

子囊孢子线形或鞭状。每个孢子有2~8个分隔，孢子萌发时多从两端产生芽管。

(八)小麦纹枯病

1. 症状

小麦从播种后的整个生育期都可受害而表现症状。幼苗出土前幼芽鞘变褐，继而腐烂成烂芽，不能出土。出苗后3~4叶期，下部叶鞘上呈现中间灰色、边缘褐色的椭圆形病斑，严重的抽不出新叶而死苗；进入拔节期后，基部叶鞘上形成中间灰色、边缘褐色的椭圆形病斑，病斑连片而形成云纹状病斑。病斑可深入到基部茎秆壁内，形成中间灰褐色、边缘褐色近椭圆形眼斑，严重时叶鞘、茎壁失水干枯死亡。由于茎基部叶鞘、茎秆枯死，阻碍了养分运输而引起整株枯死，上部出现白穗，田间表现症状往往由成株成簇白穗而发展至成片白穗，提早枯死。湿度大时，茎基部有白色霉层，霉层间有颗粒状物，即病原菌的菌核。

2. 病原

禾谷丝核菌(*Rhizoctonia cerealis*)。自然情况下，病原菌仅以菌丝危害，后期可产生菌核，菌丝体幼嫩时无色，老熟时淡褐色，较粗壮，多分枝，分枝处形成隔膜，分枝处明显缢缩。菌丝生长后期形成菌核。菌核由菌丝纠结而成，大如绿豆粒，小如米粒，外层组织疏松，内层组织较紧密。

(九)小麦粒线虫病

1. 症状

小麦苗期至成株期均可表现症状，以成株期穗部症状最为典型。病苗分蘖增多，叶片皱缩、扭曲，叶色淡而肥嫩，叶尖卷曲，偶尔有微小的圆形突起(虫瘿)。成株株形矮化，茎、节肥大，茎秆弯曲。病穗短小，颖片张开，绿色较健穗深。部分或全部子粒变为虫瘿。虫瘿初为青绿色，后变为紫褐色，较健粒短而圆，坚硬而不易破碎，内有白色丝状物(线虫)。

在发生粒线虫病的病穗上，有时可以看到有些病穗的颖片间溢出黄色胶状分泌物，是线虫侵染时传播的小麦蜜穗病病菌(*Clavibacter tritici*)的特征之一。

2. 病原

小麦粒线虫(*Anguina tritici*)。线虫的发育分为卵、幼虫、成虫3个阶段。卵长圆形，卵壳透明。孵化后的1龄幼虫盘曲于卵壳内。破壳而出成为2龄幼虫，头部钝圆，尾部尖，食道前体膨大，在与中食道球交接处缢缩。食道腺球略呈梨形，有时为不规则的叶状。雌虫虫体肥大(体长3~5 mm)，有明显的生殖器官，近尾部有阴门和圆形阴唇，有曲折的卵巢。雄虫略小于雌虫(体长2~2.5 mm)，交合刺1对，较大，呈弓形，交合伞始于交合刺的前方终于尾尖的稍前方。一般虫瘿内主要是2龄幼虫，在侵染寄生过程中发育为成虫。

（十）小麦病毒病

1. 症状

小麦病毒病分为 3 种：小麦丛矮病，小麦黄矮病，小麦土传花叶病。

丛矮病常表现植株矮化、分蘖增多。黄矮病一般表现为叶片黄化，呈鲜黄色，植株有一定程度的矮化。土传花叶病初在返青后的麦苗新叶上形成褪绿或半透明的斑点，渐发展成不规则的条纹。条纹的颜色可以是深绿浅绿相间，也可以是深绿黄色相间，后期叶片枯死，病株矮化。

2. 病原

上述 3 种小麦病毒病的病原分别为 NCMV、BYDV 和 WSBMV。

（十一）大麦条纹病

1. 症状

植株地上部分都能发病，特点为整株系统发病，以叶片受害最重。叶上典型症状是从叶片基部到尖端形成与叶脉平行的细长条斑，颜色由苍白逐渐变为黄褐色。拔节到抽穗期，大多数老病斑中央变为草黄色，边缘褐色，并长出大量灰黑色的霉状物，即病菌的分生孢子梗和分生孢子。最后病叶破裂干枯，往往引起全株枯死。

2. 病原

禾内脐蠕孢（*Drechslera graminea*）。分生孢子梗多由气孔伸出，一般 3~5 枝束生，顶端直或膝状弯曲，具多个隔膜，侧生或顶生分生孢子。分生孢子圆筒状，直或稍弯曲，两端钝圆，具多个隔膜，脐点凹入基细胞内。

四、作业与思考题

1. 绘制小麦 3 种锈病病菌、白粉病菌、赤霉病菌、全蚀病菌、几种黑穗病菌的形态图（任选 2 个）。

2. 列表比较几种黑穗病的症状区别。

实验三　杂粮病害

一、实验目的

通过实验认识玉米、高粱、谷子等杂粮作物上的主要病害症状和病原形态特征，为病害诊断、田间调查和防治提供科学依据。

二、实验材料

玉米主要病害（大斑病、小斑病、丝黑穗病、瘤黑粉病、茎基腐病、纹枯病、褐斑病、灰斑病等）、高粱主要病害（丝黑穗病、散黑穗病、坚黑穗病、炭疽病、紫斑病等）、谷子主要病害（白发病、谷瘟病、锈病等）的病害盒装、浸渍和新鲜标本、病原菌玻片等。

三、实验内容与方法

(一)玉米大斑病

1. 症状

玉米在抽穗期至灌浆期最易感病。病害主要危害叶片，严重时也能危害苞叶和叶鞘。在抗性品种上，病斑初为水渍状或灰绿色小点，在感病品种上，病斑沿叶脉迅速扩大，形成梭形大斑。病斑的大小、颜色及形状常因品种不同而异。后期病斑干枯，多个病斑连接，使叶片提早枯死。田间湿度大时，病斑反面密生一层黑色霉状物，即病菌的分生孢子梗和分生孢子。

2. 病原

大斑病凸脐蠕孢(*Exserohilum turcicum*)。分生孢子梗多隔膜，较粗长。分生孢子青褐色至浅榄褐色，直或弯曲，通常梭形，偶呈长椭圆形、棍棒形及倒棍棒形，2~9个隔膜，(65~130)μm×(14.5~24)μm。脐点明显突出，基部平截；两端萌发。

(二)玉米小斑病

1. 症状

病菌主要危害叶片，也可危害叶鞘、苞叶、果穗和籽粒。发病多从下部叶片开始，逐渐向上部叶片蔓延，严重时整株枯死。叶片发病初期产生褐色水渍状小点，后逐渐扩大成椭圆形、边缘为紫色或红色晕纹状的病斑。后期病斑中央色变淡，常形成赤褐色同心轮纹。病斑密集时常相互愈合，引起叶片枯死。潮湿条件下，病部长出褐色霉层，即病菌的分生孢子梗和分生孢子。抗病品种上的病斑为黄褐色坏死小斑点，具黄色晕圈，表面霉层不明显。病菌侵染果穗会引起其腐烂或脱落，种子发黑霉变。

2. 病原

玉蜀黍平脐蠕孢(*Bipolaris maydis*)。分生孢子梗单生或丛生，多隔膜，长1 000 μm，宽5~10 μm，基部细胞膨大成桶状。分生孢子橘青色，纺锤形，明显弯曲，近中部最宽，两端明显变尖细，6~12隔膜，(65~135)μm×(11~15.5)μm；脐点基部平截，但不十分明显，宽2~3.5 μm；两端萌发。

(三)玉米褐斑病

1. 症状

病斑发生在叶基、叶鞘及茎上，初为黄白色小点，后变黄褐色至深褐色疮状病斑，可愈合成片，破裂后有黄褐色粉末散出，为病菌的休眠孢子囊。

2. 病原

玉蜀黍节壶菌(*Physoderma maydis*)。休眠孢子囊壁厚，近圆形至卵圆形或球形，黄褐色，略扁平，有囊盖。

（四）玉米黑粉病

1. 症状

玉米黑粉病为局部侵染性病害，玉米整个生育期中，任何地上部的幼嫩组织都可受害，病部组织肿胀成瘤（菌瘿）。病瘤的大小和形状因发病部位不同而异。叶片上的病瘤较小，多如豆粒或花生米大小，常成串密生，内部很少形成黑粉。雄性花序大部分或个别小花感病后形成长囊状或角状的病瘤。茎秆和果穗被害后形成拳头大小的病瘤。病瘤未成熟时，为一团白色柔嫩组织，外披白色或淡红色、有光泽的薄膜；成熟后，薄膜破裂散出黑粉。

2. 病原

玉蜀黍黑粉菌（*Ustilago maydis*）。冬孢子球形或椭圆形，暗褐色，厚壁，表面有细刺，萌发时，产生 4 个无色、纺锤形的担孢子，担孢子还可以由芽殖方式产生次生担孢子。

（五）玉米丝黑穗病

1. 症状

穗期症状明显。雄穗部分小花受害，基部膨大形成菌瘿，外包白膜，破裂后散出黑粉。除苞叶外，全部变成菌瘿，成熟后开裂散出黑粉，寄主的维管束组织呈丝状。

2. 病原

丝轴黑粉菌（*Sphacelotheca reiliana*）。冬孢了黄褐色至暗紫色，球形或近球形，表面有细刺。成熟的冬孢子遇合适的条件萌发产生有分隔的担子（先菌丝），侧生担孢子。担孢子无色，单胞，椭圆形。

（六）高粱散黑穗病

1. 症状

主要危害穗部，受害后穗形正常，仅花器被破坏，子房内形成黑粉，病粒未破裂前有灰白色薄膜包被，孢子成熟后，膜即破裂，散出黑粉，并露出长而弯曲的黑色中柱，为寄主的维管束残留组织，此为散黑穗病的主要特点。

2. 病原

高粱轴黑粉菌（*Sphacelotheca cruenta*）。冬孢子卵圆形或圆形，暗褐色，表面隐约有网纹。

（七）高粱丝黑穗病

1. 症状

危害穗部，抽穗时整个穗部变成一个大黑包，病穗外部初有一层白色薄膜，膜破裂后，散发出大量的黑色粉末，里面夹杂有黑色残存的丝状维管束组织。

2. 病原

丝轴黑粉菌（*Sphacelotheca reiliana*）。冬孢子黄褐色至暗紫色，球形或近球形，表面有细刺。成熟的冬孢子遇合适的条件萌发产生有分隔的担子(先菌丝),侧生担孢子。担孢子无色,单胞,椭圆形。

(八)高粱炭疽病

1. 症状

主要危害叶片、叶鞘和穗部。叶片上病斑呈梭形或长圆形,中央深褐色,边缘紫红色,其上密生小黑点,为病原菌的分生孢子盘。在穗部,病菌可侵染小穗枝梗以及穗颈或主轴,造成子粒灌浆不良甚至颗粒无收。

2. 病原

禾生炭疽菌(*Colletotrichum graminicola*)。分生孢子盘椭圆形,内生许多褐色的刚毛。分生孢子梗呈圆柱形,无色。分生孢子新月形,无色,单细胞,具一油球。

(九)谷子白发病

1. 症状

属于系统性病害,谷子各个生育阶段和不同部位均可受害。出苗前幼芽在土壤中变褐色,后腐烂,称"芽腐";病叶上出现黄色不规则病斑,潮湿时叶背面出现灰白色霜霉状物,称"灰背";病株抽出的新叶可继续感病,病叶上产生与叶脉平行的淡黄色条纹斑,背面亦可产生灰白色霜霉状物,心叶不能抽出展开,卷筒直立向上十分明显,俗称"白尖",白尖不久变褐枯死,直立田间,俗称"枪杆";残存的灰白色叶脉所形成的细丝变白卷曲散乱成白发状,俗称"白发";病穗上的内外颖变成小叶状丛生,穗短缩肥肿,不能结实,呈刺猬状直立田间,俗称"看谷老"。

2. 病原

禾生指梗霉(*Sclerospora graminicola*)。在叶片的"灰背"症状上出现的霜霉状物为病菌的孢囊梗和孢子囊,孢囊梗单生或束生,无色,无隔膜,肥壮,基部不膨大,顶端膨大分枝 3~4 次。游动孢子囊卵圆形或椭圆形,无色透明。卵孢子球形,栗褐色。

四、杂粮病害的药剂防治

(一)玉米病害的药剂防治

1. 土传类病害

玉米土传类病害主要有纹枯病、茎腐病、瘤黑粉病和丝黑穗病,它们都是以土壤传播为主,此外病菌也可混在种子中越冬(夏)。用杀菌剂处理种子或选用种衣剂包衣可有效延缓和减轻这类病害的发生危害,如三唑酮、三唑醇或戊唑醇等用于包衣或单剂拌种,均有较好的防病效果。

2. 气传类病害

玉米气传类病害主要有大斑病、小斑病、灰斑病、褐斑病和锈病等。药剂防治是控制这类病害的有效措施。不同的病害,应选用不同的农药品种,通常50%多菌灵、

70%甲基托布津、40%福星、70%代森锰锌、75%百菌清等对大多数叶部病害均有较好的防治效果。

(二)谷子和高粱病害的药剂防治

药剂防治的重点是搞好种子处理和发病期喷药防治。

①种子处理：黑穗病和谷子白发病应搞好药剂拌种。

②及时喷药：对谷子和高粱生长期发生的各种病害，施药时期应掌握在发病初期，施药次数应视病情和天气情况而定，施药间隔期通常为7~10 d，施药种类应根据不同病害对象选用不同化学药剂。

五、作业与思考题

1. 绘制玉米小斑病菌、玉米大斑病菌、玉米丝黑穗病菌、高粱散黑穗病菌、高粱炭疽病菌、高粱紫斑病菌、谷子白发病菌的形态特征图(任选3个)。

2. 如何区别你所选择的病原菌？

实验四　薯类病害

一、实验目的

通过实验认识甘薯及马铃薯主要病害的症状特点及病原形态特征，为病害的正确诊断、田间调查和病害防治提供科学依据。

二、实验材料

甘薯及马铃薯主要病害的盒装和浸渍标本、新鲜材料，如甘薯黑斑病、甘薯茎线虫病、甘薯瘟病、甘薯根腐病、甘薯干腐病、甘薯软腐病、甘薯根结线虫病、甘薯灰霉病、马铃薯晚疫病、马铃薯青枯病、马铃薯软腐病、马铃薯病毒病和马铃薯黑胫病等，甘薯及马铃薯主要病害的病原物玻片标本。

三、实验内容与方法

(一)甘薯黑斑病

1. 症状

甘薯黑斑病在甘薯育苗期、大田生长期和收获贮藏期均能发生，主要危害薯块。病原菌在薯块上形成圆形、椭圆形或不规则形膏药状黑色略凹陷的病斑，轮廓清楚，病部组织坚硬。薯肉呈黑绿色，味苦，病组织可深入薯内2~3 mm。潮湿时，病斑上可产生灰色霉状物，有时病斑上散生黑色毛刺状物，即病原菌的子囊和子囊壳。

2. 病原

甘薯长喙壳(*Ceratocystis fimbriata*)。病菌无性繁殖产生内生分生孢子和内生厚壁孢子。分生孢子无色，单胞，圆筒形、棍棒形或哑铃形。两端较平截。厚壁孢子暗褐色，椭圆形，具厚壁。有性生殖产生子囊壳，子囊壳具长颈，顶端裂成须状。子囊壳烧瓶状，壳内生有许多梨形或卵圆形的子囊，子囊壁薄，成熟后消解使子囊孢子散生于子囊壳内。子囊孢子呈钢盔形，无色，单胞，壁薄。

（二）甘薯茎线虫病

1. 症状

甘薯茎线虫可危害薯块、薯蔓以及须根，以薯块和近地面的秧蔓受害最重。症状表现有两种类型。一种为糠心型，线虫在薯块内部繁殖危害，薯肉被蛀食后形成不规则的孔洞，剩余的薯肉被其他微生物侵入污染，形成褐白相间的干腐症状，即所谓糠心；另一种为糠皮型，线虫直接以吻针刺破外表，侵入薯块，在形成层以外的皮层部分危害，形成褐色松软的糠皮。薯块外观呈青灰色至暗紫色，后期常龟裂。秧蔓受害初期白色，后变黑褐色干腐，病重时近地面茎基部外皮常呈龟裂状。

2. 病原

甘薯茎线虫（*Ditylenchus destructor*）。雌、雄成虫都是线状。雄虫尾端钝尖，呈细长圆锥形，交合刺有 2 个指状突起，雄虫交合伞长度占尾部 1/4 以上。雌虫阴门在体长的 4/5 处。

（三）甘薯瘟病

1. 症状

甘薯瘟病为萎蔫型维管束病害，从苗期到结薯期都可发生。剖开茎基部，可见维管束变褐，发病严重时地下根部分或全部腐烂。薯块受害后，纵切可见维管束呈黄褐色条纹状，横切可见维管束呈黄褐色小斑点，薯肉内部布满黄褐色或黑褐色斑块，种薯或地下茎变黑腐烂。

2. 病原

青枯假单胞菌（*Pseudomonas solanacearum*），属于假单胞菌属细菌。菌体短杆状或略弯，无鞭毛，单生，革兰染色阴性，肉汁胨琼脂平板上菌落污白色，不规则形或近似圆形。

（四）甘薯软腐病

1. 症状

薯块受害后，患部组织软化，呈水渍状病斑，破皮后流出黄褐色汁液，带有酒香味。病部表面疏生一团白色棉毛状物，上有黑色小粒。环境适合时，4~5 d 即全薯腐烂。

2. 病原

匍枝根霉（*Rhizopus stolonifer*）。孢囊梗直立，暗褐色。孢子囊单生，暗绿色，球形，直径65~350 μm；囊轴近球形、卵形或不规则形。孢囊孢子灰色或褐色，单胞，近球形、卵形或多角形，大小（5.5~13.5）μm×（7.5~8）μm。接合孢子黑色，球形，表面有突起，粗糙，直径 160~220 μm。

(五)甘薯干腐病

1. 症状

症状有 2 类，一类在薯块上散生数个圆形或不规则形凹陷的病斑，剖开病薯，组织呈褐色海绵状。另一类多从薯块的顶端侵入发病，使薯肉呈褐色海绵状干腐。后期受病组织干缩变硬。在病薯破裂处，常产生白色或粉红色霉层。

2. 病原

串珠镰刀菌(*Fusarium moniliforme*)。菌丝白色，有时为淡黄色或淡红色，上面产生瓶状小梗。小型分生孢子椭圆至卵形，呈链状排列，大多单胞，偶有 1 个隔膜，无色，(5~12) μm×(1.5~2.5) μm；大型分生孢子产生在菌丝侧枝上的分生孢子梗上，新月形，直或稍弯，两端尖，3~7 个隔膜。其中 3~4 个隔膜的，(25~36) μm×(2.5~3.5) μm；5~6 个隔膜的，(30~50) μm×(2.5~4) μm；7 个隔膜的，(40~60) μm×(3~4) μm。

(六)马铃薯晚疫病

1. 症状

主要危害叶片和薯块。危害叶片时，多从叶尖和叶缘开始，形成暗褐至黑褐色大型病斑，并常有一淡绿或黄色边缘把病、健组织分开。在冷凉和高湿条件下，病斑扩展很快，边缘有一白色稀疏的霉层，叶背更为明显。严重受侵染的叶片萎蔫、下垂，最后整个植株呈焦黑湿腐状，有恶臭。天气干燥时，病斑干枯成褐色，不产生霉层。薯块受害时，形成淡褐色或灰紫色的不规则形病斑，稍微下陷，病斑下面的薯肉呈不同深度的褐色坏死。

2. 病原

致病疫霉(*Phytophthora infestans*)。病叶上出现的白色霉状物是病原菌的孢囊梗和孢子囊。孢囊梗成丛从寄主的气孔伸出，无色，有 1~4 分枝，每个分枝的顶端产生孢子囊。孢囊孢子无色，单胞，卵圆形，顶端有乳突。

(七)马铃薯环腐病

1. 症状

马铃薯环腐病是一种细菌性的维管束病害，症状与马铃薯青枯病很相似。发病叶片和茎萎蔫，叶片反卷，薯块小；横切时可见到环状维管束组织坏死呈黑褐色，用手挤压切开的薯块自维管束溢出乳白色菌脓，且薯块沿环状的维管束内外分离。

2. 病原

马铃薯环腐密执安棒形杆菌(*Clavibacter michiganensis* subsp. *sepedonicum*)，属于厚壁菌门棒形杆菌属细菌。菌体短杆状，单生，偶尔成双。菌体有时呈球形或棒状。不形成荚膜和芽孢，无鞭毛，不能游动。革兰染色阴性。

（八）马铃薯病毒病

1. 马铃薯普通花叶病

（1）症状

轻微花叶症，而且在许多品种上表现为隐症。但是它们可以成为侵染源，某些株系还可以引致皱缩、条纹、花叶、坏死斑等症状。

（2）病原

马铃薯 X 病毒（PVX）。病毒粒子呈线状。在马铃薯叶片细胞内，X 病毒形成大型不定形内含体，在光学显微镜下可以观察到。

2. 马铃薯重花叶病

（1）症状

当年感病的植株顶部叶片的叶脉首先出现"明脉"，继而出现花叶，以后背面叶脉坏死。严重时沿叶柄蔓延到主茎，主茎上产生褐色条斑，导致叶片完全坏死并萎蔫，形成所谓垂叶条斑。有些品种虽不坏死，但病株矮小，茎叶变脆，节间短，叶片呈普通花叶状，并集生成丛。带毒种薯产生的植株，矮化皱缩较严重。Y 病毒和 X 病毒混合侵染时呈严重的皱缩花叶及矮化症，我国发生的马铃薯重花叶病，主要是由 Y 病毒和 X 病毒混合侵染引起的。

（2）病原

马铃薯 Y 病毒（PVY）。病毒粒子呈线状。由 PVY 系统侵染的马铃薯和烟草叶片组织内，用电子显微镜可看到风轮状内含体。该病毒既可通过汁液机械摩擦传染，又可通过蚜虫传染。

3. 马铃薯卷叶病

（1）症状

马铃薯卷叶病是马铃薯的主要病毒病害之一。症状首先自病株顶叶基部开始，边缘上卷，进而扩展到老叶片。病株因受侵染时间的早晚不同，表现的症状也有差异。早期侵染的病株矮化，株形松散，叶片卷成筒状革质化，直立，叶片韧皮部有大量淀粉积累。由感病种薯长出的植株生长缓慢，直立田间，下部叶片严重上卷，上部叶片色淡，卷叶症较轻。仅少数品种薯块内形成网状坏死症。

（2）病原

马铃薯卷叶病毒（PLRV）。该病毒为球形粒体。它仅能由蚜虫传播，并以桃蚜为主。

4. 马铃薯纺锤块茎病

（1）症状

患病植株矮化，分枝少而直立；叶片上举，小而脆；靠近茎部，节间缩短。现蕾时明显看出植株生长迟缓，叶色浅，有时黄化；块茎呈纺锤形，少数为梨形或畸形，开裂，芽眼数增多而突出。

（2）病原

马铃薯纺锤块茎类病毒（PSTVd）。PSTVd 是一种没有蛋白质外壳的 RNA 分子。

汁液机械摩擦极易传染，种子传毒率较高。

四、作业与思考题

1. 绘制马铃薯晚疫病菌、甘薯黑斑病菌、甘薯根腐病菌和甘薯软腐病菌形态图。
2. 列表比较甘薯薯块上几种主要病害的症状。

实验五　棉麻病害

一、实验目的

通过实验认识棉麻主要病害的症状特点及病原菌形态特征，为病害诊断、田间调查和防治提供科学依据。

二、实验材料

棉花主要病害（黄萎病、枯萎病、立枯病、炭疽病、红腐病、猝倒病、角斑病、茎枯病、红粉病等）和麻类主要病害（黄麻炭疽病、黄麻茎斑病、黄麻茎枯病、黄麻根腐病、红麻炭疽病、红麻枯萎病、苎麻根腐病、苎麻白纹羽病、苎麻褐斑病、亚麻萎蔫病、亚麻锈病、亚麻炭疽病等）的盒装和浸渍标本、新鲜材料，棉麻主要病害病原菌的玻片标本。

三、实验内容与方法

（一）棉花苗期病害

1. 立枯病

（1）症状

棉苗幼茎基部初生黄褐色病斑，后逐渐扩展，绕茎基部环状缢缩呈蜂腰状，病苗萎蔫倒伏，严重时成片死亡。拔起病苗，茎基部以下皮层因与木质部分离不易拔起而遗留在土壤中，仅存鼠尾状木质部。潮湿时，在病苗茎基部及其周围土面常见白色稀疏的菌丝体。

（2）病原

立枯丝核菌（*Rhizoctonia solani*）。菌丝起初无色，纤细。老熟后呈黄褐色，较粗壮，分枝基部缢缩，近分枝处有一隔膜。菌丝易形成菌核，菌核黄褐色，形状不规则，菌核间有菌丝相连。

2. 炭疽病

（1）症状

危害棉苗和棉铃。棉苗出土后，多在茎基部产生红褐色梭形病斑，略凹陷并具纵向裂缝，严重时病斑环绕茎基部使其变黑褐色腐烂，病苗萎蔫死亡。幼苗根部受害后呈黑褐色腐烂。拔起病苗时，茎基部以下皮层不易脱落。子叶多在边缘产生圆形或半圆形褐色病斑，后期病斑干枯脱落，子叶边缘残缺不全。铃期受害，病斑凹陷。天气潮湿时，病部表面散生黑色小点和橘红色黏质团，为病菌分生孢子盘和分生孢子团。

（2）病原

胶孢炭疽菌（*Colletotrichum gloeosporioides*）。分生孢子盘四周有多个直或略弯曲的褐色有隔刚毛；分生孢子梗短棒状，无色单胞，顶生分生孢子，分生孢子长椭圆形，有时一端稍小，内有 1~2 个油球。

3. 红腐病

（1）症状

危害棉苗和棉铃，造成烂芽、死苗和烂铃。棉苗出土前受害，幼芽及幼根变褐腐烂；出土后根尖先发病呈黄褐色至褐色，扩展后全根变褐腐烂，有时病部略肿大。子叶多于叶缘产生半圆形或不规则形病斑，易破。潮湿时病斑表面产生粉红或粉白色霉层，为分生孢子梗和分生孢子。

（2）病原

串珠镰刀菌（*Fusarium moniliforme*）。大型分生孢子镰刀形，略弯曲，有 3~5 个分隔；小型分生孢子串生，卵形、椭圆形或梭形，无色，单胞。

4. 茎枯病

（1）症状

苗期、成株期均可发病。幼苗子叶和真叶初生紫红色或褐色斑点，扩大后为近圆形或不规则形褐色病斑，边缘紫红色，具同心轮纹，表面散生许多小黑点即病原菌分生孢子器，病斑常破碎脱落。叶柄和茎部病斑梭形，边缘紫红色，中间褐色，略凹陷，上生黑色小点。病斑处易折断。严重时，顶芽萎蔫，病叶脱落成光秆。

（2）病原

棉壳二孢（*Ascochyta gossypii*）。分生孢子器近球形，黑褐色，顶部平或稍突，有孔口；分生孢子无色，卵圆形或椭圆形，初期无色，成熟后中央有一隔膜。

5. 棉苗疫病

（1）症状

主要危害棉苗和棉铃。受害子叶边缘最初产生灰绿色小斑，潮湿时病斑迅速扩展，呈墨绿色水渍状，全叶逐渐呈青褐色至黑褐色凋萎。严重时，病叶全部脱落，棉苗枯死。棉铃发病时，初期产生暗绿色水浸状小斑，后期全铃呈青褐色或暗褐色，湿度大时病部产生薄的白色霉层。

（2）病原

苎麻疫霉（*Phytophthora boehmeriae*）。孢囊梗无色，不分枝或假轴状分枝，顶生孢子囊；孢子囊呈卵圆形，淡黄色，单胞，顶端乳突状。

（二）棉花成株期病害

1. 棉花枯萎病

（1）症状

枯萎病在棉花苗期即可表现症状，一般在 3~4 片真叶期或现蕾期达到发病高峰，病株大量萎蔫死亡。棉花枯萎病症状有黄色网纹型、紫红型、黄化型、青枯型和矮缩型等。

黄色网纹型：为棉花枯萎病早期典型症状。子叶或真叶叶脉变黄，叶肉仍保持绿色，形成黄色网纹状，叶片萎蔫，枯死脱落。

紫红型：一般在早春气温低时发生，子叶或真叶的局部或全部呈现紫红色病斑，严重时叶片脱落。

黄化型：多以叶片边缘发病，局部或整叶变黄，最后叶片枯死或脱落，叶柄和茎部的导管部分变褐。

青枯型：子叶和真叶叶色不变，全株或植株一边的叶片萎蔫下垂，最后枯死。

矮缩型：病株节间缩短，株型矮小，叶片深绿，叶面皱缩、变厚。

早春气温较低且不稳定时，常出现紫红型和黄化型症状。条件适宜时，尤其在温室中多出现黄色网纹型。夏季雨后骤晴，易出现青枯型。秋季多雨潮湿条件下，枯死的病株茎秆及节部产生粉红色霉层，为病原菌的分生孢子梗和分生孢子。

各种症状的枯萎病株的共同特征是：根、茎内部的导管变黑褐色。纵剖茎部，可见导管呈黑色条纹状。

（2）病原

尖孢镰刀菌萎蔫专化型（*Fusarium oxysporum* f. sp. *vasinfectum*）。病菌产生 3 种类型孢子：大型分生孢子无色，镰刀形，略弯曲，两端稍尖，有 2~5 个隔膜；小型分生孢子无色，卵圆形或肾形，多数为单胞，少数为双胞；厚垣孢子圆形，淡灰黄色，单胞，壁厚，单生或串生于菌丝中段或顶端，也可由大型分生孢子中的细胞形成。

2. 棉花黄萎病

（1）症状

棉花黄萎病的发生较枯萎病晚，苗期 3~5 片真叶时开始显症，7~8 月开花结铃期为发病盛期。发病初期，病叶边缘和主脉间叶肉出现不规则淡黄色斑块，叶缘向下卷曲，叶肉变厚发脆，后病斑扩大，呈黄色斑驳。严重时，病叶除主脉及其附近仍保持绿色外，其余部分均变黄褐色，呈掌状斑驳，最后叶片发病部分变褐枯死。病叶一般不脱落，但强毒菌株侵染后叶片则脱落，病株成光秆，或仅留顶叶 1~2 片。夏季暴雨后，常出现急性萎蔫症状，叶片下垂，叶色暗淡。病株茎秆及叶柄木质部导管淡褐色。秋季多雨时，病叶斑驳处产生白色粉状霉层，为病菌的菌丝体及分生孢子。

（2）病原

大丽轮枝孢菌（*Verticillium dahliae*）。菌丝体初无色，老熟时变褐色，有隔膜。分生孢子梗直立，呈轮状分枝，在孢子梗上生 1~5 个轮枝层，每层 2~3 个轮枝；顶枝或轮枝顶端着生分生孢子。分生孢子椭圆形，无色，单胞。在培养基上产生白色菌丝，后形成大量黑色微菌核及由孢壁增厚而产生的串生黑褐色的厚垣孢子。

3. 棉花角斑病

（1）症状

大都危害病苗、叶片、棉铃，有时也危害嫩茎。叶片上病斑呈多角形，最初为透明油渍状，以后病斑呈褐色。棉铃上最初为油渍状小点，后期黑色凹陷，嫩茎上病斑呈黑褐色条斑。潮湿时病斑表面产生黄褐色小颗粒，系病菌产生的菌脓。

（2）病原

野油菜黄单胞杆菌棉角斑病致病变种（*Xanthomonas campestris* pv. *malvacearum*），属于薄壁菌门黄单胞杆菌属细菌。菌体短杆状，两端钝圆，有荚膜，具1~3根单极生鞭毛，可游动，革兰染色阴性。

4. 棉花轮纹病

（1）症状

主要危害叶片，叶片病斑圆形或不规则形，红褐色，有时具有明显同心轮纹，潮湿时病斑表面产生黑色霉层。

（2）病原

大孢链格孢（*Alternaria macrospora*）。分生孢子梗单生或束生，深褐色；分生孢子呈倒棍棒形，黄褐色至深褐色，具纵横分隔，喙胞较长。

（三）棉花铃部病害

1. 棉花炭疽病

（1）症状

棉铃初生暗红色或褐色斑点，扩大后病斑呈圆形，绿褐色或黑褐色，表面皱缩，略凹陷，有时病斑边缘呈明显的暗红色。潮湿时，病斑迅速扩展，表面产生橘红色黏质物，为病菌的分生孢子团。

（2）病原

棉炭疽菌（*Colletotrichum gossypii*）。分生孢子盘四周长有排列不整齐的褐色刚毛，有隔膜。分生孢子梗短，顶端略尖。分生孢子长椭圆形，一端略尖，无色，多数聚集时呈粉红色。

2. 棉花疫病

（1）症状

多发生在棉铃基部、尖端及铃缝。病斑初期暗绿色，水渍状，后迅速扩展至全铃，呈青绿色至青褐色，深入铃壳内部呈青褐色，潮湿时，2~3 d后病铃表面生一层白色至黄色霉层，为病菌的菌丝体及孢囊梗和孢子囊。

（2）病原

苎麻疫霉（*Phytophthora boehmeriae*）。孢囊梗无色，不分枝或假轴状分枝，顶生孢子囊；孢子囊呈卵圆形，淡黄色，单胞，顶端乳突状。

3. 棉花红粉病

（1）症状

多在铃缝处产生粉红色霉层（分生孢子梗和分生孢子），霉层厚而紧密，色泽较淡。发病严重时，铃壳内也产生粉状霉层。棉铃不易开裂，纤维黏结成僵瓣。

（2）病原

玫红复端孢菌（*Cephalothecium roseum*）。分生孢子梗直立，无色，线状，顶部稍膨大，有2~3个隔膜；分生孢子聚生于梗顶端，呈头状，单个孢子无色，聚集时粉红色，双胞，梨形或卵圆形，顶端细胞向一侧稍歪。

（四）黄麻炭疽病

1. 症状

病菌可侵染胚芽、幼苗和成株期各部位。胚芽受害后，变为黑褐色，未出土即腐烂，造成烂芽。幼苗受害，初期在茎部产生黄褐色水渍状小病斑，后病斑逐步扩大，呈深褐色，重病株病部失水，茎细如丝，倒伏死亡。成株期茎部、叶片和蒴果受害后表现不同的症状。茎部多从叶痕处开始发病，病斑初期为黑褐色小点，后逐步扩大成圆形或纺锤形小斑，病斑常融合形成不规则形的大斑，稍凹陷，病斑上散生许多黑色小点。发病严重时，皮层开裂，韧皮部纤维外露。叶片受害后，初产生褐色水渍状小斑，扩大后病斑圆形或不规则形。蒴果受害，初期表现为黑褐色小斑点，扩大后全果变成黑褐色干枯状。

2. 病原

黄麻炭疽菌（*Colletotrichum corchorum*）。分生孢子盘周围着生数根至几十根刚毛。刚毛直或微弯，黑褐色，基部较粗顶端尖细，有 2~5 个隔膜。分生孢子梗无色、透明。分生孢子无色，单细胞，新月形。

（五）红麻根结线虫病

1. 症状

根部受害后产生许多瘤状物，即虫瘿。虫瘿初期为黄白色，表面光滑，较坚实，后逐渐变为褐色，大小变化很大。剖开虫瘿常见许多淡黄色透明的小颗粒，即雌线虫。

2. 病原

主要为南方根结线虫（*Meloidogyne incognita*）。用挑针剖开根瘤观察，有乳白色透明小粒，即雌线虫。雌线虫呈洋梨形，往往腹内有大量虫卵；雄虫呈细长的蠕虫形。

（六）黄麻枯萎病

1. 症状

幼苗感病后，子叶成失水状枯萎，重病株根部腐烂，整株死亡。成株期发病后，重病株叶片褪绿变黄，自上而下枯萎并逐渐脱落，仅剩 1~2 片淡黄色小顶叶，最后成为光秆。轻病株叶片很少脱落，植株生长矮小。病株的根和茎部皮层易脱落，木质部呈黄褐色，髓部呈褐色。在潮湿天气下病株茎秆表面常产生白色至淡红色的粉状物。

2. 病原

半裸镰刀菌（*Fusarium semitectum*）。病原菌产生 3 种类型孢子。大型分生孢子长梭形，多数较直，少数略弯曲，有 1~5 个隔膜，多为 3 个隔膜。小型分生孢子卵圆形，单细胞，少数双胞。厚垣孢子近圆形，单胞，厚壁，单生或 2~3 个串生于菌丝中间或顶端。

四、棉花苗期病害防治方法

1. 农业防治

①秋冬季棉田管理：棉花收获后，及时清理田间枯枝、烂叶和烂铃，集中销毁，减少田间菌源。

②选种：选用成熟度好的健康棉种有利于壮苗。

③适时播种：掌握在连续 3 d 地温超过 16 ℃时播种。

④中耕：苗期应早中耕、深中耕、勤中耕，应做好播前整地。

2. 种子处理

①精选种籽：播种前粒选，剔除烂籽、虫籽、瘪籽、小籽和杂籽等，提高种子质量。

②脱绒晒种。

③温水浸种：棉种于播种前放在 55~60 ℃温水中恒温浸泡，并可结合药剂拌种。

④药剂处理：一是使用种衣剂拌种；二是选用多种药剂拌种；三是浸种、闷种，宜在北方干旱少雨的棉区实施。

3. 药剂防治

南方棉区采用营养体育苗时，应对苗床进行土壤消毒，有利于控制立枯病等病害的蔓延。棉花齐苗后，遇有寒流侵袭或降雨降温，苗期叶病如黑斑病、褐斑病等就可能爆发，要及时喷药保护预防。棉花 1 片真叶至现蕾期，如气温在19~25 ℃，相对湿度85%以上，并有较大降雨，若持续 3~5 d 以上就会引起茎枯病等流行，发病期间如伴有大风就更利于植株形成伤口和病菌孢子的传播，发病也就更重，应及时喷药。药剂种类有波尔多液 1∶1∶200 倍液、65%代森锌600~800 倍液、70%代森锰锌500 倍液、50%多菌灵或 50%托布津800~1 000倍液等。

五、作业与思考题

1. 绘制棉花立枯病菌、炭疽病菌、红腐病菌、疫病菌、枯萎病菌和黄萎病菌的形态特征图(任选 2 个)。

2. 绘制黄麻炭疽病菌、黄麻茎斑病菌、黄麻茎枯病、黄麻根腐病菌、红麻炭疽病、红麻枯萎病菌、苎麻根腐病菌、苎麻褐斑病菌、亚麻锈病菌的形态特征图(任选 2 个)。

实验六　油料作物病害

一、实验目的

通过实验了解油菜、大豆、花生常见病害种类，掌握主要病害发生的症状特点及病原物形态特征，能正确区分各种病害，为病害诊断、调查和防治奠定基础。

二、实验材料

油菜主要病害（菌核病、霜霉病、白锈病和病毒病等）、花生主要病害（黑斑病、青枯病、锈病、根结线虫病等）、大豆主要病害（胞囊线虫病、花叶病、霜霉病、灰斑病、炭疽病等）及芝麻主要病害（茎点枯病、枯萎病、叶斑病和疫病等）的盒装标本、新鲜材料和病原物玻片等。

三、实验内容与方法

（一）大豆胞囊线虫病

1. 症状

大豆胞囊线虫主要危害寄主的根系，受害大豆明显矮化，叶片褪绿黄化，结荚少而小，严重时整株枯死。地下部分根系发育不良，根表附有大量初为白色或淡黄色，逐渐变为黄褐色的小颗粒，即为成熟雌虫（胞囊）。

2. 病原

大豆胞囊线虫（*Heterodera glycines*）。雌雄异形，雄虫线状。雌虫成熟后呈柠檬形，表皮变厚、变硬，后期膨大成淡褐色至深褐色的胞囊。胞囊保护卵度过不良环境越冬或休眠。卵初期为圆筒形，后期为椭圆形。

（二）大豆花叶病毒病

1. 症状

因品种而异，主要症状有以下几种。

轻花叶型：有轻微的淡黄色斑驳。

重花叶型：病叶呈黄绿相间的斑驳，严重皱缩，叶肉突起，叶缘向后卷曲，叶脉坏死，植株矮化，暗绿色。

皱缩花叶型：叶片皱缩歪曲，叶脉泡状突起，植株矮化，结荚少。

黄斑型：轻花叶和皱缩花叶混生。

芽枯型：病株顶芽萎缩卷曲，呈黑褐色枯死，豆荚上生圆形或不规则形的褐色斑块。

褐斑型：病株种子常产生斑驳，为放射状或云纹状。

2. 病原

马铃薯 Y 病毒属的大豆花叶病毒。

（三）大豆灰斑病

1. 症状

主要危害叶片，也可侵染子叶、茎、荚和种子。叶片上病斑初产生褪绿圆斑，后变为边缘褐色、中央灰色或灰褐色蛙眼状斑或椭圆形或不规则形斑，潮湿时叶背病斑中央部分密生灰色霉层。严重时病斑愈合，叶片枯死脱落。茎上病斑椭圆形，中央褐色，边缘红褐色，密布微细的黑点。荚上病斑圆形、椭圆形，中央灰色，边缘红褐色。豆粒上病斑圆形或不规则形，中央灰色，边缘暗褐色。

2. 病原

大豆尾孢（*Cercospora sojina*）。分生孢子梗淡褐色，不分枝，有膝状节，孢痕明显。分生孢子无色，倒棍棒状或圆柱状，基部钝圆，顶部尖细。

（四）大豆霜霉病

1. 症状

危害幼苗、叶片、豆荚及子粒。叶片受害初期为灰白色至淡黄色的小斑点，后期病斑为圆形或不规则形，边缘不清晰，黄绿色至灰褐色。多雨潮湿时，叶背密生灰白色霉层，即病菌的孢囊梗和孢子囊。病粒表面黏附灰白色的菌丝层，内含大量病菌的卵孢子。

2. 病原

东北霜霉（*Peronospora manshurica*）。孢囊梗自气孔伸出，单根或成簇，无色，二叉状分枝 3~4 次，分枝顶端尖锐；孢子囊椭圆形或倒卵圆形，有乳头状突起，无色，单胞。卵孢子近球形，黄褐色，表面光滑或有突起。

（五）大豆细菌性疫病

1. 症状

叶片、叶柄、茎和豆荚均可受害，叶片受害产生多角形或不规则形的透明水渍状、黄色至淡黄色的斑点，病斑中间褐色，外围具一圈窄的褪绿晕环，严重时病斑愈合成枯死斑块，叶片脱落。

2. 病原

丁香假单胞杆菌大豆致病变种（*Pseudomonas syringae* pv. *glycinea*）。菌体短杆状，有荚膜，无芽孢，具有单根极生鞭毛。

（六）花生黑斑病

1. 症状

叶片发病一般由下而上，初生褐色小点，后扩大为圆形或近圆形病斑，颜色逐渐加深成黑褐色或暗褐色，病斑周围有淡黄色晕圈，叶片背面有许多黑色小点排列成的同心轮纹，湿度大时，病斑上产生灰褐色的霉状物，为病菌的分生孢子梗和分生孢子。

2. 病原

球座尾孢（*Cercospora personata*）。分生孢子梗粗短，圆筒状，上部膝状弯曲，褐色或暗褐色；分生孢子顶生，倒棍棒状或圆筒状，橄榄色，有 1~7 个隔膜，多数 3~5 个。

（七）花生褐斑病

1. 症状

初期与黑斑病不易区分，二者主要区别在于褐斑病病斑颜色较黑斑病浅，病斑上产生霉层，周围有清晰的黄色晕圈，病斑大，不产生轮状排列的小黑点。

2. 病原

落花生尾孢（*Cercospora arachidicola*）。分生孢子梗黄褐色，直或略弯，上部渐细呈屈膝状，有明显的孢痕；分生孢子顶生，无色或淡褐色，倒棍棒状或鞭状，较黑斑病菌细而长，有 4~14 个隔膜，多数 5~7 个。

（八）花生网斑病

1. 症状

在叶片上有 2 种症状类型。一种是污斑型，褐色污斑，边缘较清晰，周围有明显的褪绿圈，圆形或近圆形，病斑可穿透叶片；另一种是网斑型，褐色病斑，不规则，边缘不清楚，形似网状，不穿透叶片。

2. 病原

花生壳二孢（*Ascochyta arachidicola*）。分生孢子器黑色，球形、扁球形，有孔口；分生孢子无色，长椭圆形、哑铃形，多数为双胞，分隔处稍缢缩。

（九）花生根结线虫病

1. 症状

病株地上部分表现为植株生长矮小，茎叶发黄；受害幼根尖端膨大，形成大小不等的纺锤形或不规则形根结，根结上又生出须根，须根受侵染后又形成根结，经反复危害后，形成乱发状"须根团"。受害果壳外表有大小不同的褐色虫瘤。

2. 病原

北方根结线虫（*Meloidogyne hapla*）。雌虫成熟后膨大呈梨形，雄虫细长。

（十）油菜菌核病

1. 症状

病害自苗期至成熟期均可发生。病菌能侵染油菜地上部各个部位，尤以茎秆受害最重。

苗期受害后，先在近地面的根颈和叶柄上形成红褐色斑点，后转为白色，病斑绕茎后，病组织变软腐烂，长出大量白色棉絮状菌丝，后期长出菌核，幼苗死亡。

成株期茎、叶、花、角果及种子均可感病，以茎部受害最重。茎发病初期产生水渍状梭形或长条形病斑，稍凹陷，中部白色，有同心轮纹，边缘褐色。湿度大时病部软腐，表面生出白色菌丝体。后期病斑变为灰白色，边缘深褐色，外皮层破裂，维管束外露呈纤维状。剖开病茎，可见黑色鼠粪状颗粒，即病菌的菌核。

叶片发病多自植株下部的老叶开始，初为暗青色水渍状斑块，后扩展为圆形或不规则形大斑，灰褐色或黄褐色。潮湿时病斑迅速扩展，全叶腐烂，上面生出白色菌丝。

花瓣感病后产生水渍状暗褐色无光泽小点，后整个花瓣变为暗黄色，容易掉落。潮湿时可长出白色菌丝，迅速腐烂。

角果发病后初产生水渍状褐色病斑，后变白色，边缘褐色。潮湿时全果变白腐烂，长有白色菌丝，后形成黑色菌核。

2. 病原

核盘菌（*Sclerotinia sclerotiorum*）。菌核黑色，球形至豆瓣形或鼠屎状，菌核萌发可产生 1 至数个柄，柄褐色，顶部膨大形成子囊盘。子囊盘初期为淡褐色，后变为暗褐色。子实层由子囊与侧丝栅状排列而成。子囊近圆柱形，平行排列，内含 8 个孢子。子囊孢子单胞，无色，椭圆形或纺锤形。

（十一）油菜霜霉病

1. 症状

油菜地上部各器官均可受害。叶片发病，初为淡黄色斑点，后扩大成黄褐色大斑，受叶脉限制呈不规则形，叶背面病斑上长有白色霜霉状物。花梗发病，顶部肿大弯曲，呈"龙头拐"状，花瓣肥厚变绿，不结实，有白色霜霉状物。

2. 病原

油菜霜霉菌（*Peronospora parasitica*）。孢囊梗自气孔伸出，无色，基部单一，呈双叉状分枝，最后一次分枝的末端尖细，其上着生 1 个孢子囊，成熟后脱落。孢子囊球形、椭圆形，无色，萌发时直接产生芽管。卵孢子球形，黄褐色，厚壁，表面光滑或有皱纹，可直接萌发产生芽管。

（十二）油菜白锈病

1. 症状

油菜地上各器官均可发病。叶片发病，表面初生淡绿色小斑点，后呈黄色圆形病斑，叶背面病斑处长出隆起的白漆色疱疹，疱疹破裂后散出白粉（孢子囊）。严重时病叶枯黄脱落。幼茎和花梗发病，弯曲成"龙头"状。花器发病，花瓣畸形、膨大，变绿，呈叶状。

2. 病原

白锈菌（*Albugo candida*）。孢囊梗棍棒状、无色、无隔，呈栅栏状排列丛生于寄主表皮下。孢子囊无色、球形、串生，孢子囊萌发产生具 2 条鞭毛的肾形游动孢子。卵孢子黄褐色，球形，表面有疣状突起。

（十三）油菜病毒病

1. 症状

①白菜型和芥菜型油菜：苗期受害后，通常先从心叶的叶脉基部开始显症，沿叶脉两侧褪绿呈半透明状的"明脉"，其后逐渐发展为"花叶"状，并伴随叶片皱缩畸形，

严重时植株矮化僵死。成株期发病，一般株形正常，叶片黄化，易脱落，果轴和角果弯曲，籽粒不饱满。

②甘蓝型油菜：苗期受害主要表现有黄斑型和枯斑型两种症状。病株叶片先产生近圆形的黄褐色斑点，略凹陷，中央有一黑褐色枯点。抽薹期感病，新生叶片多出现系统性褪绿，看似"花叶"状，严重时叶片扭曲。成株期感病植株茎秆上的症状主要表现为条斑。病斑初为褐色至黑褐色梭形斑，后逐渐纵向发展成条形枯斑，病斑相互愈合后常导致植株半边或全株枯死。

2. 病原

主要有 4 种：芜菁花叶病毒（TuMV）、黄瓜花叶病毒（CMV）、烟草花叶病毒（TMV）和油菜花叶病毒（YMV）。芜菁花叶病毒病毒粒子为线状，钝化温度为55~60 ℃，体外保毒期 3~5 d。病毒可经汁液接种和蚜虫传播。

（十四）芝麻茎点枯病

1. 症状

芝麻整个生长期都可发病，以终花期后发病最严重。

幼苗发病，根部先变褐腐烂，随后地上部萎蔫枯死，在茎秆上散生针尖大小的小黑点（分生孢子器和菌核）。

成株期发病，多从植株地下根、茎开始变褐腐烂，而后向上扩展至茎基部和中下部。受害植株茎秆上初形成梭形水渍状斑，黄褐色，病健交界不明显。适宜条件下，病斑很快绕茎一周，变为黑褐色，后期病斑中央变为银灰色，有光泽，其上密生小黑点（分生孢子器和小菌核）。撕开表皮，皮层及髓部密生许多小黑点，髓部中空茎易折断。病株稍矮，叶片由下而上渐发黄变褐，呈卷曲萎蔫下垂，黑褐色，不脱落，严重时整株枯死。

蒴果感病后呈黑褐色枯死，并布满黑色小粒点，感病种子的表面也散生小黑点（小菌核）。

2. 病原

菜豆壳球孢菌（*Macrophomina phaseoli*）。分生孢子器球形或近球形，黑褐色，以孔口突破表皮而外露。分生孢子长椭圆形或圆筒形，无色，单胞，内含几个油球。菌核产生于寄主皮层下、皮层与木质部之间或病根部，球形或不规则形，黑褐色，比分生孢子器小。

（十五）芝麻枯萎病

1. 症状

从苗期到成株期均可发病，但以成株期发病为主。一般在 2~4 对真叶期开始发病，花期为发病盛期。幼苗感病常引起根部腐烂，叶片萎蔫，最后全株猝倒枯死。成株期发病，初期病株表现为叶片自下而上逐渐变黄萎蔫，叶缘内卷，最后叶片变褐枯死脱落。拔出病株可见根部、茎基部变褐腐烂。有时植株表现为半边发病，病株一侧枝叶变黄、萎蔫枯死，并在病株茎秆一侧形成长条形褐色病斑。潮湿时，在枯死病部产生粉红色黏质霉层(病菌的分生孢子座和分生孢子)。剖开茎部可见维管束，初为红色，随着病情加重变为红褐色至褐色。

2. 病原

尖孢镰刀菌芝麻专化型(*Fusarium oxysporum* f. sp. *sesami*)。分生孢子有2种类型：小型分生孢子椭圆形或卵圆形，无色透明，多数单细胞，偶尔双细胞；大型分生孢子无色透明，纺锤形或镰刀形，稍弯，一般2~5个分隔，多数有3个分隔，顶端细胞圆锥形，足胞明显。厚垣孢子顶生或间生，球形或近球形，多数单细胞，少数双细胞。

四、油料作物病害药剂防治方法

在防治病害时应选用低毒、安全、有效的杀菌剂，防治时要注意用药时期、施药部位和防治次数。对于病毒病的防治，应重点抓好药剂防治传毒介体的工作，通过控制初侵染和再侵染传毒昆虫的数量从而减轻病害的发生与流行，病毒病发生后可以喷施枯病灵等药剂进行辅助治疗。对青枯病、枯萎病、白绢病等病害的防治可采用灌根和地上部喷雾两种施药方式，叶部病害的防治以叶片喷雾为主。

五、作业与思考题

1. 绘制油料作物主要病害的病原形态图2~3个。
2. 根据实验所提供的油料作物病害标本，列表简述相关病害症状要点。

实验七 烟草和糖料作物病害

一、实验目的

通过实验认识烟草和糖料作物上主要侵染性病害的症状特点及病原形态特征，为病害诊断、田间调查和病害防治提供科学依据。

二、实验材料

烟草主要病害(黑胫病、赤星病、根结线虫病、野火病、角斑病、低头黑病、病毒病、炭疽病、猝倒病、黑根腐病、白粉病、蛙眼病等)、甘蔗主要病害(赤腐病、凤梨病、黄斑病、赤条病、眼斑病、黑粉病、花叶病等)和甜菜主要病害(立枯病、褐斑病、蛇眼病、白粉病、根腐病等)的盒装和浸渍标本、新鲜材料和病原菌的玻片标本。

三、实验内容与方法

(一)烟草黑胫病

1. 症状

病害在苗床和大田均可发生。发病部位以茎基部为主,根部和叶片也可受害。成株期发病,先在茎基部出现黑斑,病斑沿茎向上扩展,有时可达病株的 1/3~1/2,病株叶片自下而上依次变黄,如遇烈日、高温,全株叶片常突然凋萎,然后枯死。纵剖病株茎部,髓部变黑褐色,干缩成碟片状,碟片间有稀疏的白色霉状物。在多雨潮湿时,底部叶片常产生圆形大病斑,病斑无明显边缘,常出现水渍状浓淡相间的轮纹。

2. 病原

烟草疫霉(*Phytophthora nicotianae*)。病菌在燕麦培养基上生长最好,菌丝无隔,孢子囊顶生或侧生在气生菌丝上,梨形或椭圆形,顶端有一乳头状突起。游动孢子圆形、椭圆形或肾形,有侧生鞭毛 2 根。

(二)烟草赤星病

1. 症状

烟草赤星病主要危害叶片,也可侵染茎、花梗和蒴果。病斑一般先从下部叶片开始发生,后逐渐向上部叶片发展。病斑初为黄褐色圆形小斑点,后扩大为褐色圆形或近圆形斑,病斑产生明显的同心轮纹,病斑边缘明显,易破碎、病斑外有黄色晕圈。湿度大时,病斑上产生黑色霉层,即病菌的分生孢子梗和分生孢子。危害严重时,许多病斑相互连接,叶片大面积枯焦、破碎。

2. 病原

链格孢菌(*Alternaria alternata*)。菌丝有隔,分生孢子梗顶端屈曲,分生孢子棒锤形、长圆筒形或椭圆形,有纵横分隔,纵隔 1~3 个,横隔 1~7 个。

(三)烟草根结线虫病

1. 症状

株生长不良,下部叶片从叶尖、叶缘褪绿变黄,以后叶片的叶尖、叶缘干枯外卷,植株生长不良。患病烟草植株根部产生许多大小不一的根瘤,须根很少。

2. 病原

南方根结线虫(*Meloidogyne incognita*)。用挑针剖开根瘤观察,有乳白色透明小粒,即雌线虫。雌线虫呈洋梨形,往往腹内有大量虫卵;雄虫呈细长的蠕虫形。

(四)烟草野火病

1. 症状

苗期至成株期均有发生,主要危害叶片。病斑呈圆形或近圆形,褐色,周围有较宽的黄色晕圈。高温多雨潮湿季节,褐色病斑常愈合成不规则的大斑,上有不规则轮纹，表面常产生一层黏稠的菌脓。

2. 病原

丁香假单胞杆菌烟草致病变种（*Pseudomonas syringae* pv. *tabaci*）。革兰染色阴性，鞭毛极生1~4根。在PDA培养基上生长良好，菌落圆形，灰白色至乳白色。

（五）烟草角斑病

1. 症状

烟草生长后期发生较严重，主要危害叶片。病叶上形成多角形黑褐色小斑点，边缘明显，但无晕斑。病斑呈多角形或不规则形，黑褐色，中央呈灰褐色或污白色。沿叶脉发展时呈条斑状，有时可出现多重云状轮纹。潮湿时，病部表面有脓状物，干燥后形成薄膜，使病斑发亮。病斑易破裂脱落，造成叶片破损。

2. 病原

丁香假单胞杆菌角斑致病变种（*Pseudomonas syringae* pv. *angulata*）。菌体短杆状，革兰染色阴性，鞭毛极生3~6根。

（六）烟草低头黑病

1. 症状

烟草全生育期均可发生。病株茎部产生凹陷条斑，斑上常密生小黑点，即病菌的分生孢子盘。纵剖病茎，可见维管束内有明显的黑线，靠近黑线或位于黑线中的叶片，形成半边扭曲、凋萎或全叶枯死。全株呈"偏枯"状，严重时整株枯死。

2. 病原

胶孢炭疽菌（*Colletotrichum gloeosporioides*）。分生孢子盘中混生深褐色刚毛。分生孢子梗呈圆柱形或棒状，密集栅栏状排列，无色。分生孢子梗既可在分生孢子盘中长出，也可在菌丝体上直接长出。分生孢子呈新月形，单胞，无色，两端尖，萌发时可在中部形成一隔膜。

（七）烟草病毒病

1. 烟草花叶病

（1）症状

苗期至成株期均可发生。新叶上首先出现明脉，继而出现花叶症状。花叶可分为3种类型。

①轻型花叶：叶片上黄绿相间的花叶斑驳，叶片基本不变形，仅叶肉会出现明显变薄或厚薄不均。

②重症花叶：典型花叶，叶缘有缺刻并向下卷曲，皱缩畸形，植株矮化。

③花叶灼斑：典型花叶症状的植株上，中下部叶片有褐色的坏死斑。

（2）病原

烟草花叶病毒（TMV）。病毒粒子为直杆状。取病叶，用刀片在叶背叶脉上切一伤口（不要切断叶脉），然后用小镊子从伤口处撕下透明的表皮，在显微镜下观察表皮细胞内 TMV 的结晶状内含体。

2. 烟草黄瓜花叶病毒病

（1）症状

栽后开始发病，旺长期为发病高峰。发病初期叶片出现"明脉"，后渐在新叶上表现花叶，病叶狭窄，伸直呈拉紧状，叶表面茸毛稀少，无光泽。病叶常发脆，两侧叶肉组织变窄变薄，叶尖细长，有些病叶边缘向上翻卷。与普通花叶病症状上基本相似，但后者中下部叶片上常出现沿主侧脉的褐色坏死斑，或沿叶脉出现对称的深褐色的闪电状坏死斑纹，病叶基部伸长，茸毛脱落成革质状，病叶边缘向上翻卷，根系发育不良。

（2）病原

黄瓜花叶病毒（CMV）。病毒粒子为近球形的二十面体。

3. 烟草马铃薯 Y 病毒病

（1）症状

苗期至成株期均可发病。症状可分4种类型。

①花叶：初期明脉，而后网脉间颜色变浅，形成斑驳，与 TMV 的轻型花叶相似，由 PVY 的普通株系引起。

②叶脉坏死：病株叶脉变成深褐色至黑色坏死，有时坏死延至主脉和茎的韧皮部；病株叶片呈污黄褐色，由 PVY 的脉坏死株系引起。

③点刻条斑：病叶先形成褪绿斑，之后变成红褐色的坏死斑点和条斑，网脉亦变褐色、坏死，整个叶片变为褐色，呈焦灼状，由 PVY 的点刻条斑株系所致。

④茎坏死：病株茎部维管束组织和髓部呈褐色坏死，病株根部腐烂，由 PVY 茎坏死株系引起。

（2）病原

马铃薯 Y 病毒（PVY）。病毒粒子为线状。

4. 烟草环斑病毒病

（1）症状

坏死症状一般发生在中部叶上，叶脉、叶柄、茎上都可发病。病叶出现轮纹或波浪状坏死斑纹，周围有失绿晕圈。叶脉上的病斑呈条纹状。茎和叶柄上也可产生褐色条斑，下陷溃烂。在普通烟、心叶烟、苋色黎等鉴别寄主上症状反应不同。

（2）病原

烟草环斑病毒（TRSV）。病毒粒子为多面体。

（八）甘蔗凤梨病

1. 症状

病种蔗切口两端初呈红色，散发出凤梨（菠萝）香味，后切口转呈灰黑色，先后长出灰色粉状物、黑色粉状和刺状物，此即为病菌的无性孢子、厚壁孢子及子囊壳，内部组织也逐渐转为红色，后变为乌黑色，组织严重腐烂，最终仅留发束状的纤维和大量煤黑色的粉状物。茎节上的蔗芽亦多坏死不能萌发成苗；或虽能萌发成苗，但生长纤弱，最终枯死。

2. 病原

奇异根串珠霉菌（*Thielaviopsis paradoxa*），其有性态为奇异长喙壳菌（*Ceratocystis paradoxa*）。分生孢子有 2 种类型，大型孢子为厚壁孢子，单生或串生，顶生或间生于菌丝上，椭圆形，初色浅，老熟后呈黑褐色，表面有刺状突起；小型孢子圆筒状，无色。

（九）甘蔗赤腐病

1. 症状

甘蔗的叶片、叶鞘、茎根均可受害，以叶、茎受害最重。感病叶片的中脉病斑纺锤形至长条斑，初期为鲜红色，后期中央变为灰黄色，边缘暗红色。纵剖病茎可见蔗肉呈红色，其间夹杂有白色圆形或长圆形斑点，并伴有酸腐气味。茎外皮无光泽，有暗红色斑块，病部褐色干枯下陷，严重时植株死亡。叶鞘染病，病部初呈赤色小斑，后扩大，多个病斑连成不规则的斑块，中央黄色，边缘红色。病部生小黑点。

2. 病原

镰形刺盘孢（*Colletotrichum falcatum*），其有性态为塔地赤丛壳（*Glomerella tucumanensis*）。分生孢子梗单胞无色，椭圆形至长椭圆形，着生在分生孢子盘中。分生孢子镰刀形，单胞，浅色，无隔膜，内含粒状物及油点，常具 1 个大液泡，分生孢子密集时呈粉红色。刚毛杂生在分生孢子梗中。

（十）甘蔗眼斑病

1. 症状

主要危害叶片。病叶上初现水渍状小点，4~5 d 后纵向扩展形成与叶脉平行的长圆形病斑，病斑中央红褐色，四周有草黄色狭条晕圈，似眼睛状。随后病斑顶端出现一条与叶脉平行的红褐色坏死条纹。多个眼斑与条纹融合，造成大片组织枯死。条件适合时，病斑上生出暗色霉状物。

2. 病原

甘蔗平脐蠕孢菌（*Bipolaris sacchari*）。分生孢子梗单生，顶端曲膝状，黄褐色。分生孢子顶生，两端圆钝，圆筒形，略呈纺锤形弯曲，墨绿色至棕色，3~11 个隔膜。

（十一）甘蔗花叶病

1. 症状

病害在整个生育期均可发生。叶片、叶鞘和茎均可受害，但以叶上症状更明显。初期在叶片上出现绿色与浅黄色相间的短条纹，呈不规则的长圆形、卵形或条形。叶鞘上的症状与叶上相似，但不如叶片症状明显。茎部受害后外皮上发生水渍状斑块或条纹，下层组织变紫色，以后坏死皱缩，因其周围的组织继续生长而引起破裂，形成溃疡。受害严重的植株，显著矮化，分蘖减少。

2. 病原

病原有 4 种，即约翰逊草花叶病毒（JGMV）、玉米矮花叶病毒（MDMV）、高粱花叶病毒（SRMV）和甘蔗花叶病毒（SCMV）。病毒粒子线状，略弯曲。感病组织内有风轮状内含体。

（十二）甜菜褐斑病

1. 症状

叶片感病最初呈现褐色或紫褐色圆形或不规则形小斑点，逐渐扩大形成直径 3~4 mm 的病斑，病斑中央色浅，较薄，易破碎，边缘呈褐色或紫褐色。叶片正反面均有病斑，但正面较多，后期病斑常愈合成片，叶片干枯死亡。湿度大时病斑上出现灰白色霉层，即病菌的分生孢子梗和分生孢子。

2. 病原

甜菜尾孢菌（*Cercospora beticola*）。分生孢子梗从气孔伸出，基部为黄褐色，顶部呈灰色或无色透明，多数不分枝，2~17 根丛生。分生孢子着生于分生孢子梗顶端，鞭状或披针形，基部呈截断状，向上逐渐变细，顶端较尖锐，稍弯曲，无色，6~12 个隔膜。

（十三）甜菜根腐病

1. 症状

此病是由多种真菌和细菌所引起的，不同的病菌所产生的症状各不相同，一般可分为 5 种类型。

①镰刀菌根腐病：病菌侵入后先在表皮产生褐色水渍状不规则形病斑，病斑逐渐向根内部深入。发病后期块根呈黑褐色干腐状，内部形成空腔，外部常可见到粉红色的菌丝体。甜菜主侧根受侵染死亡后，有时病根上又重新生出许多密集丛生的次生须根。发病轻的植株生长不良，发育迟缓。重病株块根溃烂，地上部叶丛干枯死亡。

②丝核菌褐腐病：此病首先发生在根冠、根体部或叶柄基部，最初形成褐色斑点，后逐渐腐烂，并且由上部向下蔓延至根体。腐烂处稍凹陷，并形成裂痕。腐烂组织褐色至黑褐色，在裂痕内常可看到稠密的褐色菌丝体。在适宜发病的条件下整个块根由表及里腐烂解体，地上部叶丛萎蔫。

③蛇眼菌黑腐病：此病首先从根体或根冠处出现黑色云纹状斑块，稍凹陷，然后从根内向根外腐烂，烂穿表皮造成裂口，除导管外全部变黑。

④细菌性尾病：该病主要由两种细菌引起，细菌自根尾部开始侵染，由下向上扩展蔓延，病组织呈暗灰色至铅黑色水渍状软腐，严重感病时块根全部腐烂，根表皮脱落，腐烂组织中的导管被细菌分解呈纤维状，常溢出黏液，并伴有酸臭味。

⑤白绢型根腐病：病害部位从根头部开始向下蔓延，病组织发软、凹陷，呈水渍状腐烂，表皮上附有白色绢丝状菌丝体，后期产生类似油菜籽大小的茶褐色球形菌核。

2. 病原

①镰刀菌根腐病：主要病原菌有茄腐镰刀菌（*Fusarium solani*）黄色镰刀菌（*F. culmorum*）、尖孢镰刀菌（*F. oxysporum*）和串珠镰刀菌（*F. moniliforme*）。分生孢子多为镰刀形，无色，3~5个隔膜，厚垣孢子椭圆形或圆形，间生或顶生。

②丝核菌褐腐病：病原为立枯丝核菌（*Rhizoctonia solani*）。菌丝多呈直角分枝，分枝处稍缢缩，并有1个分隔。菌核深褐色，扁圆形，表面较粗糙，大小不等。

③蛇眼菌黑腐病：病原为甜菜茎点霉（*Phoma betae*）。分生孢子器球形至扁球形，暗褐色。分生孢子单胞，无色，圆形至椭圆形。

④细菌性尾腐病：病原为胡萝卜软腐欧文甜菜亚种（*Erwinia carotovora* ssp. *betavasculorum*）。菌体短杆状，单生、双生或链生，周生2~6根鞭毛，无荚膜、无芽孢，革兰染色阴性。

⑤白绢型根腐病：病原为齐整小核菌（*Sclerotium rolfsii*）。菌丝体白色，呈辐射状扩展，状似白绢。菌核初为白色，逐渐变为浅黄色至茶褐色，球形或椭圆形，表面光滑且有光泽。

（十四）甜菜黄化病

1. 症状

典型的症状是叶片早期黄化。田间初发生时病株零星分布，以后逐渐扩展连片，严重时可导致大面积发病。甜菜首先在外层老叶的叶尖或叶缘变橙黄，逐步向中层叶片扩展，内层叶片发病轻微。病叶由叶尖、叶缘开始黄化，逐渐向叶基部扩展，除叶脉周围组织仍保持绿色外，全叶变黄，叶片增厚发脆，手压易碎。全株除心叶保持绿色外，外层叶片均变黄而干枯。

2. 病原

甜菜黄化病毒（BYV）。病毒粒子线状，主要由桃蚜、蚕豆蚜传播。

（十五）甜菜丛根病

1. 症状

发病后，叶片褪绿、黄化，叶面皱折卷曲，部分叶片叶脉黄化坏死。根毛坏死，次生侧根、根毛异常增加呈丛生状或陆续变褐色坏死。该病地上部症状多变，可分为以下4种类型。

①坏死黄脉型：在叶片上沿叶脉出现黄色、橙黄色至褐色坏死斑，根部具典型的丛根症状。

②黄化型：叶片变黄至黄绿色，严重时变成近白色，叶片变薄、直立或狭长，根部有丛根症状。

③黄色焦枯型：叶片主脉间出现大面积褐色坏死，叶片下垂，根部具严重的丛根症状。

④黑色焦枯型：叶片叶脉间出现黑褐色焦枯，初期表现为零散的黑褐色大小不等的不规则枯斑，叶片通常直立向上，向内卷曲，根部根毛大量坏死，但丛根症状不很

明显。

2. 病原

甜菜黄脉坏死病毒(BNYVV)。病毒粒子直杆状,致死温度为 65～70 ℃;体外保毒期在 20 ℃下 5 d,4 ℃下 8 d。

四、烟草和糖料作物病害的药剂防治

(一)烟草病害的药剂防治

1. 播种前

烟草种子消毒可用 1% 硫酸铜、0.1% 硝酸银浸泡种子 10 min,然后用清水洗净。

2. 苗期

对于苗床期主要病害炭疽病、猝倒病,除了通过通风排湿,降低苗床湿度控制发病条件外,必要时可喷施波尔多液或代森锰锌或退菌特等杀菌剂进行防治。

3. 大田生长期

用于烟草病害防治的药剂种类很多,应根据不同病害种类在发病初期进行防治。施用杀虫剂控制传病媒介昆虫,特别是对于蚜虫传播的病害作用更加明显。施用杀菌剂或杀线虫剂,控制病害。黑胫病可用甲霜灵灌根;根黑腐病用甲基硫菌灵灌根效果较好;青枯病发病初期用农用链霉素灌根;根结线虫病可用涕灭威或硫线磷灌根;炭疽病、蛙眼病等真菌性叶斑病可用多菌灵、波尔多液、甲基硫菌灵等叶面喷施。

(二)甘蔗病害的药剂防治

病初期,将发病中心的病叶剪除烧毁,及时喷洒农药,防止病菌扩散蔓延。用药治虫,减少害虫所造成的伤口,可减少甘蔗赤腐病和甘蔗凤梨病的发生。在眼斑病、梢腐病、甘蔗褐条病等发病初期,用多菌灵、苯来特喷施发病区周围,防止病菌扩散蔓延。

(三)甜菜病害的药剂防治

根据当地甜菜生产上病害发生危害情况,有针对性地选用化学药剂及时施药保护,控制病害的发生蔓延。托布津、甲基硫菌灵、多菌灵等对甜菜褐斑病有较好预防效果;喷洒或浇灌加瑞农、松脂酸铜、恶霉灵等对细菌性尾腐病有较好效果。

五、作业与思考题

1. 绘制烟草炭疽病、黑胫病、赤星病和蛙眼病的病原菌形态图(任选2个)。
2. 绘制甘蔗赤腐病菌、凤梨病菌、赤斑病菌、眼斑病菌的形态特征图(任选2个)。
3. 绘制甜菜褐斑病、蛇眼病、白粉病的病原菌形态特征图。

实验八　蔬菜病害的识别与鉴定

Ⅰ. 葫芦科蔬菜病害的识别与鉴定

一、实验目的

熟悉葫芦科蔬菜上危害较重的主要病害的症状和病原菌的形态特点，为病害的正确诊断、田间调查以及及时指导病害防治，提供科学依据。

二、实验材料

黄瓜主要病害(霜霉病、枯萎病、疫病、白粉病、炭疽病、细菌性角斑病等)的标本、新鲜材料和病原物的玻片。

三、实验内容与方法

(一)黄瓜霜霉病

1. 症状

主要危害叶片，也可危害茎、卷须和花梗。子叶感病后正面出现不均匀的褪绿黄化，以后变成不规则的枯黄斑。空气潮湿时，病斑背面产生一层稀疏的紫黑色霉层(孢囊梗和孢子囊)，叶片很快干枯，幼苗死亡。

多数植株进入开花结果期以后，从下部老叶片开始发病。发病初期，叶正面出现淡黄色病斑，背面出现水渍状多角形病斑；或者叶片正反两面均出现多角形水渍状病斑，病斑发展后叶正面为褐色多角形病斑，外圈仍为黄绿色，病健交界模糊。潮湿时叶背病斑处产生紫黑色霉层，后期变成黑色霉层，即病菌的孢囊梗和孢子囊。严重时一片叶上病斑可多达数十个，有时多个病斑联合成大斑块，使整个叶片枯焦似火烧一样干枯卷缩。病斑在空气干燥时易碎裂，空气潮湿时则易腐烂。

2. 病原

古巴假霜霉菌(*Pseudoperonospora cubensis*)。孢囊梗由叶面气孔伸出，单生或1~3根丛生，无色，基部稍膨大，3~4次假二叉锐角分枝，分枝不对称，分枝与主枝成锐角，分枝末端尖锐，孢子囊着生于分枝的顶端；孢子囊卵形或椭圆形，顶端有乳头状突起，单胞，淡褐色。

3. 药剂防治

在预测预报的基础上于发病初期进行药剂防治。有效药剂有达克宁、赛露、霜霉威等。保护地还可用烟雾法或粉尘法进行防治，常用的烟剂有百菌清、疫霉清等。

(二)瓜类枯萎病

1. 症状

在黄瓜和西瓜等瓜类作物上症状相似。黄瓜自幼苗期到成株期均可发病，以结瓜期为发病盛期。成株期枯萎病的典型症状是：初期基部叶片褪绿成黄色斑块，逐渐全叶发黄，随之叶片由下向上凋萎，似缺水症状，中午凋萎，早晚恢复正常，3~5 d 后全株凋萎不再恢复。病株茎基部常有纵裂和树脂状胶质溢出。病株根系初期发育不良，后期为褐色腐烂，极易拔断。纵剖茎基部，维管束呈黄褐色至深褐色。在多雨或高湿环境下，病株基部茎上常产生白色至粉红色的霉层（病菌的分生孢子梗和分生孢子），在已枯死病株茎上则更为明显，且不限于基部，可达中部。全株凋萎、根系腐烂、茎基部有霉层和维管束变褐色等是黄瓜枯萎病的田间识别特征。

2. 病原

尖孢镰刀菌（*Fusarium oxysporum*）。分生孢子有 2 种类型：小型分生孢子产生快、数量多、无色、椭圆形至长圆形，单胞或偶有 1 个隔膜；大型分生孢子产生慢、数量少，纺锤形或镰刀形，1~5 个分隔，多为 3 个，顶端细胞较长，渐尖。单个孢子无色，大量孢子聚集在寄主茎表时呈白色至粉红色，有时可产生厚垣孢子，一般在菌丝或大型分生孢子上产生，顶生或间生，单生或串生，淡黄色，圆球形。

3. 药剂防治

用15%多菌灵：盐酸：0.1%平平加：水 =1：5：0.5：500 的比例配制后常温下浸种 1 h，捞出冲洗后再浸到冷水中 3 h 后，催芽播种。播前重病地或苗床地要进行药剂处理，每平方米苗床用50%多菌灵 8 g 处理畦面。在发病前或发病初用多菌灵、双效灵、瓜枯宁药剂灌根，均有一定疗效。

(三)瓜疫病

1. 症状

病害主要发生在成株期，茎叶和瓜果均可受害。受害茎蔓基部和茎节处产生暗绿色水渍状病斑，之后茎蔓缢缩，茎叶迅速失水凋萎，但茎叶仍保持绿色，呈青枯状。受害叶片在叶缘或中部形成暗绿色、水渍状、无光泽的圆形病斑，病斑边缘模糊。湿度高时，全叶很快腐烂；湿度较低时，病斑迅速转成青灰至黄白色，病部在阳光照射下易干枯、破裂。叶柄症状和茎蔓症状相似，导致叶片凋萎、青枯。

幼瓜受害，病部缢缩或下陷，失去光泽，组织变软，生长受阻，常形成畸形瓜条，易脱落。挂在蔓上或落在地上的病瓜，空气湿度高时，可见到稀疏霉层（孢囊梗和孢子囊），但茎基、茎节、叶片和叶柄的发病部位，一般均见不到霉层。病株根系正常。

2. 病原

掘氏疫霉（*Phytophthora drechsleri*）。菌丝无隔，多分枝，很多菌丝聚集成束或成葡萄球状。孢囊梗无色透明，和菌丝体无明显区别，顶生孢子囊；孢子囊无色，圆形或广卵圆形，顶端有乳突，较扁平。卵孢子球形，淡黄色，表面光滑。

3. 药剂防治

发病前及时喷药保护是控制瓜疫病发生蔓延的有效措施。目前防效较好的药剂有假霜灵锰锌、杀毒矾等，每隔 7 d 喷 1 次，连续防治 3~4 次。

(四)瓜类白粉病

1. 症状

主要危害叶片，茎和叶柄亦可受害。发病初期，叶片正面或背面产生白色圆形的粉霉斑，以后逐渐扩大成边缘不明显的大片白粉斑(病菌的菌丝体和分生孢子梗、分生孢子)。随后许多病斑连片，布满整个叶面，粉状物由白色渐变成灰白色或污褐色，叶片枯黄、卷缩、变脆，但一般不脱落。后期病斑粉霉层中散生黑褐色小粒点(闭囊壳)。叶柄和茎蔓上症状与叶片相似。

2. 病原

病原有 2 种，即瓜类单囊壳菌(*Sphaerotheca cucurbitae*)和葫芦科白粉菌(*Erysiphe cucurbitacearum*)。2 种菌在我国南北方均有分布，以瓜类单囊壳菌较普遍。2 种菌的无性态形态相似，分生孢子梗圆柱形，不分枝，无色；分生孢子椭圆形，无色，成串产生于分生孢子梗顶端。2 种菌的闭囊壳均为扁球形，暗褐色，附属丝丝状；子囊椭圆形，或近球形；子囊孢子单胞，无色至淡黄色，卵形或椭圆形。两者的主要区别在于单囊壳闭囊壳内只生 1 个子囊，内生 8 个子囊孢子；葫芦科白粉菌闭囊壳内产生多个子囊(一般为 10~15 个)，每个子囊内产生 2 个(少数 3 个)子囊孢子。

3. 药剂防治

发病初期可喷施下列杀菌剂：15% 粉锈宁、45% 特克多、40% 福星、70% 甲基硫菌灵等。多种药剂交替使用，以免产生抗药性。

(五)瓜类炭疽病

1. 症状

苗期受害后，子叶边缘出现褐色半圆形或圆形微凹陷病斑，潮湿时病斑上可产生粉红色黏质物。近地面茎基部出现水渍状病斑，逐渐变褐、缢缩，幼苗易猝倒死亡。

株期叶片受害后，不同瓜类植物的症状略有差异。开始时出现水渍状圆形小斑点，扩大后病斑呈圆形、近圆形或纺锤形，淡红褐色或黑褐色；病斑边缘有黄色或紫色晕圈。病斑中央产生许多黑色小粒点，有时小粒点排列成同心轮纹状，潮湿时小粒点上溢出粉红色黏质物，干燥时病斑易开裂穿孔。茎蔓和叶柄上的病斑梭形或长圆形，黄褐色至黑色，稍凹陷或纵裂，病斑上散生小黑点和粉红色黏质物，当病斑绕蔓或叶柄一周时，引起茎蔓和叶片枯死。成熟瓜果发病时，病斑椭圆形或圆形，暗褐色至黑褐色，病斑凹陷且常开裂，后期病斑上产生许多排列呈同心轮纹状的小黑点和粉红色的黏质物。黄瓜病果易弯曲、畸形，以留种瓜发病较重。

2. 病原

葫芦科炭疽菌(*Colletotrichum orbiculare*)。分生孢子盘上的暗褐色刚毛具 2~3 个横隔，顶端色淡，较尖；分生孢子梗无色单胞，圆筒形；分生孢子单胞，长圆形或卵圆形，一端稍尖，无色，聚集成堆后呈粉红色。

3. 药剂防治

发病初期全面清除病叶，并喷药保护，隔7~10 d喷1次，连喷3~4次。常用的药剂有25%施保功、75%达克宁、50%福美双、70%甲基硫菌灵等。

（六）黄瓜细菌性角斑病

1. 症状

幼苗和成株期均可受害，以成株期叶片受害为主。叶片发病，初为鲜绿色水渍状斑，渐变淡褐色，病斑受叶脉限制呈多角形，灰褐或黄褐色，湿度大时叶背溢出乳白色混浊水珠状菌脓，干燥后形成白色菌膜。后期病斑中央干枯脱落成孔，最后叶片卷曲、干枯。

茎蔓、叶柄和卷须发病，初为水渍状小斑，扩大后呈短条状、黄褐色，潮湿时，产生乳白色菌脓。严重时病部出现裂口，空气干燥时病部留有白痕。

果实发病，果皮初现水渍状小斑，扩大后病斑淡褐色，凹陷。发生严重时病斑连接成片，成不规则形，病部产生大量乳白色菌脓。老病斑干枯呈灰白色，形成溃疡状裂口。幼果发病，常造成落果或畸形果。

2. 病原

丁香假单胞杆菌黄瓜致病变种（*Pseudomonas syringae* pv. *lachrymans*）。菌体短杆状，可链生，极生1~5根鞭毛，有荚膜，无芽孢。革兰染色阴性。

3. 药剂防治

发病初期喷施农用链霉素250 μg/g，或新植霉素200 μg/g。也可喷50%代森锌、50%代森铵等，连续喷3~4次。

四、作业与思考题

1. 绘制黄瓜霜霉病菌、枯萎病菌和黑星病菌形态图。
2. 列表比较黄瓜霜霉病和细菌角斑病的症状特点。

Ⅱ. 茄科蔬菜病害的识别与鉴定

一、实验目的

通过实验掌握生产上常见多发、危害较重的茄科蔬菜病害的症状特点和病原菌形态特征，为病害的正确诊断、田间调查以及指导病害防治提供科学依据。

二、实验材料

茄科蔬菜主要病害（褐纹病、黄萎病、绵疫病、疫病、炭疽病、疮痂病、叶霉病、早疫病、晚疫病、病毒病等）的标本、新鲜材料和病原物玻片。

三、实验内容与方法

(一)茄子褐纹病

1. 症状

茄子生长期地上各部位均可受害，以危害果实为主。果实上病斑近圆形，褐色，稍凹陷，可扩大至整个果实，导致果实软腐。病部出现同心轮纹，其上产生许多小黑点(分生孢子器)。高湿时，病果常落地腐烂；气候干燥时，病果失水、表皮皱缩而成僵果挂于枝条上。成株期茎部受害，茎上产生灰白色溃疡斑，后期皮层脱落，显露木质部，叶片病斑椭圆形，边缘灰褐色、中央灰白色，病组织变薄变脆，易破裂和穿孔，各发病部位都可出现小黑点。

2. 病原

茄褐纹拟茎点霉(*Phomopsis vexans*)。分生孢子器扁球形，壁厚，黑褐色，具孔口，可产生两种不同形状的无色、单胞的分生孢子，一种为椭圆形或纺锤形，另一种为丝状且一端弯曲呈钩形。

3. 药剂防治

幼苗期或发病初期，喷施下列杀菌剂：70%代森锰锌、50%克菌丹。定植后在基部周围地面上，撒施草木灰或熟石灰粉，以减轻茎基部侵染。成株期、结果期应根据病势发展情况，喷施下列药剂：波尔多液(1∶1∶200)、70%代森锰锌、75%百菌清等，每隔7~10 d喷1次，连喷3~4次。

(二)茄子黄萎病

1. 症状

茄子黄萎病在现蕾期始见，一般在门茄坐果后普遍表现症状。发病初期在叶片的叶脉间或叶缘出现失绿成黄色的不规则形斑块，病斑逐渐扩展成大块黄斑，可布满两支脉之间或半张叶片，甚至整张叶片。始病时，病叶不凋萎或仅中午强光照时凋萎。随着病情的发展，病株上病叶由黄变褐，并自下而上逐渐凋萎、脱落。重病株最终可形成光秆或仅剩几张心叶。植株可全株发病，也可半边发病半边正常，还有的仅个别枝条发病。病株的果实小而少，质地坚硬，果皮皱缩干瘪。病株根和主茎的维管束变成深褐色，重病株的分枝、叶柄和果柄的维管束也变成深褐色。

2. 病原

大丽轮枝孢菌(*Verticillium dahliae*)。菌丝体初无色，老熟时变褐色，有隔膜。分生孢子梗直立，呈轮状分枝，在孢子梗上生1~5个轮枝层，每层2~3个轮枝；顶枝或轮枝顶端着生分生孢子。分生孢子椭圆形，无色，单胞。在培养基上产生白色菌丝，后形成大量黑色微菌核及由孢壁增厚而产生的串生黑褐色的厚垣孢子。

3. 药剂防治

定植穴内施1∶50的50%多菌灵药土，每公顷用多菌灵7.5~11.25 kg，发病初期

喷洒硝基黄腐酸盐，或用50%多菌灵、70%甲基硫菌灵等灌根，每株灌0.5 kg，10 d
1 次，连续灌2~3 次。

(三)茄子绵疫病

1. 症状

主要危害果实，也可以侵染幼苗叶、花器等部位。幼苗发病，幼茎呈水渍状，幼
苗腐烂猝倒死亡。果实多从近地面的果实先发病，初期果实腰部或脐部出现水渍状圆
形病斑，后扩大为黄褐色或暗褐色，稍凹陷半软腐状。田间湿度大时，病部表面产生
一层白色棉絮状霉状物。叶片发病，多从叶缘或叶尖开始，初期病斑呈水渍状、褐
色、不规则形状，常有明显的轮纹。潮湿时病斑迅速扩展，形成无明显边缘的大片枯
死斑，病部有白色霉层。干燥时边缘明显，叶片干枯破裂。

2. 病原

茄疫霉(*Phytophthora melongenae*)。菌丝白色，无隔膜，具分枝。孢囊梗从气孔
伸出，细长、无隔膜、不分枝，顶生孢子囊，有时间生或侧生孢子囊。孢子囊球形或
卵圆形，孢子囊顶端乳头状突起明显。孢子囊可直接萌发产生芽管或产生双鞭毛游动
孢子，游动孢子卵形。卵孢子圆形，无色至黄褐色，壁厚，表面光滑。

3. 药剂防治

防治时期要早，重点保护植株下部茄果。有效药剂包括1:1:200 的波尔多液、
75%百菌清、40%甲霜铜等，喷药间隔7~10 d，连续2~3 次。

(四)辣椒疫病

1. 症状

可危害茎、果实等部位。茎基部受害，病斑初为水渍状、暗绿色小斑块，后向上
下发展并环绕茎部，形成褐色至黑褐色、明显缢缩的病斑。病株易折倒。高湿时，病
部可见白色稀疏霉层(孢囊梗和孢子囊)。

果实受害多从蒂部开始，病斑水渍状，青灰色，无光泽，后期常伴有细菌腐生，
呈白色软腐。高湿时，病部可见白色稀疏霉层；干燥条件下易形成僵果。成株期根颈
部发病形成褐色斑块，病斑凹陷或稍有缢缩，导致全株叶片由下向上褪绿、发黄、凋
萎、脱落，直至植株死亡。

2. 病原

辣椒疫霉(*Phytophthora capsici*)。菌丝无隔膜，有分枝，分枝基部多有缢缩。孢
囊梗不分枝或单轴分枝，顶生孢子囊。孢子囊成熟后脱落，多带有长柄，微黄色，枣
核形、长椭圆形或瓜子形，顶端增厚形成乳突，少数双乳突。

3. 药剂防治

种子处理，用1%福尔马林液浸种30 min，捞出洗净后催芽播种。发病初期可喷
施下列杀菌剂：72.2%普力克、40%乙磷铝、75%达克宁等。间隔7~10 d，用药3~
4 次。

（五）辣椒炭疽病

1. 症状

主要危害果实。果实发病，初期病斑为水渍状，褐色，长圆形或不规则形，扩大后病斑稍凹陷，病斑表面生有隆起的不规则形轮纹，轮纹上密生黑色小颗粒。叶片发病，初生褪绿色水渍状斑点，扩大后变褐色、圆形、中间灰白，后期在病斑上产生轮纹状排列的小黑点。

2. 病原

辣椒炭疽菌（*Colletotrichum capsici*）。分生孢子盘黑色，盘状或垫状，其上生有暗黑色刚毛和分生孢子梗，刚毛具 2~4 个隔膜。分生孢子梗粗短，圆柱状，单细胞，无色，顶端产生分生孢子。分生孢子新月形或镰刀形，端部尖，单细胞，无色，中间有 1 个油球。

3. 药剂防治

发病初期或果实着色开始喷药，有效药剂有 50% 施保功、75% 达克宁、65% 代森锌、70% 甲基硫菌灵等。

（六）辣椒疮痂病

1. 症状

主要危害叶片、茎蔓、果实，尤其以叶片上发生普遍。叶片发病，初期形成水渍状、黄绿色的小斑点，扩大后变成圆形或不规则形、暗褐色、边缘隆起、中央凹陷的病斑，粗糙呈疮痂状。茎部和果梗发病，初期形成水渍状斑点，逐渐发展成褐色短条斑。发病果实形成圆形或长圆形的黑色疮痂。

2. 病原

野油菜黄单胞杆菌疮痂致病变种（*Xanthomonas campestris* pv. *vesicatoria*）。菌体杆状，两端钝圆，单极生鞭毛，菌体排列成链状，有荚膜，无芽孢。革兰染色阴性。

3. 药剂防治

发病初期喷洒 1:1:200 波尔多液，或 72% 农用链霉素、新植霉素，7~10 d 喷 1 次，连喷 2~3 次。

（七）番茄叶霉病

1. 症状

叶、茎、花和果实均可受害，以叶片受害最为常见。被害叶片正面出现边缘不清晰的椭圆形或不规则形、浅绿色或淡黄色褪绿斑，其相对的背面产生紫灰色致密绒状霉层，有时叶面病斑上也长有同样霉层。发病严重时，叶片上布满病斑，叶片干枯卷曲。嫩茎及果柄上也产生与上述相似的病斑，并延及花部，引起花器凋萎及幼果脱落。果实受害，蒂部产生近圆形、硬化凹陷斑。

2. 病原

褐孢霉菌（*Fulvia fulva*）。分生孢子梗成束从气孔伸出，有分枝，初无色，后呈淡褐色至褐色，具 1~10 个隔膜，节部膨大呈芽枝状，其上产生分生孢子。分生孢子椭圆形或长棒形，初无色，后变淡褐色，有单胞、双胞和 3 个细胞类型，以单胞和双胞者常见。

3. 药剂防治

保护地番茄用 45% 百菌清烟剂 3~3.75 kg/hm² 熏蒸，或喷洒 7% 叶霉净粉尘剂，或 5% 百菌清粉尘剂，隔 8~10 d 一次，连续或交替轮换施用。发病初期，摘除下部病叶后及时喷药保护，喷药要喷在叶背。有效药剂包括 50% 朴海因、2% 武夷霉素、70% 甲基硫菌灵等。隔 8~10 d 喷 1 次，连续喷 2~3 次。

（八）番茄早疫病

1. 症状

可危害叶、茎和果实。受害叶片初呈深褐色或黑色、圆形至椭圆形小斑点，逐渐扩大成边缘深褐色、中央灰褐色、有同心轮纹的圆形病斑。潮湿时，病斑上产生黑色霉层（分生孢子梗及分生孢子）。茎部病斑多数发生在分枝处，灰褐色，椭圆形，稍凹陷，有同心轮纹。发病严重时，造成断枝。果实上病斑多发生在蒂部附近和裂缝处，圆形或近圆形，黑褐色，稍凹陷，也有同心轮纹，其上长有黑色霉层。

2. 病原

茄链格孢菌（*Alternaria solani*）。分生孢子梗从气孔伸出，单生或簇生，圆筒形或短棒形，具 1~7 个分隔，暗褐色。分生孢子顶生，倒棍棒形，顶端有细长的嘴胞，黄褐色，具纵横隔膜。

3. 药剂防治

保护地番茄在发病初期喷洒 5% 百菌清粉尘剂，每公顷用药 750 g，隔 9 d 喷 1 次，连续 3~4 次；或用 45% 百菌清或 10% 速克灵烟剂，每公顷用药分别为 1.5 kg 和 0.35 kg。番茄茎部发病会造成断枝，对产量影响很大，可用高浓度药涂病茎，如 1.5% 多抗霉素、50% 朴海因等，隔 7~8 d 喷 1 次。

（九）番茄晚疫病

1. 症状

主要危害叶片、茎和果实，以叶片和青果受害最重。叶片发病，多从叶尖或叶缘开始，初为暗绿色或灰绿色水渍状不规则病斑，边缘不明显，扩大后病斑变为褐色。湿度大时，叶背病健交界处长白霉，病斑扩展至全叶，使叶片腐烂。干燥时病部干枯，呈青白色，脆而易破。茎和叶柄发病，初呈水渍状斑点，病斑暗褐色或黑褐色腐败状，很快绕茎及叶柄一周呈软腐状缢缩或凹陷。果实发病后，病斑呈不规则状的灰绿色水渍状硬斑块，后变为暗褐色至棕褐色云纹状，边缘明显，病果一般不变软。

2. 病原

致病疫霉（*Phytophthora infestans*）。菌丝无色、无隔、具分枝，在寄主细胞间隙生长，以吸器吸收养分。孢囊梗单根或多根从气孔长出，细长、无色、具 3~4 个分枝，无限生长。孢囊梗顶端尖细，孢子囊顶生或侧生，单胞、无色、卵圆形、顶端有乳头状突起。孢子囊萌发可直接产生芽管或产生游动孢子，游动孢子肾形，双鞭毛。

3. 药剂防治

发现中心病株后，及时摘除深埋或烧毁，并立即进行全田喷雾保护。保护地采用烟雾法和粉尘法防病，傍晚关闭大棚或温室，施用 45%百菌清烟剂，每公顷用药 1.5~1.8 kg，第二天通风换气，隔 9 d 左右 1 次。发病初期，喷施百得富、72.2%普力克、40%疫霉灵等，隔 7~10 d 喷 1 次，连续 4~5 次。

（十）番茄病毒病

1. 症状

常见的症状有花叶型、条斑型和蕨叶型 3 种。

①花叶型：田间常见的症状有 2 种类型。一种是轻型花叶，叶片平展，大小正常，植株不矮化，只是在较嫩的叶片上出现深绿与浅绿相间的斑驳，使叶片成花叶状；另一种是重花叶型，叶片不平展，凹凸不平，扭曲畸形，叶片变小，植株矮化，果小质劣。

②条斑型：叶片发病，上部叶片呈现或不呈现深绿色和浅绿色相间的花叶症状；茎部发病，茎秆上、中部初生暗褐色下陷的短条纹，后变为黑褐色下陷的油渍状坏死斑，逐渐蔓延扩大；果实发病，果面散布不规则褐色下陷的油渍状坏死斑，病果畸形。

③蕨叶型：多发生在植株上部，上部新叶细长呈线状，生长缓慢，叶肉组织严重退化，甚至完全退化，仅剩下主脉；植株一般明显矮化，中下部叶片向上卷曲。

2. 病原

病原有多种，包括烟草花叶病毒（TMV）、黄瓜花叶病毒（CMV）、马铃薯 X 病毒（PVX）、马铃薯 Y 病毒（PVY）、烟草蚀纹病毒（TEV）和苜蓿花叶病毒（AMV）。

3. 药剂防治

发病初期喷施 20%病毒灵、1.5%病毒 A 等，每隔 10 d 喷 1 次，连喷 3 次。

（十一）番茄灰霉病

1. 症状

植株叶、茎、花、果等所有地上部分均可感染。一般病部表面均可产生一层灰色霉层。果实发病时青果受害重，残留的柱头或花瓣多先被侵染，后向果实或果柄扩展，致果实软腐并于发病部位长出鼠灰色霉层；叶片发病多从叶缘呈"V"字形向内扩展，初水渍状，浅褐色，边缘不规则，具深浅相间轮纹，后病部产生灰霉，致叶片枯死；茎部发病，开始亦呈水渍状小点，后扩展为长椭圆形或长条形斑，湿度大时病斑上长出灰褐色霉层，严重时引起病部以上枯死。

2. 病原

灰葡萄孢（*Botrytis cinerea*）。孢子梗数根丛生，具隔膜，褐色，顶端呈 1~2 个分枝，分枝顶端稍膨大，呈棒头状，其上密生小柄并着生大量分生孢子。分生孢子圆形至椭圆形，单胞，近无色，成堆时淡黄色。菌核黑色，扁平或不规则形。

3. 药剂防治

发病初期及时喷药，有效药剂包括 40% 施佳乐、65% 万霉灵、50% 速克灵等。7~10 d 喷 1 次，连喷 3~4 次。保护地在病害始发期用下列烟剂：疫霉净、特克多、10% 速克灵。

(十二)番茄斑枯病

1. 症状

番茄的整个生育期均可发病，主要危害叶片，也可以危害茎和果实。叶片发病，通常是近地面的老叶片先发病，以后逐渐向上蔓延。初期为叶片背面产生水渍状的小圆斑，后在叶片正反两面出现边缘暗褐色、中央灰白色、圆形或近圆形、略凹陷的病斑，病斑上散生少量的小黑点；严重时多个小斑汇合成大的枯斑，使叶片逐渐枯黄，植株早衰，造成早期落叶。茎和果实发病时，病斑近圆形或椭圆形，稍凹陷，褐色，其上散生小黑点。

2. 病原

番茄壳针孢(*Septoria lycopersici*)。分生孢子器球形或扁球形，黑色，初起埋于寄主表皮下，后突破表皮外露，分生孢子器底部产生分生孢子梗和分生孢子。分生孢子单胞，无色，针状，直或微弯，具 3~9 个隔膜，成熟后从孔口溢出。

3. 药剂防治

发病初期喷洒下列杀菌剂：70% 代森锰锌、75% 百菌清、64% 杀毒矾等，间隔 7~10 d，连续 2~3 次。

四、作业与思考题

1. 绘制番茄晚疫病菌和灰霉病菌形态图。
2. 绘制茄子褐纹病菌和辣椒炭疽病菌形态图。

Ⅲ. 十字花科蔬菜病害的识别与鉴定

一、实验目的

熟悉白菜三大病害和黑斑病、白斑病、黑腐病等主要病害的症状特点，通过观察和镜检，掌握十字花科蔬菜主要病害病原物的基本形态特征，为田间病害诊断和防治奠定基础。

二、实验材料

十字花科蔬菜主要病害(霜霉病、软腐病、病毒病、菌核病、根肿病、黑斑病、黑腐病、白锈病、白斑病等)的标本、新鲜材料和病原物玻片。

三、实验内容与方法

（一）十字花科蔬菜霜霉病

1. 症状

十字花科蔬菜整个生育期都可受害。主要危害叶片，其次危害留种株茎、花梗和果荚。叶片发病，多从下部叶片开始，发病初期叶片正面出现淡绿色小斑，扩大后病斑呈黄色，因其扩展受叶脉限制而呈多角形。空气潮湿时，在叶背相应位置布满白色至灰白色稀疏霉层。病斑变成褐色时，整张叶片变黄，随着叶片的衰老，病斑逐渐干枯。留种株受害后花轴呈肿胀弯曲状畸形，故有"龙头病"之称。花器受害后经久不凋落，花瓣肥厚、绿色、叶状，不能结实。种荚受害后瘦小，淡黄色，结实不良。空气潮湿时，花轴、花器、种荚表面可产生茂密的白色至灰白色霉层。

花椰菜花球受害后，其顶端变黑；芜菁、萝卜肉质根部的病斑为褐色不规则斑痕，易腐烂。

2. 病原

寄生霜霉菌（*Peronospora parasitica*）。菌丝无隔膜，无性繁殖时，从气孔或表皮细胞间隙抽生出孢囊梗，基部单一不分枝，顶端二叉状分枝4~8回，分枝处常有分隔，分枝顶端的小梗细而尖锐，略弯曲，每小梗尖端着生一个孢子囊。孢子囊椭圆形，无色，单胞，萌发时直接产生芽管。有性生殖产生卵孢子，多在发病后期的病组织内形成；卵孢子黄褐色，球形，厚壁，外表光滑或略带皱纹，萌发时直接产生芽管。

3. 药剂防治

发现中心病株及时喷药保护，可用药剂有72.2%朴霉特、40%乙磷铝、25%甲霜灵等。间隔7~10 d喷一次，连续喷药2~3次。

（二）十字花科蔬菜软腐病

1. 症状

白菜、甘蓝多从包心期开始发病，起初植株外围叶片在烈日下表现萎垂，但早晚仍能恢复。随着病情的发展，这些外叶不再恢复，露出叶球。发病严重时，植株结球小，叶柄基部和根茎处心髓组织完全腐烂，并充满灰黄色黏稠物，臭气四溢，农事操作时易被碰落。菜株腐烂后，组织黏滑软腐，可从根髓或叶柄基部向上发展蔓延，引起全株腐烂；也可从外叶边缘或心叶顶端开始向下发展，或从叶片虫伤处向四周蔓延，最后造成整个菜头腐烂。腐烂的病叶在晴暖、干燥的环境条件下，失水干枯变成薄纸状。萝卜受害后，呈水渍状褐色软腐，病健分界明显，并常有汁液渗出。留种植株往往是老根外观完好，而心髓已完全腐烂，仅存空壳。

2. 病原

胡萝卜欧氏杆菌胡萝卜致病变种（*Erwinia carotovora* pv. *carotovora*）。菌体短杆状，有周生鞭毛2~8根，革兰染色阴性。

3. 药剂防治

发病初期及时喷药防治。可用药剂有 72% 农用硫酸链霉素、新植霉素、14% 络氨铜、50% 代森铵等。间隔 10 d 左右，连续用药 2~3 次。

(三)十字花科蔬菜病毒病

1. 症状

幼苗期受害后，心叶叶脉呈半透明状，称明脉症。在老叶上产生淡绿与浓绿相间的暗斑，称为斑驳。叶片主脉及侧脉上有时产生褐色坏死斑，椭圆形或形成条斑，叶片皱缩且凹凸不平，叶片变硬而脆，颜色渐变黄，幼苗六叶期以前感染的植株，常皱缩矮化，生长停止，不能正常包心。感病较晚的植株虽然能结球，但剥去外叶后，可以看见内部有些叶片上有许多灰黑色的坏死圆斑，边缘常呈乌黑色。

2. 病原

主要为芜菁花叶病毒(TuMV)。病毒粒子线状。

3. 药剂防治

发病初期可喷洒 20% 病毒灵、2% 宁南霉素、20% 病毒 A 等。间隔 10d 左右，连续喷施 2~3 次。

(四)十字花科蔬菜菌核病

1. 症状

甘蓝、大白菜等成株受害，一般在靠近地表的茎、叶柄或叶片边缘开始发病。最初出现水渍状、淡褐色的病斑，逐渐导致茎基部或叶球软腐，发病部位产生白色或灰白色棉絮状的霉层，以后散生黑色鼠粪状菌核。采种株发病时，一般先从植株基部近地面的衰老叶片边缘或叶柄开始，并从叶柄蔓延到茎部。茎上病斑稍凹陷，水渍状，初成浅褐色，后变为灰白色，在适宜条件下，病斑迅速蔓延，可蔓延至全茎，后期组织病朽呈纤维状，茎内中空，内有黑色鼠粪状菌核，重者全株枯死，轻者果荚小，子粒不饱满。种荚受害，病斑白色，不规则形，内生黑色菌核。

2. 病原

核盘菌(*Sclerotinia sclerotiorum*)。菌核黑色，球形至豆瓣形或呈鼠屎状，菌核萌发可产生 1 至数个柄，柄褐色，顶部膨大形成子囊盘。子囊盘初期为淡褐色，后变为暗褐色。子实层由子囊与侧丝栅状排列而成。子囊近圆柱形，平行排列，内含 8 个孢子。子囊孢子单胞，无色，椭圆形或纺锤形。

3. 药剂防治

发病初期，采用行间撒施药土或喷洒药液的方法进行防治。药剂有 5% 氯硝铵、20% 甲基立枯灵、70% 甲基硫菌灵、50% 菌核净等。每隔 10 d 左右喷一次，连续施药 2~3 次。

（五）十字花科蔬菜根肿病

1. 症状

主要危害根部，地上部植株的症状不明显，病株表现生长缓慢、矮小、基部叶片常变黄萎蔫，终至枯萎，严重时整株死亡。病株根部产生肿瘤是此病的主要特征。大白菜、油菜、甘蓝等受侵染时，在主根和侧根上产生很多纺锤状、手指状或不规则形、大小不等的菌瘤状物；萝卜、芜菁等根菜类蔬菜受害时，则多在侧根上产生瘤肿，主根上不变形或仅在根端生瘤。

2. 病原

芸薹根肿菌(*Plasmodiophora brassicae*)。营养体为无细胞壁的原生质团，在主根内形成休眠孢子囊。休眠孢子囊单细胞，球形、卵圆形或椭圆形，壁薄，表面较光滑，无色或浅灰色。休眠孢子囊密生于寄主细胞内，呈鱼籽状排列。游动孢子梨形或球形。

3. 药剂防治

必要时，用70%五氯硝基苯在栽植时穴施或条施于土中，或施用70%五氯硝基苯等药液灌根。

（六）十字花科蔬菜黑斑病

1. 症状

主要危害十字花科蔬菜植株的叶片、叶柄，有时候也危害花梗和种荚。叶片受害，多从外叶开始发病，初为近圆形褪绿斑，以后逐渐扩大，发展成为灰褐色或暗褐色病斑，且有明显的同心轮纹，有的周围有黄色的晕圈，边缘不明显。病斑上生有一层黑色煤烟状霉层，即病菌的分生孢子梗和分生孢子。

2. 病原

病原有2种，即芸薹链格孢(*Alternaria brassicae*)和芸薹生链格孢(*Alternaria brassicola*)。两者分生孢子形态相似，倒棍棒状，有纵横隔膜。分生孢子3~10个横隔，1~25个纵隔，深褐色。前者的分生孢子梗单生或2~6根丛生；分生孢子多单生，较大，淡橄榄色，喙长，顶端近无色，有15个隔膜。后者的分生孢子常串生，8~10个连成一串，较小，色较深，无喙或喙短。

3. 药剂防治

发病初期及时喷药。常用的药剂有50%扑海因、50%菌核净、70%代森锰锌等。隔7~10 d喷1次，连续喷3~4次。

（七）十字花科蔬菜黑腐病

1. 症状

症状特点是维管束坏死变黑。叶片发病多从叶缘开始，逐步向内扩展，形成"V"字形黄褐色病斑，周围组织变黄，与健部界限不明显；有时候病菌沿叶脉向里扩展，形成网状黑脉或黄褐色大斑块。叶柄发病时，病菌沿维管束向上扩展，使部分菜帮形成淡褐色干腐，叶片倾向一侧，半边叶片或植株发黄，部分外叶干枯、脱落，甚至倒瘫。湿度大时，病部产生黄褐色菌溢或油渍状湿腐。重者茎基部腐烂，植株萎蔫，纵剖茎部可见髓部中空、黑色干腐。

萝卜受害，主要是块根受害，外观症状不明显，但维管束变黑，内部组织黑色干腐状，严重者空心。

2. 病原

野油菜黄单胞杆菌野油菜黑腐病致病变种（*Xanthomonas campestris* pv. *campestris*），属于薄壁菌门黄单胞杆菌属细菌。菌体短杆状，极生单鞭毛，不产荚膜，菌体单生或链生，革兰染色阴性。

3. 药剂防治

发病初期及时喷施 72% 农用硫酸链霉素、新植霉素、氯霉素、50% DT 等。

（八）十字花科蔬菜白锈病

1. 症状

受害叶片叶面产生淡绿色至黄色圆形斑点，背面产生白色稍隆起的疱斑，很像一滴白油漆，成熟后散出白色粉状物，即病菌的孢子囊和孢囊孢子。

2. 病原

白锈菌（*Albugo candida*）。孢囊梗丛生在寄主表皮下，无色单胞，棍棒状，顶端着生孢子囊，孢子囊成链状串生，单胞，近球形，卵孢子球形，黄褐色，外壁很厚，表面有不规则的脊状突起。

（九）十字花科蔬菜白斑病

1. 症状

主要危害叶片，受害叶片上的病斑圆形或近圆形，灰白色或黄褐色，稍透明。病斑外围有绿褐色或黄绿色的晕圈，以后病斑干燥呈玻璃纸状，容易破碎，常呈穿孔状，病斑的背面有不明显的丝状物。

2. 病原

白斑小尾孢（*Cercosporella albo-maculans*）。分生孢子梗数根至数十根自气孔伸出，单胞，直或微弯。分生孢子线形至鞭形，无色，直或微弯，1~4 个隔膜。

3. 药剂防治

①25% 多菌灵或 70% 代森锌可湿性粉剂 400~500 倍液。

②50% 甲基托布津可湿性粉剂 500 倍液。

③40% 多菌灵胶悬剂或 50% 多菌灵粉剂 800~1 000 倍液。

④每亩*喷药 45~60 L，间隔 15 d 喷 1 次，连喷 2~4 次。

---

* 1 亩 = 1/15 hm²

四、作业与思考题

1. 绘制白菜霜霉病和黑斑病病原菌形态图。
2. 比较白菜软腐病和黑腐病的症状区别。

Ⅳ. 豆科蔬菜病害的识别与鉴定

一、实验目的

通过实验，认识生产上常见多发、危害较重的豆科蔬菜主要病害的症状特点和病原菌形态特征，为病害的正确诊断、田间调查以及指导病害防治，提供科学依据。

二、实验材料

豆科蔬菜主要病害(疫病、锈病、炭疽病、枯萎病等)的标本、新鲜材料和病原物玻片。

三、实验内容与方法

(一)菜豆细菌性疫病

1. 症状

叶片发病多从叶尖、叶缘开始，初呈暗绿色油渍状小斑点，后逐渐扩大呈不规则形，病斑变黄褐色，病斑周围有2~3 mm宽的鲜黄色晕环。最后病叶干枯，枯死组织变薄，半透明。天气潮湿时，病斑上有淡黄色黏液(菌脓)溢出。发病严重时，数个病斑常相互联合，最后引起全叶枯死。全田发生叶片枯死时，远看似火烧状，故名火疫病。枯死的叶片一般不脱落，经风吹雨打后病叶破裂。在高温高湿条件下，有时部分病叶会很快变黑凋萎，嫩叶常扭曲畸形。

茎部病斑常发生在第1节附近，多在豆荚半成熟时出现，表现为水渍状，有时凹陷，逐渐纵向扩大并变褐色，表面常常开裂，渗出菌脓。病斑常环绕茎部，导致病株在此处折断。

荚上病斑初呈暗绿色、油渍状小斑点，逐渐扩大后，病斑呈不规则形，红色至褐色，有时略带紫色，最后病斑中央凹陷，病部常有胶状的黄色菌脓溢出。发病严重时，全荚皱缩，种子常皱缩，种脐部也产生淡黄色菌脓。

2. 病原

地毯草黄单胞菌菜豆致病变种(*Xanthomonas axonopodis* pv. *phaseoli*)。菌体短杆状，两端钝圆，极生单鞭毛，革兰染色阴性。

3. 药剂防治

发病初期喷施14%络氨铜、77%可杀得、30% DT、新植霉素等。7~10 d喷1次，连喷2~3次。

(二)豆类锈病

1. 症状

各种豆类作物的锈病症状特点大致相似，主要发生在叶片上。叶片发病，初期产生黄白色至黄褐色小斑点，略凸起，后逐渐扩大，形成黄褐色的夏孢子堆，夏孢子堆很快突破叶片表皮和角质层并散出红褐色粉状物(夏孢子)。植株生长后期，叶片上的夏孢子堆逐渐形成深褐色的冬孢子堆，或在叶斑周围长出黑褐色的冬孢子堆。冬孢子堆突破叶片表皮后散出黑褐色的冬孢了。

2. 病原

豆科蔬菜的锈病由不同种锈菌引起，它们均属单胞锈菌属(*Uromyces*)。菜豆、扁豆和绿豆锈病的病原为疣顶单胞锈菌(*U. appendiculatus*)；豇豆锈病病原为豇豆单胞锈菌(*U. vignae*)；豌豆锈病病原为豌豆单胞锈菌(*U. pisi*)；蚕豆锈病病原为蚕豆单胞锈菌(*U. fabae*)。豆类锈菌多为单主寄生，但在田间经常见到的只是夏孢子和冬孢子，性孢子和锈孢子不常见。豌豆锈菌是转主寄生菌。

锈菌夏孢子单胞、黄褐色、椭圆形或卵圆形，表面有细刺。冬孢子单胞、栗褐色、近圆形，表面平滑，顶端有浅褐色的乳头状突起，基部有柄，柄透明无色。

3. 药剂防治

发病初期喷施15%三唑酮、50%萎锈灵、25%敌力脱等。隔10 d喷1次，连喷2~3次。如果低温阴雨棚室发病，可用粉尘剂喷粉。

(三)豆类炭疽病

1. 症状

可危害叶片、茎、荚和种子。一般有明显的病斑，叶片被侵染后，叶面散生深红色小斑点，后扩展为中间浅褐色、边缘红褐色的病斑，病斑圆形或不规则形，并融合成大型的病斑；叶柄和茎部病斑凹陷龟裂，呈褐锈色细条形病斑；豆荚初呈褐色的小点，扩大后为褐色至黑褐色圆形或椭圆形斑，周围稍隆起，边缘红褐色或紫色，中间凹陷，内生大量砖红色分生孢子团。另有一类炭疽病不产生明显的病斑，只是在植株衰老时，在植株的表面产生病菌的繁殖体。

2. 病原

菜豆炭疽菌(*Colletotrichum lindemuthianum*)。分生孢子盘黑色，初埋生于表皮下，后突破表皮外露，盘上有或无刚毛，刚毛散生，黑色刺状，有分隔。分生孢子梗短小，单细胞，无色，密生在分生孢子上，分生孢子椭圆形或卵圆形，单细胞，无色，内含1~2个油球。

3. 药剂防治

发病初期喷洒75%百菌清、50%苯菌灵、70%甲基硫菌灵等。隔7~10 d喷1次，连喷2~3次。

（四）豆类枯萎病

1. 症状

植株显症先从下部叶片开始，叶片逐渐变黄，似缺肥症状，继而叶片变黄枯死，并逐渐向上部叶片扩展，导致整株萎蔫变黄枯死。受侵染的植株根部呈现深褐色腐烂，剖开茎部可见维管束组织变为黄褐色。病株结荚明显减少，进入花期后病株大量死亡。

2. 病原

尖孢镰刀菌菜豆专化型（*Fusarium oxysporum* f. sp. *phaseoli*）。病菌可产生 2 种类型分生孢子：大型分生孢子镰刀形或略弯曲，顶端细胞略尖，多具隔膜；小型分生孢子无色，卵形或椭圆形，单胞或多胞。病菌还可产生厚垣孢子，厚垣孢子单生或串生，圆形或椭圆形。

3. 药剂防治

喷洒70%甲基硫菌灵、50%多菌灵等，每穴喷淋0.3~0.5 kg，隔7~10 d 喷1 次，连喷 2~3 次。

四、作业与思考题

1. 列表比较菜豆几种叶部病害症状特点。
2. 绘制2~3 种主要病害的病原菌形态图。

V. 其他蔬菜病害的识别与鉴定

一、实验目的

通过实验，认识除葫芦科、茄科、十字花科、豆科之外的其他蔬菜上主要病害的症状特点和病原菌形态特征，为病害的正确诊断、田间调查以及指导病害防治提供科学依据。

二、实验材料

除葫芦科、茄科、十字花科、豆科之外的其他蔬菜上的主要病害（根结线虫病、葱紫斑病、葱类霜霉病、芹菜斑枯病、姜腐烂病、大蒜叶枯病等）的标本、新鲜材料和病原菌玻片。

三、实验内容与方法

（一）蔬菜根结线虫病

1. 症状

病害主要侵染根部，以侧根和须根最易受害，形成大量瘤状根结。根结的大小和分布因蔬菜种类和线虫种类的不同而不同。葫芦科、豆科蔬菜感病后侧根和须根形成大小不等成串的瘤状根结，根结初为白色，质地柔软，后变为浅黄褐色或深褐色，表面粗糙，有时龟裂，剖视较大的根结内部，可见到白色梨形的粒状物即线虫的雌成虫，一个根结内有1至多个雌虫，小根上根结多为1个。茄科和十字花科蔬菜受害后侧根与须根细胞增生畸形，形成瘤状结，较肥大，有时根结上可生出细弱新根，染病后也生有根结。剖视根结或瘤状物，内有乳白色粒状物，即雌成虫。重病株后期根部腐烂，轻病株地上部分没有明显的症状，病情较重的，地上部分生长不良，植株矮小，叶色暗淡发黄，呈点片缺肥状，叶片变小，不结实或结实不良，但病株很少提前死亡。

2. 病原

主要有南方根结线虫(*Meloidogyne incognita*)、花生根结线虫(*M. arenaria*)、北方根结线虫(*M. hapla*)和爪哇根结线虫(*M. javanica*)。其中南方根结线虫为优势种群，该种线虫属内寄生线虫，雌成虫和雄成虫的形态明显不同。雌成虫膨大呈梨形，双卵巢，卵巢盘卷于虫体内，阴门和肛门位于虫体后部末端，阴门周围的角质膜形成特征性的会阴花纹，是鉴定的重要依据，会阴花纹背弓稍高，顶或圆或平，侧区花纹由波浪形到锯齿形，侧区不清楚，侧线上的纹常分叉。雄成虫细长，尾短，无交合伞，交合刺粗壮，成对，针状弓形，末端尖锐彼此相连。

3. 药剂防治

①定植前，保护地有条件时可进行休闲期蒸汽消毒，事先于土壤中埋好蒸汽管，地面覆盖厚塑料布，通过打压送入热蒸汽，使25 cm土层温度升至60 ℃以上，并维持0.5 h，可大大减少虫口密度。苗床土或棚室土壤定植前化学消毒，可用滴滴混剂，用量600 kg/hm²，在播前3周开沟施药再覆土压实。

②定植时，可施用2.5%阿维菌素、10%力满库或5%甲基异硫磷，75 kg/hm²，穴施或沟施。

③成株期发病，可用药剂灌根，药剂可选辛硫磷、敌敌畏、甲基异硫磷乳剂等。

(二)葱紫斑病

1. 症状

葱紫斑病又称黑斑病，主要危害叶和花梗，收获后贮藏期也可侵染鳞茎。留种株受害常使种子发育不良，雨季易流行，一般年份损失不大。病害可发生在大葱、洋葱、大蒜、韭菜等蔬菜上。叶片和花梗上的病斑初呈水渍状白色小点，病斑多靠近叶尖或位于花梗中部，稍显凹陷。病斑初期很小，后逐渐扩大，紫褐色，椭圆形，周围有黄色晕圈，有明显的同心轮纹，潮湿时病斑上生有黑褐色霉层。病斑可相互愈合形成大斑，病部组织死亡失水而使机械强度降低，常使叶或花梗从此处折断，如果是留种株，有时种子还没有完全发育成熟时即花梗折断使留种失败，即使不折断也常使种子皱瘪不能充分成熟。鳞茎发病多于切顶后的颈部或伤口感染处，呈半湿性腐烂，整个鳞茎体积收缩，组织变红色或黄色，渐转变成暗褐色，并提前抽芽。

2. 病原

葱链格孢（*Alternaria porri*）。分生孢子梗单生或 5～10 根簇生，淡褐色有隔膜 2～3个，不分枝或不规则稀疏分枝，其上着生 1 个分生孢子。分生孢子褐色，常单生，直或微弯，倒棍棒状，或孢子本体椭圆形，至喙部嘴胞渐细。分生孢子具横隔膜 5～15个，纵隔膜 1～6 个，喙部（嘴胞）直或弯曲，具隔膜 0～7 个。

（三）葱类霜霉病

1. 症状

该病在全国各地均有发生，是大葱和洋葱的重要病害。一般危害不严重，但遇适宜天气条件，发病严重田块病株率可达 30%～40%。采种株发病，则直接影响种子质量和产量。

①大葱霜霉病：主要危害叶片、花梗，也侵染鳞茎。叶上病斑椭圆形、淡黄绿或苍白绿色，边缘不清晰，潮湿时生白色绒状霉，渐变为淡紫色，为病菌的孢子囊和孢囊梗，干燥时病斑呈现白色枯斑。叶片中下部被害则其上部叶片组织逐渐干枯死亡，植株可连续生出新叶。鳞茎感病表现为病株矮化，叶片扭曲畸形，呈苍白绿色。潮湿时亦生白色绒霉。花梗受害，病部常易倒折，种子不能成熟而皱瘪。

②洋葱霜霉病：主要侵染叶片，也侵染花梗。一般葱叶长到 15～20 mm 长才显现症状。病叶出现椭圆形、淡黄绿色或苍白绿色病斑，边缘不清晰。潮湿时病斑表面生白色绒霉并很快转变成淡紫色，即病菌的孢囊梗和孢子囊。一般情况下，多从外叶向内叶发展，由下部叶片向上部叶片蔓延。严重时全株叶片由外向里逐批死亡，仅留内部的嫩叶，嫩叶抽展后也会发病，病株表现矮小，叶片扭曲。干旱时病叶枯萎，潮湿环境下病叶多腐烂，并生有腐生的黑霉。病叶和花梗常从病部折断，影响种子成熟。

2. 病原

葱霜霉（*Peronospora schleidenii*）。菌丝无色透明，无分隔，分枝发达，菌丝在寄主细胞间蔓延，产生吸器伸入寄主细胞内吸收营养。孢子囊梗稀疏，单根或 2～3 根成丛自毛孔中伸出，无色无隔，基部稍膨大，长短不一，顶端作 3～6 次二叉状分枝，分枝末端尖锐稍弯曲，孢子囊着生其上。孢子囊单胞，卵圆形，顶端稍尖，略带褐色，半透明，萌发时直接产生芽管而不产生游动孢子。卵孢子黄褐色，球形，具厚而皱的壁，埋生在病叶内。

（四）芹菜斑枯病

1. 症状

主要危害叶片，其次危害茎和叶柄。症状分大斑和小斑两种类型，大斑型多发生于南方地区，小斑型多发生于北方。叶片受害，早期两种类型症状相似。病斑初为淡褐色油浸状小斑点，逐渐扩大后中心坏死。后期两种类型症状有差异：大斑型病斑可扩大到 3～10 mm，边缘清晰，散生，病斑边缘深红褐色，中间褐色并散生少量小黑点；小斑型病斑多不超过 3 mm，一般 0.5～2 mm，常数个联合，中间黄白色，边缘清晰呈黄褐色，病斑外围常有黄色晕圈，病斑中央密生小黑点，即病菌的分生孢子器。在叶柄和茎上两型病斑相似，均为长圆形，稍凹陷，色稍深，散生黑色小点。

2. 病原

芹菜生壳针孢(*Septoria apiicola*)。分生孢子器大小受环境影响很大，作为分类依据很不可靠。分生孢子器球形，分生孢子无色，丝状，直或稍弯曲，具0~7个横膈膜(一般为3个)。

(五)姜腐烂病

1. 症状

主要危害生姜的根茎，茎、叶也可受害。发病初期，植株地上部叶片萎垂，无光泽，整株叶片自下而上枯黄，反卷，病害由茎部逐渐向上发展，靠近地表的茎基部和地下根茎的上半部首先发病。病部初期呈水浸状，黄褐色，无光泽，稍变软，纵剖茎基部和根茎，可见维管束变褐色。用手挤压有污白色菌脓从维管束溢出。最后根茎和茎基部变褐、腐烂，伴有污白发臭的汁液，最后脱水干燥仅剩表皮。

2. 病原

青枯假单胞杆菌(*Pseudomonas solanacearum*)。菌体短杆状，革兰染色阴性，有1~4根极生鞭毛，不形成荚膜和芽孢，两端着色较深。在肉汁胨培养基上，菌落污白色，不规则形或近圆形，湿润有光泽。

(六)大蒜叶枯病

1. 症状

主要危害叶或花梗。叶片发病多始于叶尖或叶的其他部位，初呈白色小圆点，扩大后呈现为椭圆形或不规则形的灰白色或灰褐色病斑，其上生出黑色霉状物，严重时病叶枯死。花梗染病易从病部折断，最后在病部散生许多黑色小粒点，严重危害时大蒜不抽薹。

2. 病原

枯叶格孢腔菌(*Pleospora herbarum*)。子囊座有孔口，子囊棍棒形或长椭圆形，有短柄，子囊孢子椭圆形或纺锤形，有横隔膜3~7个，纵隔膜0~7个，隔膜处缢缩。无性态为匍柄霉(*Stemphylium botryosum*)。

四、作业与思考题

1. 比较芹菜斑枯病和早疫病的症状特点。
2. 绘制2~3种主要病害的病原菌形态图。

实验九 林木病害

仁果类果树根部和枝干部病害的识别与鉴定，仁果类果树叶部病害的识别与鉴定，果树果实病害的识别与鉴定，葡萄、桃、柿、枣主要病害的识别与鉴定，柑橘类果树病害的识别与鉴定，热带果树病害的识别与鉴定，果树病害田间调查，果树病害药剂防治方法。

Ⅰ.果树病害及病原观察

一、实验目的

了解柑橘、梨树等生产上危害较重的主要病害，并通过症状和病原菌的观察能对它们进行识别。

二、内容和方法

(一)柑橘树脂病

1. 症状

侵害叶片、果实及树梢，侵害部位不同，表现的症状也完全不同。

果实症状：蒂腐；沙皮。

叶片症状：枝梢上长出黄褐色病斑，病部溢泌树脂，透明漆亮。后褪色呈现灰黑色，上面遍布黑色细小粒点。

2. 病原

Phomopsis citri，属于半知菌亚门球壳孢目拟茎点属。分生孢子器球形，黑色，有孔口，多形成于橘枝上，分生孢子有二型，"A"单胞无色，椭圆形或略作纺锤形；"B"线形或钩形。病菌的有性世代属于子囊菌亚门球壳菌目间座壳属(*Diaporthe citri*)。

3. 要求

比较该病在叶片枝梢、果实上的症状特点。

(二)柑橘溃疡病

1. 症状

叶、枝梢、果实均能发病。初叶面生黄色油浸状小斑点，后来圆形扩大，正背两面隆起，病斑冬后中央灰白色，凹陷，破裂如火山口状，周围有黄色晕环。果及枝梢上病斑和叶上同，但无晕环。

2. 病原

Xanthomonas citri。短杆状细菌，具有1根极性鞭毛，能运动。

3. 要求

观察病叶病果的症状特点。

(三)柑橘疮痂病

1. 症状

叶与新梢初生油浸状小斑点，后表面突起成圆锥形的疮痂，色度灰白或黄白，质地木栓化，由于病斑集合而枝叶片垂扭，表面十分粗糙。果实在黄豆大小时发生，往往变成茶褐色而腐败落果。稍长大后发生，果面生茶褐色小斑点，后病部果实呈疣状突起，顶端色灰白而木栓化。整个病果表面凹凸有若蟾蜍之背。

2. 病原

Sphaceloma fawcetti，为半知菌亚门痂圆孢属。分生孢子盘散生或多数聚生，近圆形，分生孢子无色单胞，椭圆形，两端各有1个油球。

3. 要求

①观察病叶、病果的症状特点；

②观察病原菌形态；

③列表比较柑橘疮痂、溃疡病在叶片、果实上症状的异同。

（四）柑橘黄龙病

1. 症状

叶上可呈现2种症状：黄绿相间；全叶黄化。

2. 病原

由类立克次氏体细菌RLB侵染所致。

3. 要求

观察症状。

（五）梨锈病

1. 症状

以叶为主，其次为新梢、果实。叶片发病初期，呈现橙黄色斑点扩大，在叶表面呈现密集的小颗粒（性孢子器），以后转黑，能分泌出甜味黏质物，后叶背出现淡黄色至褐色毛状物（锈孢子器），病斑后变黑。果实上初生黄小斑，后畸形凹陷，表生毛状体，新梢病斑凹陷，色裂，最后由此折断。

2. 病原

Gymnosporangium havacanum。在梨树上生性孢子器与锈孢子器，在松柏上生冬孢子。性孢子器位于表皮下，烧瓶状内藏多性孢子，性孢子无色，单胞，纺锤形。锈孢子器圆筒状，内藏多锈孢子，稍球形，橙黄色，表面有细点，冬孢子橙黄色，双细胞，有柄。

3. 要求

①观察症状。

②镜检梨叶背之毛状物及松柏上的胶状物。

（六）梨轮纹病

1. 症状

枝梢上初期生暗褐色瘤状物，其后边缘凹陷呈粗皮状。果实被害以熟果为主，起初表面生黑褐色不规则形病斑，经黄褐色成暗色，终生同心轮纹。叶部初生黄褐色圆形斑，最后变作轮纹状，病部表面均能生出黑色小粒点（分生孢子器）。

2. 病原

Macrophoma kuwat。分生孢子器球形或烧瓶状，黑褐色，有孔口，分生孢子无色，椭圆形或纺锤形。

3. 要求

识别症状，绘病原图。

（七）梨黑星病

1. 症状

果实、果梗、叶、叶柄、新梢均可受害。叶发病初中脉及支脉之间生圆形或椭圆形或不正形的黑斑，叶背生烟煤状黑斑（分生孢子及菌丝）。果实上为黑色不正形的病斑，后呈烟煤状，更进一步则呈疮痂状，病部凹入，全果呈畸形，质硬和色裂。新梢及果柄初生黑色或黑褐色病斑后凹入，表面烟煤状，有时生裂纹。

2. 病原

Venturia pirinum。分生孢子梗暗色，直生或弯曲，孤生或丛生，分生孢子单胞，纺锤形，有时有一分隔，暗色。很少发现子囊世代，子囊壳为暗褐色球形有乳头状的孔口，子囊棍棒状形，无色，内藏 8 个长卵圆形、双胞，上部细胞大，下部细胞小的子囊孢子，稍黄褐色。

3. 要求

观察病叶、枝梢、果实的被害状。

附：柿、枣病害

（一）柿炭疽病

1. 症状

初发病于枝梢上，生小圆形斑点，后呈暗褐色，椭圆形，凹陷且纵裂。果口为黑色近圆形凹斑，其上密生黑色粒点。叶发病，叶脉、叶柄首先发黄，后变为黑色，叶片上生出黑色不正形病斑，湿润时新旧病部之间分泌出鲜肉色粉质物。

2. 病原

Gloeosporium kaki，属半知菌亚门黑盘孢目毛盘孢属。分生孢子单胞，无色，圆筒形或长椭圆形。分生孢子梗直立，无色，且 1 个或数个隔膜。

3. 要求

观察症状。

（二）柿角斑病

1. 症状

叶上病斑初呈黑色，后扩大，中间变为褐色至栗色，边缘黑褐色霉状物。

2. 病原

Cercospora kaki。分生孢子梗生于菌丝块上，直立或稍弯曲，淡褐色，分生孢子长棍棒形，略弯曲，具4~5个隔膜，无色或淡黄色。

3. 要求

观察症状。

（三）柿叶枯病

1. 症状

初叶面呈褐色不规则圆形或多角形病斑，后边缘变成浓褐色，常为叶脉所限而呈多角形，病斑稍带灰褐或灰白色轮纹状。

2. 病原

Pestalotia diospyri。分生孢子梗无色，细而短，分生孢子纺锤形，5个细胞，两端细胞无色，中央3个细胞暗褐色，顶端有2~3根鞭毛，鞭毛无色。

3. 要求

观察症状。

（四）枣锈病

1. 症状

叶背散生淡灰褐色的霉小斑点，长期被覆在表皮下，后表皮破裂，乃呈粉状（夏孢子堆），生长集结末期，又在叶片上散生另一种黑色不正形的小斑点（冬孢子堆）。

2. 病原

Phakopsora ziziphi-vulgaris，属担子菌亚门。夏孢子球形、卵形或椭圆形，淡黄褐色，表面有细刺。冬孢子长椭圆形或多角形，顶端壁厚，下部稍薄，上部栗褐色，下部淡色。冬孢子数层排列于寄主表皮下。

3. 要求

观察症状。

（五）枣疯病

1. 症状

病树枝条簇生，若扫帚状，病枝纤细，叶很小，黄萎无生气。

2. 病原

类菌质体或类菌质体和病毒。

3. 要求

观察症状。

三、作业与思考题

1. 绘制柑橘疮痂病病原形态图。

2. 绘制梨锈病症状图。

3. 绘制梨轮纹病病原形态图。

4. 绘制柑橘溃疡病症状图。

Ⅱ. 果树病害及病原观察

一、实验目的

识别桃、葡萄、枇杷、苹果等病害的症状特点及其主要病害的病原形态。

二、实验内容及方法

(一)桃褐腐病

1. 症状

花部受害造成腐烂，其上长出灰霉；幼叶受害变黄而卷缩，后枯死；茎受害，会使皮层破裂，呈溃疡症状；果实受害，先长褐色小斑，渐渐扩大，表皮完整，其下之果实软腐，后会长出灰白至灰褐色霉，腐坏之果可继续存于枝上，水分蒸发，干缩而成僵果。

2. 病原

Monilinia laxa。分生孢子串生，柠檬形，无色透明，单细胞。子囊盘自僵果上长出，但在我国未发现子囊阶段。

3. 要求

观察症状、病原。

(二)桃缩叶病

1. 症状

叶初被害时，表皮带红色或黄色肿胀状，后变肥厚，常达健全叶的 2 倍以上，且歪斜不正，正反两面均生白色粉末(子囊及子囊孢子)，后呈褐色，且致落叶。

2. 病原

Taphrina defarmans。子囊圆筒形，无色，内藏 8 个子囊孢子，下部有基部细胞，子囊孢子无色，球形或卵圆形，单细胞。

3. 要求

观察症状。

(三)苹果褐斑病

1. 症状

发生在叶部，初表面生椭圆形黄褐色斑点，后扩大呈不规则形，上生黑褐色虫粪状颗粒(分生孢子盘)，叶片健全部分即使已变黄，但病斑周缘仍呈现绿色。

2. 病原

Marssonina mali，半知菌亚门黑盘孢目盘二孢属。分生孢子梗短小集成分生孢子

盘，无色，棍棒状，顶端着生分生孢子。分生孢子无色，双胞，稀有单胞混生。

3. 要求

观察症状，镜检病原形态。

(四)苹果炭疽病

1. 症状

主要侵害果实，略发生于枝干。初果实表面呈淡褐色圆形病斑，后扩大，作水浸状凹陷，斑上有同心轮纹，后期在灰白色的病斑上密生黑色小粒(分生孢子盘)，终使果实腐败。水湿时，病斑上分泌鲜肉色的粉质物(分生孢子)。

2. 病原

Glomerella fructigena。常见于分生孢子阶段，极难见到子囊孢子阶段。分生孢子梗集成孢子盘，无色，单胞，分生孢子椭圆形，无色，单胞。

3. 要求

观察症状。

(五)葡萄褐斑病

1. 症状

初在叶脉周围发生多角形或圆形小病斑，中央黑褐色，边缘褐色，背面呈暗褐色，多数病斑愈合扩大，叶色变黄，早期脱落。

2. 病原

Isariopsis clavispora。分生孢子梗 10~30 根成囊状，暗褐色，1~5 个隔，顶端有 1~2 个分生孢子着生痕迹。分生孢子暗褐色，棍棒状，稍弯曲，有 7~12 个隔膜。

3. 要求

观察症状，分生孢子有 7~12 个隔膜。

(六)葡萄黑痘病

1. 症状

新梢、叶柄、蔓及卷须被害时，表面生圆形褐色小斑，后凹陷呈灰黑色，边缘暗色或紫色。果实被害时，表面生圆形小斑，后渐硬死，中央灰白色，外部暗褐色，稍凹陷，成"眼"状，果实较小，不能成熟，味道极酸。

2. 病原

Elsinoe ampelina，其无性阶段为 *Sphaceloma ampelina*，分生孢子长椭圆形，无色，稍弯曲，单胞，两端各有 1 个油球，分生孢子梗短小，集成分生孢子盘。

3. 要求

观察症状。

（七）葡萄霜霉病

1. 症状

主要侵害叶片，呈黄色至褐色，多角形或愈合成大斑，后期叶背产生霜霉（孢囊梗和孢子囊）。

2. 病原

Plasmopara viticola，属鞭毛菌亚门霜霉属。孢囊梗无色，单轴分枝，孢子囊无色，单胞，卵形或椭圆形，顶端有乳头状突起。

3. 要求

观察症状，镜检病原。

（八）枇杷角斑病

1. 症状

叶片表面初生淡褐色病斑，后扩大成多角形，其上密生黑褐色或黑色霉状物。

2. 病原

Cercosporina eriobotryae，属半知菌亚门小尾孢属。分生孢子梗丛生，其基部着生于菌丝块上。初长出时形直无隔，淡褐色，分生孢子梗之类端弯曲，色亦较淡，有1~5个分隔，分生孢子梗无色，鞭状，直或弯曲，有3~8个分隔，每一细胞中有3~5个油球。

3. 要求

观察症状。

（九）枇杷灰斑病

1. 症状

主要侵害叶片，亦能侵害果实。初叶面呈规则的正圆形病斑，周缘明显，先淡褐色，后变成灰白色，病斑多蚊长出时常彼此相互融合成不规则大斑，可达叶半面以上。后于其上散生黑色小粒（分生孢子盘）。

2. 病原

Pestalotia funereal，属于半知菌亚门盘多毛孢菌。分生孢子梗集结成分生孢子盘，分生孢子梗无色，细短，分生孢子纺锤形，五胞，二胞无色，中央3个细胞暗褐色，顶端具2~3根无色纤毛。

3. 要求

观察症状，镜检病原。

三、作业与思考题

1. 绘制桃褐腐病病原形态图。
2. 绘制葡萄黑痘病症状图。
3. 绘制葡萄霜霉病病原形态图。

4. 绘制枇杷灰斑病病原形态图。

Ⅲ. 经济林病害及病原观察(一)

一、实验目的

识别油茶、油桐、油橄榄、漆树等病害的症状特点及其主要病害的病原形态。

二、实验内容及方法

(一)油茶病害

1. 油茶炭疽病

(1)症状

危害叶、果实、枝梢、花蕾。

果实：典型病斑圆形，有时数个愈合，棕褐色或黑褐色，后期病斑上出现轮生小黑点。高湿时，产生颗粒状、粉红色粉质的分生孢子盘。

叶片：多在叶尖或叶缘产生半圆形或不规则形，呈云纹状，中心灰白色病斑，内生小黑点，即分生孢子盘。

枝梢：多发生在基部或中部，椭圆形或楔形，略下陷，边缘淡红色至黑褐色，中部带灰色，有黑色小点及纵向裂纹，环梢一圈时，病部以上枯萎。

花蕾：病斑不规则，多发生在基部鳞片上，后期灰白色，上有小黑点。

(2)病原

Colletrichum camelliae，属半知菌亚门黑盘孢目山茶刺盘孢菌。分生孢子盘埋生在病组织表皮下，分生孢子长椭圆形，或肾形，单胞，分生孢子梗无色，棍棒形，刚毛暗褐色，顶端尖锐。

(3)要求

观察病叶、病果的症状特征，并镜检病原菌。

2. 油茶软腐病

(1)症状

危害叶片、果实。叶片：初期出现圆形或半圆形水渍状病斑，阴湿天气迅速扩展为土黄色大斑，叶肉腐烂，只留表皮。病叶易脱落，称软腐型。另一种为枯斑型，即当天晴时，病菌停止扩展，病斑周围出现木栓化略隆起的细线。这两种类型的病斑到后期均能长出土黄色"蘑菇状"小颗粒。果实受害初为水渍状，后扩展成土黄色或褐色圆斑，组织腐烂发软，其上也只有"蘑菇状"菌体。天气干燥时，病果开裂脱落。

(2)病原

Agaricodochium camelliae，半知菌亚门丝孢菌纲伞座孢属。"蘑菇状"子实体即为分生孢子座，呈垫状，分生孢子座上只有长柱型分生孢子梗，为重复分枝，具隔膜，分生孢子球形或卵球形。

（3）要求

观察症状及用放大镜观察病斑上子实体。

附：油茶其他病害的症状特点（见表5-2）：

表5-2 油茶其他病害的症状特点

病 名	危害部位	症 状
煤污病	叶、枝条	叶正面和枝条表面产生黑色烟煤状物，初为黑色圆形，随着叶片生长，逐渐增多，在叶面形成一霉层，发病重时整株枯死
叶肿病	叶、嫩梢、花、子房	叶正面初呈淡黄色，后转为红色，肥肿；背面初为灰色，后生一层白色粉状物，即担子和担孢子。子房生病后略畸形，肿大如桃，初为白色，间或出现褐色裂纹，最后变黑
半边疯	枝条、干	发生于树干中下部及枝上，病部呈石膏样白色菌膜，病部凹陷呈溃疡状，病斑纵向扩展较快，左右和内部扩展较慢，因此呈长条状
白绢病	根（苗木）	苗木受害后根部皮层腐烂，使全株枯死，潮湿时根茎表面产生菌索，后期根表面形成油菜籽状菌核
桑寄生	枝干	在油茶枝干上长有叶的小灌木，被害部位产生畸形肿胀现象

（二）油桐病害

1. 油桐枯萎病

（1）症状

只危害三年桐，病株木质部或髓部变褐坏死，病部呈赤褐色湿润状条斑，后期病部长有橙红色分生孢子座。

（2）病原

Fusarium oxysporun，为半知菌亚门瘤座菌目的一种镰刀菌。能产生2种类型的分生孢子，大型分生孢子镰刀型，3~5个分隔，无色。小型分生孢子卵圆形，单胞或2~3个细胞，无色，在不适宜条件下能产生原垣孢子。

（3）要求

观察症状及镜检病原。

2. 油桐叶斑病

（1）症状

危害叶、果实，叶部病斑多角形或近圆形，褐色，多数病斑可愈合成大斑，叶正面颜色比背面深（正面淡褐色至黑褐色，背面黄褐色），后期叶正反面均有新栽秧苗状的黑色霉层。果实上生淡褐色圆形病斑，后扩大为椭圆形黑色病斑，稍微下陷，并有黑色霉层。

（2）病原

有性阶段是子囊菌亚门座囊菌目球腔菌属的油桐小球腔菌（*Mycosphaerella aleuritidis*）子囊腔黑色球形，子囊呈棍棒状，子囊孢子双细胞，无色，椭圆形，双行排列。无性阶段是半知菌亚门丝孢纲丝孢菌目的油桐尾孢菌（*Cercospora aleuritidis*），分生孢子梗着生于子座上，淡褐色，单细胞或 1~5 个分隔，顶端曲膝状，分生孢子尾鞭状，多细胞，无色。

(3)要求

观察症状及镜检病原。

(三)油橄榄炭疽病病害

(1)症状

主要危害果实，引起落果，也危害叶片。当开始坐果时感染，使幼果脱落。到果实中后期感病，病斑上出现椭圆形褐斑，病斑中央略凹。最后病斑中央部分转呈灰白色，出现细小颗粒状黑点，即分生孢子盘。叶片感病时嫩叶尖端枯萎。

(2)病原

Gloesoporium olirarum，为半知门菌亚门黑盘孢目盘长孢属。分生孢子盘埋生于表皮下，后突出表皮。分生孢子梗长椭圆形，单细胞，无色。分生孢子盘无刚毛。

(3)要求

观察症状，镜检病原。

(四)银杏、漆树、杜仲、油橄榄等苗木立枯病(猝倒病)

(1)症状

①种芽腐烂型：种芽出土前受到病菌侵入而腐烂，发生在种子出土以前。

②梢腐型：苗刚出土，茎叶发黑腐烂，呈现钩头症状，发生在子叶期。

③猝倒型：苗根基部受病菌侵染而发黑，溢缩、猝倒。发生在苗木木质化以前。

④立枯型：病菌自根部侵入，使之腐烂，苗枯黄，但不倒伏。发生在苗木木质化以后。

(2)病原

引起立枯病的病原主要有镰刀菌、丝核菌、腐霉菌和交链孢菌。观察示范镜。

三、作业与思考题

1. 绘制油茶炭疽病病原形态图。
2. 绘制油茶软腐病症状图。
3. 绘制油桐枯萎病病原形态图。
4. 绘制油橄榄炭疽病病原形态图。

Ⅳ. 经济林病害及病原观察(二)

一、实验目的

识别核桃、板栗、毛竹等病害的症状特点及其主要病害的病原形态。

二、实验内容及方法

（一）核桃细菌性叶斑病

1. 症状

危害叶、新梢和果实。叶片上病斑点呈圆形或多角形，严重的能相互愈合，有时病斑外围有一黄色晕圈，中央灰褐色，部分有时脱落，形成穿孔。枝梢上的病斑长形。褐色，稍凹陷。果实上初呈小而微隆起的软斑，后扩大，下陷变黑，腐烂严重的可达核红。

2. 病原

由细菌 *Xanthomonas juglandis* 引起。

3. 要求

用快速诊断法诊断细菌病害。

（二）核桃枝枯病

1. 症状

多发生在 1~2 年生的枝条上，受害枝条上的叶片变黄脱落，病枝皮层颜色变褐色或黑色，病孔枝干木栓层下散生黑色的病菌分生孢子盘。

2. 要求

观察症状。

（三）板栗干枯病（疫病）

1. 症状

发病枝条肿大，枝条纵向开裂。春季，受害树皮上有许多黄色瘤状子座。以后子座变橘红色，其中形成子囊壳。在树皮和木质部之间有白色和黄褐色菌丝层。

2. 病原

有性阶段为子囊菌亚门球壳菌目栗疫菌（*Endothia parasitica*）。子囊壳烧瓶状，有长颈，黑色，10~40 个不同深浅的埋在子座中，子囊棍棒形，无色，子囊孢子双细胞，椭圆形或卵圆形，中间分隔处稍有溢缩。无性阶段只鉴定到半知菌球壳孢目。

3. 要求

观察症状，镜检病原。

（四）板栗白粉病

1. 症状

叶片上形成黄白色病斑，在叶背及嫩枝表面形成一层白粉（菌丝及粉孢子），后期白粉上产生黑色小点，即病菌的闭囊壳。

2. 病原

有性阶段为子囊体菌亚门白粉菌目球针壳属的 *Phyllactinia corylea*。闭囊壳黑色球形，上生球针状附属丝，闭囊壳内子囊多个，子囊孢子单细胞，无色。无性阶段为半知菌亚门丝孢目粉孢属，分生孢子单生，近倒卵形，形成于梗的顶端。

3. 要求

观察症状，取病叶上的闭囊壳镜检。

(五)毛竹枯梢病

1. 症状

发病部位在主梢或枝梢的节叉处，病斑褐色至酱紫色，棱形或舌形，当病斑绕主梢或枝条一周时，病斑的上部叶片萎蔫，纵卷，枯黄脱落，根据病斑发生部位可分为枝枯型、梢枯型、株枯型。

2. 病原

Ceratosphacria phyllostachyolis，子囊菌亚门球壳菌目喙球壳属。子囊壳球形或近球形，具喙，子囊棍棒状，子囊孢子多细胞，只有横隔膜。

3. 要求

观察症状，注意发病部位的病菌子实体。取永久玻片镜检。

(六)竹秆锈病

1. 症状

发生于竹秆上，病斑椭圆形或长条形，病菌的夏孢子堆为铁锈色粉质垫状物，冬孢子堆为橙黄色草质的垫状物。

2. 病原

Sterostratum corticioides，担子菌亚门。冬孢子椭圆形至圆形，先端厚，双细胞，有长柄，无色或淡黄色；夏孢子球形至倒卵形，有小刺，无色至淡黄色，单细胞。

3. 要求

识别症状特点，镜检冬孢子的形态特征。

(七)竹丛枝病

1. 症状

开始仅个别枝条发病，病枝细弱，叶形变小，节数增多，呈鸟巢状，病丛的嫩枝上叶片退化呈鳞片状，顶端叶梢内产生白色米粒状物，以后病枝多数枯死。

2. 病原

Balansia take，有性阶段属于子囊菌目球壳菌目瘤座菌。子囊壳烧瓶状，或卵形，子囊线性，子囊孢子丝状，3 个细胞，两端细胞较粗短，中间细胞较细长，无性阶段为半知菌亚门球壳孢目毡孢属，分生孢子皿不规则，埋生在假菌核的内腔，无孔口，分生孢子无色，形状和子囊孢子相似。

3. 要求

识别丛枝病症状，镜检病原菌。

（八）竹赤团子病

1. 症状

该病发生在小枝上，开始小枝叶鞘膨大破裂，灰白色小块，肉质，后变为木栓质，增大呈椭圆形或不规则形，表面肉质、粉红色的块状物，即病菌的子座。

2. 病原

Shiraia bambusicola，属子囊菌亚门球壳孢目竹黄属。子座大型，子囊壳球形，每个子囊内壳有 6 个子囊孢子，子囊孢子长纺锤形，具纵横隔膜，初无色，后略呈暗色。

3. 要求

识别竹赤团子病症状，镜检病原菌。

（九）毛竹秆（笋）基腐病

1. 症状

初期病斑出现在毛笋基部，笋箨包被的几节笋壁上出现浅褐色，呈星星点点状，以后笋箨脱落，病斑愈合，并出现白色或淡紫色的菌落及淡红色的分生孢子堆。严重的笋全部枯萎，表面产生皱纹，并有恶臭。受害轻的在竹秆基部留下 1 至数条带状或块状烂疤，随着幼竹木质化程度加强，病斑中央产生裂缝或空洞，颜色由酱紫色转为苍白色。

2. 要求

认识该病的症状特点。

（十）板栗、乌桕、银杏等苗木茎腐病症状观察

1. 症状

以银杏茎腐病为例。病菌侵入苗木茎基部，使其变褐，发展成皮层腐烂，叶片下垂但不脱落，内皮层腐烂呈海绵状或粉末状，并有许多细小的黑色小菌核，病菌也可侵入木质部和根部。

2. 要求

观察症状。

三、作业与思考题

1. 绘制板栗疫病的病原形态图。
2. 绘制毛竹枯梢病的病原形态图。
3. 绘制竹秆锈病病原冬孢子形态图。
4. 绘制苗木茎腐病症状图。

V. 用材林病害及病原观察

一、实验目的

识别杉木、松树等病害的症状特点及其主要病害的病原形态。

二、实验内容及方法

(一) 杉木黄化病

1. 症状

主要表现在杉木针叶由下而上和由内向外，逐渐失绿变黄。一般在 7~8 月的高温干旱季节较为明显，但严重的 5~6 月就开始出现黄化。

2. 病原

杉木黄化病是一种非侵染性病害，发病的外因主要有以下几个方面。

①土壤含水量过低：因为土壤含水量过低，不仅使植株得不到充足的水分，同时也降低了植株对矿质营养的吸收利用。

②土壤含水量过高：含水量过高，通气不良，使杉木根系得不到应有的氧气，导致根系窒息腐烂。

③成土母质不适宜：杉木要求土壤疏松肥沃。种植在由网纹层发育的红黏土，由石灰和钙质页岩风化的母质发育的红壤，由紫色页岩风化的母质发育的紫色土，杉木易发生黄化。

④土壤中养分贫乏。

⑤孤山风折和雪压。

⑥栽植与抚育不当。

3. 要求

观察症状。

(二) 杉木炭疽病

1. 症状

杉木炭疽病的典型症状是颈枯，俗称"卡脖子"，即在梢头顶芽以下 10 cm 内的针叶发病。病叶先端褐色，或在针叶中段产生不规则形黑褐色病斑，然后针叶枯死，并扩展到嫩茎上，逐渐使病茎变黑褐色枯死，发病轻的，嫩茎不枯死，顶芽仍能抽发新梢。枯死不久的针叶上产生黑褐色粒点，潮湿时则产生粉红色粒点，是病菌的分生孢子盘和分生孢子堆，潮湿时间较长时，病叶上形成一些黑色炭质粒点，是病菌的子囊壳。

2. 病原

由子囊菌中的围小丛壳菌 (*Glomezella cingulata*) 侵染所致，病菌的无性阶段是

Colletotrichum sp. 分生孢子盘埋生在病组织表皮下，分生孢子长椭圆形或肾形，单胞，分生孢子梗无色，棍棒形。

3. 要求

观察症状，镜检病原。

（三）杉木细菌性叶斑病

1. 症状

在当年新生叶上，最初出现针头大小淡褐色斑点，周围有淡黄色晕圈，以后病斑扩大，呈不规则形，暗褐色，周围有半透明环带。外围有时出现淡红褐色或淡黄色水渍状变色区。病斑进一步扩大使针叶变成褐色，最后病斑以上部分或全叶枯死。

嫩梢上病斑开始时同嫩叶相似，后扩展成枝形，晕圈不明显，严重时多数病斑会合，嫩梢变弱枯死。

2. 病原

杉木假单胞杆菌（*Pseudomonaus cunnighamiae*）。菌体单生，短杆状，两端5~7根鞭毛（两端生）。

3. 要求

观察症状，镜检病原。

（四）松针褐斑病

1. 症状

感病针叶先产生退色小段斑，随着段斑的扩展，中间开始变褐色，并迅速扩大形成褐色圆斑，后来在褐色的病斑中产生黑色小点状子实体，初埋生在寄主表皮下，成熟时逐渐突破表皮外露，最后病斑上部叶尖枯死，同一针叶上有很多病斑时常全叶枯死脱落。

2. 病原

病原为子囊菌（*Scizzhia acicola*）。在美国可见其有性阶段，子囊棍棒状、子囊孢子双细胞。在我国还未发现有性阶段。无性阶段为半知菌黑盘孢目的 *Lecanosticta acicola*，黑色子座埋生于表皮下叶肉组织中，块状，子座上部平展呈盘状，分生孢子梗淡褐色，无分隔，分生孢子暗褐色、细长，两端钝圆，多为新月形或不规则弯曲，具1~3分隔，有时达6~7分隔。

3. 要求

观察症状，镜检病原。

（五）松瘤锈病

1. 症状

枝干受病处形成木瘤，通常圆形、卵圆形，生长在主干的大瘤，有时直径可达60 cm，瘤外密生裂纹，有时一株树上可生上百个瘤，严重影响松树的生长。

每年早春，从瘤裂缝处溢出蜜黄色液滴，其中有精子，以后在表皮下产生黄色疱状锈孢子器。锈孢子器一般4月下旬成熟，黄粉状锈孢子侵染栎属树木，5月下旬，在栎叶背面产生夏孢子堆，到7月上旬在夏孢子堆重生长褐色的毛状物，即病菌的冬孢子堆。

2. 病原

担子菌锈目的栎柱锈菌(*Cronartium quercuum*)是一种长循环型的转主寄生锈菌，冬孢子堆毛发状、冬孢子长方形，四边愈合成冬孢子柱。

3. 要求

观察症状，镜检病原。

(六)其他常见松针病害

见表5-3。

表5-3　几种常见的松针病害

名称	松针锈病	松叶枯病	松落针病
分布与危害	国内广泛分布，寄主有马尾松、赤松、黑松、红松、华山松、湿地松、火炬松等	危害松苗及幼树、南方各省普遍分布，寄主有马尾松、黑松、黄山松、海南松等	我国广泛分布，松属几乎都感病
症状	病叶出现黄色段斑，病斑上出现黄白色的泡状或扁平似舌状的突起物，即病菌的锈孢子器	病叶成段地变为灰褐色，病斑上生有许多气孔线排列的黑色霉点，即病菌的子实体	在病落叶上先出现纤细的黑色横线，将针叶分割成若干段，在横线间产生长椭圆形黑色小点后又产生具油漆光泽、中央有条纵缝的黑色长圆形突起的颗粒，即子实体
病原	*Coleosporium* sp. 约20种，0、Ⅰ寄生在花木上，Ⅱ、Ⅲ寄生在草本上	*Cercospora pini-densiflorue* 赤松尾孢菌	*Lophodermium pinastri* 松散斑壳菌

三、作业与思考题

1. 绘制杉木炭疽病病原形态图。
2. 绘制杉木细菌性叶斑病症状图。
3. 绘制松针褐斑病病原形态图。
4. 绘制松瘤锈病病原形态图。

Ⅵ. 主要园林植物病害及病原观察(一)

一、实验目的

识别主要园林植物病害的症状特点及其主要病害的病原形态。

二、实验内容及方法

（一）白粉病

1. 症状

表生菌丝和分生孢子在寄主表面形成一层白粉状病症。

2. 病原

无性繁殖产生大量椭圆形的分生孢子。有性生殖形成的子囊果是闭囊壳，内生1个或多个有规律排列的子囊，子囊壳上生有各种形状的附属丝。

球针壳属（*Phyllactinia*）引起板栗、枫杨白粉病。

单丝壳属（*Sphaerotheca*）引起月季、蔷薇、桃、凤仙花白粉病。

白粉菌属（*Erysiphe*）引起大麦、金盏菊白粉病。

叉丝壳属（*Microsphaera*）引起板栗、胡桃白粉病。

钩丝壳属（*Uncinula*）引起葡萄、黄栌白粉病。

3. 要求

观察症状，镜检病原。

（二）锈病

1. 症状

一切锈菌都能在病部产生锈黄色或铁锈色的病症——锈状物。

2. 病原

锈菌生活史中可产生多种类型的孢子，最多的有5种，即性孢子、锈孢子、夏孢子、冬孢子和担孢子。而冬孢子的形态差异比较大，作为分类的主要依据。

①层锈菌属（*Phakospora*）：冬孢子多层，单细胞在寄主表皮下，不规则的排列多层，如枣锈病。

②柱锈菌属（*Cronartium*）：冬孢子单细胞上下左右联合成粒状，如松-栎锈病。

③胶锈菌属（*Gymnosporagium*）：冬孢子双细胞，柄很长遇水化形成无色、角状冬孢子堆，如梨-桧锈病。

④硬层锈菌属（*Stereostratum*）：冬孢子双细胞，冬孢子堆平铺，呈毛毡状。

⑤多胞锈菌属（*Phragmidium*）：冬孢子多细胞，冬孢子柄扁平，多数寄生在植物茎上。如蔷薇科植物锈病。

⑥黏锈属（*Coleosporium*）：冬孢子单细胞，无色，壁光滑，顶端较厚，胶质。如松树锈病。

⑦夏孢锈属（*Uredo*）：夏孢子叶背生，近无色或淡黄褐色，近圆形、卵圆形，密生细刺。如竹叶锈病。

3. 要求

观察症状，镜检病原。

（三）炭疽病

1. 症状

该病多发生在叶片上，初在叶片上产生褐色圆斑，后逐渐扩大，并在表面长出轮纹状排列的小黑点，这是病原菌的分生孢子盘，当天气潮湿时，病斑上长出粉红色的黏质物，即病原菌的分生孢子团。

2. 病原

炭疽菌属（*Colletotrichum*）。分生孢子盘生于寄主表皮下，有时生有褐色、具分隔的刚毛；分生孢子梗无色至褐色，内壁芽生瓶梗式产孢；分生孢子无色，单胞，长椭圆形或新月形，萌发后芽管顶端常产生附着胞。

可以引起许多植物的炭疽病，如米兰、鸡冠花、桂花、山茶、百合、含笑、仙人掌等炭疽病。

3. 要求

观察症状，镜检病原。

三、作业与思考题

1. 绘制 2 种白粉病病原形态图。
2. 绘制炭疽菌形态图。
3. 绘制 1 种锈病病原形态图。

VII. 主要园林植物病害及病原观察（二）

一、实验目的

识别主要园林植物病害的症状特点及主要病害的病原形态。

二、实验内容及方法

（一）月季黑斑病

1. 症状

此病主要危害叶片，发病初期叶片上长出一种褐色放射状病斑，边缘不明显，以后病斑逐渐扩大为圆形或近圆形，直径 4~12 mm，紫褐色或黑褐色，边缘明显，得病部分坏死，上生黑色小点即病原菌的分生孢子盘。发病严重植株，下部叶子枯黄，导致早期落叶，影响生长。

2. 病原

Actinonema rosae，子囊菌亚门盘菌纲柔膜菌目皮盘菌科双孢盘菌属。子囊盘生于越冬病叶的表皮，球形至盘形，深褐色，直径 110~230 μm。裂口辐射状。我国有性世代尚未发现。无性世代月季黑斑病属半知菌亚门腔孢纲黑盘孢目黑盘孢科放线孢

属。分生孢子盘生于角质下，分生孢子双细胞，椭圆形或葫芦形，分隔处缢缩，无色，大小为(18~25) μm × (5~6) μm。

3. 要求

观察症状，镜检病原。

(二)郁金香褐斑病

1. 症状

主要发生于叶、花及球根上。叶上初为淡黄的褪色小斑，沿叶脉延伸，逐渐扩大呈圆形或不规则形灰白色或灰褐色病斑，中间稍凹陷，病斑四周有暗水渍状斑纹，边缘褐色，潮湿时病斑上覆盖灰霉层，全叶腐烂，产生大量的分生孢子。花瓣发病则产生灰白色或黄褐色小点，散生黑色具碎白点花纹的菌核，后扩大呈深褐色，造成花枯并于花瓣上产生黑色菌核。花芽受害引起芽枯和花不能开放。茎上发病边缘褐色呈下陷的小斑，病斑较长，凹陷较深，造成折倒腐烂。球根发病外皮上往往褪色碎裂，上有凹陷的绿色或褐绿色病斑，其上形成菜籽粒大小的黑色菌丝，带病的鳞茎长出幼苗黄绿色矮化，花干枯。

2. 病原

Botrytis tulipoe，半知菌亚门丝孢纲丝孢目丝孢科葡萄孢属。分生孢子梗大小为(280~550) μm × (12~24) μm，丛生，灰色，后转褐色。分生孢子亚球形或卵形。有性世代为富氏葡萄盘菌(*Botryotinia fuckeliana*)。

3. 要求

观察症状，镜检病原。

(三)菊花灰斑病

1. 症状

病菌侵染叶片，多从叶尖、叶缘发生，病斑呈圆形、半圆形或不规则形，中部暗灰色。病斑两面生小霉点，边缘有褐色隆起的线纹。

2. 病原

Cercospora chrysanthemi，半知菌亚门丝孢纲丝孢目暗色孢科尾孢属。子座不发达；分生孢子梗有时密集，暗褐色，有屈曲，偶尔膨大，顶端平切状，有孢子痕，大小为(20~80) μm × (3.5~5) μm，分生孢子针形，无色，基部平切，顶端尖，直或稍弯，多隔，大小为(40~125) μm × (2~4) μm。

3. 要求

观察症状，镜检病原。

(四)山茶灰斑病

1. 症状

主要危害山茶花叶和嫩梢。叶片上病斑主要发生在成叶或老叶上。病菌多从叶尖或叶缘侵入，初为黄绿色小点，逐渐扩大呈近圆形、半圆形或不规则的大斑，黑褐色，边缘明显隆起，病部与健部界限分明。病斑间可相互愈合。病斑直径为 10~20 mm，叶可达 30 mm 左右。后期在病斑上产生浓黑色小点。散生或呈不明显的轮纹状排列。在潮湿环境下，从小黑点中涌出黑色的胶状物，此即分生孢子角。发生严重时，病叶干枯、破裂、脱落。在茶花新梢上，病斑长形，浅褐色，水渍状，边缘明显，后逐渐凹陷、缢缩、有不连续的具有小纵裂的溃疡斑。病斑大小从 3~4 mm 到 10~30 mm。新梢感病后，常又造成从新梢基部或全部陆续枯折脱节，树势严重衰弱。

2. 病原

Pestalotia desm，半知菌亚门腔孢纲黑盘孢目黑盘孢科盘多毛孢属。分生孢子盘生于表皮下，后突破表皮外露，黑色，直径 90~170 μm。分生孢子纺锤形，有 4 个分隔，中间的细胞为橄榄色，两端的细胞无色，大小为 (14~28) μm × (5.0~6.4) μm，顶端有鞭毛 2~3 根。

3. 要求

观察症状，镜检病原。

（五）桂花枯斑病

1. 症状

病菌多从叶缘、叶尖侵入。开始为淡褐色小点，后扩大为不规则的大型斑块，若几个病斑连结，全叶便干枯 1/3~1/2。病斑灰褐色，有时卷曲脆裂，边缘色浓，稍突起，后期叶表面散生很多小黑点。

2. 病原

Phyllosticta osmanthicola，半知菌亚门腔孢纲球壳孢科叶点霉属。病部上的小黑点即病菌的分生孢子器。分生孢子器近球形，有孔口，直径 100~150 μm；分生孢子长圆形至近梭形，无色，单胞，大小为 (6.0~9.5) μm × (1.8~2.5) μm。

3. 要求

观察症状，镜检病原。

（六）仙客来叶斑病

1. 症状

此病发生在叶片上，病斑多数为小型病斑，圆形或不规则形，大小不等，杂生在叶上，边缘清晰，一半在 5 mm 以下。后期病斑有黑色小点。

2. 病原

Phyllosticta，半知菌亚门腔孢纲球壳孢目球壳孢科叶点霉属。

3. 要求

观察症状，镜检病原。

（七）月季灰霉病

1. 症状

此病发生在叶缘和叶尖，初为水渍状小斑，光滑稍有下陷。蕾上病斑与叶上相似，唯水渍状的不规则病斑以后扩大全部，变软腐败，产生灰褐色霉状物，花蕾变褐枯死。花瓣被侵染后变褐色皱缩腐败。黑色的病部可以从侵染点向下延伸数厘米。在温暖潮湿的情况下，灰色霉层可以长满被侵染的部位。

2. 病原

Botrytis cinerea，半知菌亚门丝孢纲丝孢目丝孢科葡萄孢属。分生孢子梗大小为（280~550）μm×（12~24）μm，丛生，灰色，后转为褐色。分生孢子亚球形或卵形，大小为(9~15) μm×(6.5~10) μm。

3. 要求

观察症状，镜检病原。

（八）牡丹灰霉病

1. 症状

叶片被害后，病斑近圆形，常发生于叶尖或边缘，紫褐色或褐色，具不规则的轮纹。花被害后同样变为褐色呈软腐状，早期被害形成芽腐，天气潮湿时，长出灰霉状物，即病菌的分生孢子。茎上病斑褐色，往往软腐，使植株折倒。茎基部被害时能引起全株倒伏。花被害时同样变褐，软腐，并产生灰色霉状物，病部有时产生黑颗粒，即病原。

2. 病原

Botrytis paeoniae，半知菌亚门丝孢纲丝孢目丝孢科葡萄孢属。分生孢子倒卵形或椭圆形，无色或微着色，大小为(16~18) μm×(7~7.5) μm；菌核小，断面直径约1 mm。该菌也侵染芍药，危害寄主各部分，基部受害时，可引起立枯病。

3. 要求

观察症状，镜检病原。

三、作业与思考题

1. 绘制月季黑斑病病原形态图。
2. 绘制菊花灰斑病病原形态图。
3. 绘制牡丹灰霉病病原形态图。
4. 绘制仙客来叶斑病病原形态图。

第六章　植物虫害基础研究方法

昆虫学综合实习技术是植物保护、林学、园艺、园林等相关专业学生必须掌握的一项基本技能，也是一门实践性较强的课程。通过综合实习技术的学习可以增加学生对所学理论内容的感性认识，提高学生的实践能力和综合素质。实习的主要目的是学习昆虫标本的采集、制作、保存和鉴定的方法；了解昆虫与环境之间的协调关系，以及昆虫对于生物多样性的意义，扩大和丰富学生的知识面；通过接触大自然，培养学生对昆虫的兴趣，激发其对学习的积极性和主动性。希望通过本实习，可以培养学生的创新意识和独立工作的能力，以及吃苦耐劳和团队协作的精神，促进学生之间和师生之间的交流，全面提高学生综合素质。

同时，昆虫学野外实习又是从事昆虫学研究和教学的重要环节，可以为其提供必要的研究材料和教学标本。

实习一　昆虫学野外实习技术

一、昆虫标本的采集

(一)采集昆虫的注意事项

1. 爱护大自然

在野外进行采集活动时，要爱护大自然，尽量减少对生态环境的破坏，如尽可能只采集昆虫或被昆虫危害部位，减少对寄主植物的破坏。另外，在森林等区域不能进行野炊等活动，避免引起火灾。

2. 取得采集许可证

一般进入国家级自然保护区等区域采集标本，都要经过审批，获得相应的采集许可证。

3. 全面采集

对初学昆虫的人来说，采集要全面，不能只凭兴趣和爱好。要克服专采大虫不采小虫，专采美丽的不采难看的，只采特别的不采一般的，一种昆虫只采一个不采第二个，有雄的不要雌的，有了成虫不要幼虫，只采飞的不采隐藏的等毛病。只有全面采集才能知道昆虫的种类、数量和分布情况，进而进行比较鉴定；也才能采到珍贵的标本。

4. 标本完整

采集标本时，一定要注意采集方法的正确性，保证标本的完整，否则将极大地失去其教学标本的意义，保存价值也将大打折扣。

5. 正确记录

每一次采集标本后，要及时记录采集地点、时间、采集人、寄主、海拔等必要信息，以便于制作标本时使用。

6. 注意安全

遵守实习纪律和国家法律，听从老师的指挥，分组进行活动，以免单人行动发生危险。不得进行捅马蜂窝、游泳等与采集昆虫标本无关的危险活动。

7~9 月是蛇活动的高峰期，要小心被蛇咬伤，更不要去捉蛇。一旦被毒蛇咬伤，不要惊慌乱跑，减少活动，尽可能延缓蛇毒扩散；迅速用止血带或布条在距伤口 5~10 cm 的肢体近端捆扎，间隔 0.5 h 放松 3~5 min，以减缓毒素吸收入血；用小刀把伤口切开，用清水、茶水冲洗伤口。没有条件的，也可以用火柴、烟头烧灼伤口，破坏蛇毒。在自救的同时，要迅速送有救治经验的医院抢救，千万不要到处乱转而延误了救治时间。

(二)采集昆虫的工具

1. 采集工具准备

①野外实习工具：每个实习小组需要以下一些工具和用品：捕虫网 2 把；氰化钾毒瓶 2 个；乙酸乙酯 1 瓶；棉花包 30~40 个；工具包 1 个；诱虫灯 1 套；镊子 2 把；钢笔 2 支；放大镜 2 个；剪刀 1 把；小刀 1 把；50 mL 广口瓶 10 个；手电筒 2 把；标本保存液 1 瓶；蛇药 1 瓶等。

②校内实习工具：室内的标本整理工作需要以下工具和用品：以 30 人为例，共需要生物显微镜 30 台；标本盒 30 个；昆虫针(各种型号)100 包；三级台 6 个；胶水 1 瓶；标本盒 15 个；采集标签纸 30 张；培养皿 15 套；泡沫板 30 张；普通昆虫学、昆虫分类学等相关教材。

2. 主要采集工具

(1)捕虫网

通常捕虫网由手柄、网圈和网袋组成，是采集昆虫时最为常见的工具之一(图 6-1)。捕虫网主要用于捕捉正在飞行或停落的活泼昆虫，如蝴蝶、蜻蜓、蝗虫等。另外，还可以用来扫捕草丛等茂密植物上的昆虫，如飞虱、蝇类、蜂类，可以采用边行走边扫网的方式，注意捕虫网要呈"8"字形来回寻扫。在收集昆虫时，注意翻转网口使网圈和网袋叠合一部分，将毒瓶深入网中取虫，切勿张开网口直接取虫。

(2)采集袋

采集袋是用来携带其他采集工具的背包，内有各式小格，适合放置各种采集工具，如毒瓶、棉花包、三角纸、指形管等。

(3)毒瓶和毒管

毒瓶和毒管是用来快速毒杀昆虫的重要工具，可以更好地保持标本的完整性。

毒瓶制作较为简单，瓶下部放入一些氰化物(氰化钾或氰化钠)，然后盖上一层木屑(锯木)，用木棍把木屑压紧，在上面放一层石膏糊，最后铺上一层滤纸即可(图 6-2)。另外，可以放入一些纸条，减少昆虫之间相互接触，保证标本的完整性。氰化

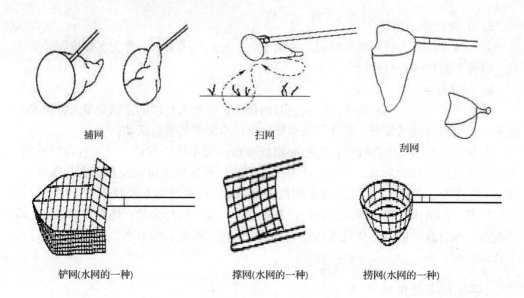

捕网　扫网　刮网

铲网(水网的一种)　撑网(水网的一种)　捞网(水网的一种)

图6-1　捕虫网的使用图解

物(氰化钾或氰化钠)是一种剧毒的毒剂,当氰化物遇水放出氰化氢,毒性非常强,可以瞬间毒死昆虫,但是在使用时切记不要接触皮肤。如果误将毒瓶打碎,可将碎片放入另外一个空瓶,深埋土中。

石膏
锯末
KCN

图6-2　毒瓶的构造

由于氰化物的剧毒性和危险性,通常也可以用乙酸乙酯、三氯甲烷、四氯甲烷和敌敌畏等作为毒剂制作简易毒瓶。具体方法是在广口瓶内放入一些棉花团,倒入少量乙酸乙酯,然后铺上一层滤纸即可。但这种简易毒瓶的缺点是药剂容易挥发,要及时加药。

注意在使用毒瓶时,鳞翅目昆虫一般要单独使用一个毒瓶,尤其是不能与其他甲虫混用,否则容易损坏鳞翅目标本。对于一些体型较大的蛾类或蝴蝶,也可以采用注射器注射乙醚或40%石炭酸或95%酒精的方法将其致死。

(4)吸虫管

吸虫管主要用于捕捉一些微小或不易拿取的昆虫,如小蜂、飞虱、蚜虫等。

吸虫管一般包括玻璃管体、吸气小管、吸虫小管以及橡胶塞或软木塞等部分组成,吸气小管上套接橡胶软管,橡胶软管的另一端接有可以更换的吸嘴,而且吸气小管在管体内的一端有一尼龙纱或金属丝网的过滤芯,可以防止微型昆虫或虫体上的鳞片等碎屑吸入口内(图6-3)。

(5)三角纸袋

成虫一般应该在当天或第二天就要做成标本,因为几天后

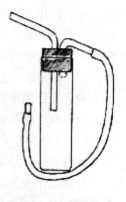

图6-3　吸虫管

昆虫变得干硬而不易制作。但采集昆虫往往在野外进行，不能随采随制标本，因此可把毒死的标本放在三角纸袋或棉花包内暂时保存。

三角纸袋可以直接购买，也可以自行制作。

三角纸袋主要用于装蝴蝶、蜻蜓等大型有翅昆虫。对于蝴蝶或蛾子等大型昆虫，我们可以采用直接捏胸致死的办法。以蝴蝶为例，首先将蝴蝶两对翅合并在其背面，然后用右手的大拇指和食指捏蝴蝶胸部的两侧，用力捏到底，即可瞬间致死。因为一般昆虫胸部不含有内脏等器官，所以不会造成虫体破裂或损坏。

（6）棉花包

棉花包是用于临时保存标本的另一常用工具，用长方形的脱脂棉块外面包一层牛皮纸做成。可以用来临时保存甲虫、蜡类、蝗虫等中等个体而又有一定体积的昆虫标本。

（7）诱虫灯

常用诱虫灯是黑光灯，它可以发出330~400 nm波长的短波光，对昆虫有非常好的诱集效果。

在教学实习中，经常会采用一种自制的简易诱虫灯，通常由灯管、电线、白布和支架等组成，主要是利用昆虫的趋光性原理。一般是在19：00~23：00进行悬挂，最好是在无风又没有月光的夜晚，选择一个植物茂盛并有流水的地方挂灯，可以诱集到鳞翅目蛾类、鞘翅目金龟子、直翅目蝼蛄、同翅目飞虱等非常多的昆虫，是一种简便易行且效果非常好的采集方法。

（8）指形管和小瓶

指形管和小瓶可以用来临时保存吸虫管或网捕到的小型昆虫。

（9）其他

在野外采集时，还需要经常使用到的工具有剪刀、小刀、毛笔、镊子、放大镜、铅笔、记录本等。

（三）采集昆虫的方法

1. 活动性采集

①直接捕捉：对于部分大型的昆虫，如天牛、金龟子、蛾类幼虫等，可以直接用手捕捉。

②网捕：用捕虫网捕捉蝴蝶、蜻蜓等飞行或停落的昆虫。

③扫网：用捕虫网扫捕草丛和灌木丛，可以采集到很多隐蔽性比较强的小型昆虫。

④振落：这种方法适合捕捉具有假死性的昆虫，如天牛、象甲、叶甲等。通常可在树下铺上一个白布或捕虫伞，然后振动树枝，使虫因受振动而假死掉下，掉下的小虫可用毒瓶收集。

⑤搜索：主动在树皮缝隙、砖石及枯枝落叶下等隐蔽地方进行寻找。

2. 定点式采集

① 诱饵诱捕：诱饵诱捕主要是利用部分昆虫的趋化性，一种方法是将一定比例

的糖、醋、酒熬成糖浆，涂在树干上，或放入陷阱内，可以诱集到蝼蛄、夜蛾、甲虫等昆虫。另一种方法是将烂水果或腐肉等放入陷阱内，可以诱集到隐翅甲等腐食性昆虫。

② 灯光诱捕：详见本节"（二）采集昆虫的工具"中"2. 主要采集工具"介绍的"（7）诱虫灯"。

③ 马氏网：马氏网是一种架设于野外的、类似帐幕的采集工具，其底部和垂直面为黑色网，上部为白色网（图6-4）。当昆虫从地面下爬出，或地面飞行时受垂直面网拦截住。由于昆虫有向上爬行或向光的趋性，最后收集于顶部的收集杯中（收集杯需加入酒精）。

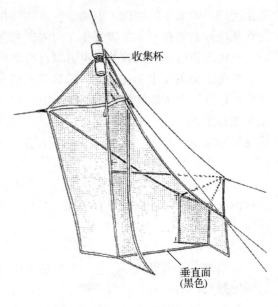

图6-4　马氏网

④黄板或黄盘诱集：适用于诱集蚜虫、寄生蜂等有趋黄性的昆虫。

⑤性诱集：有些雌蛾的腹末腺体能够分泌出一种气味，使距离遥远的雄虫"闻香而至"集聚在雌虫旁边，这样可以不费吹灰之力就捕到大量雄蛾。

3. 土壤昆虫的采集

（1）贝氏漏斗法

贝氏漏斗一般由漏斗主体、灯泡、金属过滤网和收集容器等部分组成，主要用于采集土壤性昆虫。先将可能含有昆虫的枯枝落叶和腐殖质等土壤物质一起倒入漏斗内进行晒网过滤，由于土壤昆虫的负趋光性，会向金属过滤网下爬行，掉入漏斗下的收集容器内。

另外，也可以采用金属过滤网机械筛选的方法，直接晃动漏斗，在漏斗下接一个托盘，个体较小的土壤昆虫会掉落在托盘内，然后可以用镊子等工具直接寻找目标昆虫。

（2）陷阱法

方法类似"诱饵诱捕"，在地表挖一个坑，将一个口杯或其他容器埋入，一般口杯或容器的开口处要平于或低于地表水平面，往往口杯内放有所要诱集昆虫喜欢取食的食物。

4. 水生昆虫的采集

水生昆虫可以采用专用的水网进行捕捉，也可以用捕虫网代替水网。适合捕捉水黾、划蝽、仰泳蝽、蝎蝽、龙虱等水生昆虫。

（四）采集昆虫的时间和地点

野外实习时间的确定必须考虑气候、昆虫活动期和食宿价格等因素。一年中有3

个比较理想的时间段：① 6 月初到 7 月初，这段时间天气还不是十分炎热，昆虫种类和数量也比较丰富；② 7 月初到 8 月底，这段时间正值学校的放假期间，时间比较充足，而且昆虫的种类和数量也是一年当中最为丰富的时期，但是缺点是气候炎热，而且正值旅游旺季，食宿价格比较贵；③ 9 月初到 10 月底，这段时间气候不是十分炎热，缺点是昆虫的种类和数量已相对减少。

实习地点应该具备以下几个方面的条件：① 自然植被茂密，区系分布复杂，生物多样性丰富；② 交通方便，能够提供必要的食宿条件；③ 与学校已经建立教学实习基地关系；④ 具有丰富的自然和社会资料。

二、昆虫标本的制作、保存及鉴定

（一）干制标本的制作与保存

1. 常用工具介绍

①昆虫针：昆虫针是制作昆虫干制标本的主要工具之一。根据其粗细程度分为 7 种型号，由细到粗分别是 00、0、1、2、3、4 和 5 号。

②三级台：三级台，又称三级板，是一种具有 3 个固定高度的木制工具，主要用来统一标本和标签的高度。三级板第 1 级高 26 mm，定标本的高度；三级板第 2 级高 14 mm，定采集标签的高度；三级板第 3 级高 7 mm，是定名标签的高度。但对于一些虫体较厚的标本，在第 1 级插好后，应倒转针头，在此级插下，使虫体上面露出 7 mm，以保持美观和方便提取（图 6-5）。

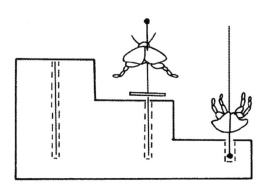

图 6-5　三级台

③展翅板：展翅板主要用来为蝴蝶和蛾类进行展翅。展翅板的中间有一个凹槽，用于放置昆虫的身体部分，两侧的平面用于展翅。

④还软器：如果蝴蝶、蛾类或甲虫等昆虫标本存放时间较长后，无法进行展翅，可以用还软器进行还软。具体方法是将一只干燥器底部放上一些清水，加几滴石炭酸，然后将昆虫连带三角纸包一起放在瓷板上，加盖密封，经 2~4 d 即能软化供标本制作。

⑤三角纸卡：三角纸卡主要适用于不适合采用针插方法的一些骨化程度较高的小

型昆虫，如小甲虫和小蜂类。

2. 干制标本的制作方法

（1）杀死

干制标本在制作前必须将昆虫杀死，主要采用毒瓶毒杀的方法。对于蝴蝶或蛾类等大型鳞翅目昆虫可以采用捏胸致死或注射酒精的方法致死。注意，对于一些体型较大且肠道内含物丰富的昆虫，如螳螂、蝗虫，在制作前需要解剖去除其肠道内含物。

（2）针插

①针插法：

昆虫针的选择：昆虫针分为00、0、1、2、3、4、5号7种，00号是短针，用来针插小型的昆虫，5号针最粗，用来针插体形粗大的昆虫。

针插部位：针插部位非常关键，一般应掌握一个原则，即在中胸背板中央偏右，这样可以保持标本稳定，又不破坏中央的特征。

昆虫纲7个主要目的昆虫针插部位具体如下（图6-6）：

同翅目：中胸偏右。

鳞翅目和蜻蜓目：需要展翅，插在中胸背板中央。

鞘翅目：右鞘翅基部1/4处，腹面位于中后足之间。

直翅目：前胸背板向后延伸盖在中胸背板上，针应插在中胸背面的右侧。

半翅目：小盾片偏右。

双翅目和膜翅目：中胸偏右。

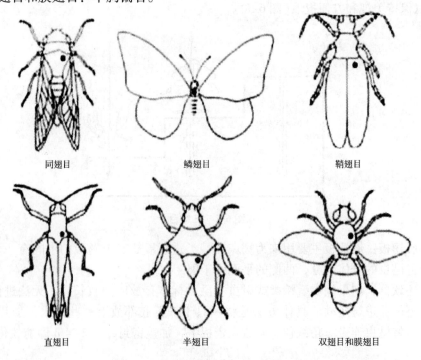

同翅目　　　　　　　鳞翅目　　　　　　　鞘翅目

直翅目　　　　　　　半翅目　　　　　　双翅目和膜翅目

图6-6　昆虫各主要目针插部位图示

展翅：展翅是蝴蝶和蛾类昆虫干制标本制作中的一个核心环节，直接关系到干制标本的质量。以蝴蝶为例，首先将蝴蝶的身体部位放入展翅板的凹槽内，然后用镊子或大头针轻轻地移动前翅的前缘基部，使前翅后缘与主体垂直，再使后翅的前缘压在前翅后缘下，然后用蜡纸条将翅压住，在翅的边缘周围插上大头针，以固定翅的位置。

蜻蜓目、脉翅目昆虫展翅时以后翅的前缘与主体垂直为准；蝇类和蜂类昆虫展翅时以翅的前端与头平齐为准。

展足：展足主要是针对甲虫类的昆虫，使其足和触角等处于自然状态即可。

②粘贴法：此法主要适用于不适合针插法的骨化程度较高的小型昆虫，如小甲虫和小蜂类。具体方法是用胶水将小型昆虫粘在昆虫针插好的三角纸的尖端。

③微针法：此法主要适用于不适合粘贴法的有鳞片的小蛾类和多毛的蚊蝇类小型昆虫。具体方法是微针的一端插入昆虫，另外一端插入长方体的软木条(图6-7)。

（3）制作采集标签

展翅后，要附上采集标签。采集标签一般应包括采集地点、采集人、寄主、采集时间等信息。

（4）干燥

展翅后的标本，放在50~60 ℃恒温箱中烘干，或放在通风处阴干。

（5）收藏

制作好的标本需要放入标本盒内收藏。标本盒内应该放入一块樟脑丸，以防止虫蛀，然后将标本盒分类放入标本柜，馆藏于标本馆内。标本馆一般应一年进行一次密闭熏蒸，才能达到良好的保存效果。

图6-7　微针法图示

3. 软体浸渍标本的制作与保存

小型、细长柔软的昆虫以及卵、幼虫、蛹一般采用浸制方法制作和保存。幼虫在浸泡前，应让它饥饿几小时，等粪便排净后，投入沸水中杀死，直至主体硬直时才取出，然后浸泡在福尔马林液或75%的酒精中保存。体型较大的幼虫泡浸1~2 d后，要调换一次保存液，才能长期保存。

常用保存液的配置方法如下：

①福尔马林液：福尔马林(即40%甲醛)1份，水17~19份。优点：配制简单、经济，利于解剖用标本。缺点：气味恶劣，对操作人的双手有一定腐蚀性。

②75%酒精保存液：95%酒精75 mL，水20 mL，甘油1~2滴(甘油的作用是延缓酒精的蒸发并保持虫体柔软)。优点：标本干净，方便观察。缺点：内部组织较脆，不利于解剖。

（二）昆虫标本的鉴定

鉴定是昆虫标本制作的最后一步，要求具有一定专业知识背景。要求学生学会利用昆虫图鉴、分类检索表和相关资料对所采集的昆虫进行初步鉴定，基本要求鉴定到科，最好能鉴定到种。

三、昆虫学野外实习的考核

实习结束后，应对学生的整个实习过程进行考核，检验实习效果。考核内容包括实习表现、制作标本考核、标本识别考试和实习总结报告4个方面，分别占总成绩的10%、30%、30%和30%（表6-1）。学生考核成绩采用百分制，总成绩考核不及格者，将取消该实习课程的考试成绩。

表6-1　综合实习考核指标表

考核项目	所占比率(%)	考核指标
实习表现①	10	按实习期间遵守纪律情况、积极性等方面进行评分
制作昆虫标本考核②	30	按制作标本的数量和质量进行评分
昆虫标本识别考试③	30	由实习指导小组评分
实习报告	30	按实习报告撰写质量进行评分

注：①实习表现的考核主要从学生参与实习的积极性、配合老师工作、遵守实习纪律等几个方面进行评分。

②根据每组学生采集到的标本的质量(标本的完整性、制作的标准性等)和数量(目的数量、科的数量和种的数量等)进行评分。每个实习小组采集14目60科3 000号昆虫标本，并做好小组实习记录。

③由教师准备出20种常见昆虫标本，让学生进行识别，实行百分制，每个标本5分，鉴定标本到科给4分，鉴定到种给5分。

四、实习报告的撰写

实习报告是实习工作的书面总结，可系统反映本次实习所取得的成果，一般应由每个实习小组撰写一份实习报告。实习报告参考提纲如下：

引言：包括实习的目的和意义

1. 实习地概况
2. 调查方法、时间与线路
3. 调查结果与分析
4. 结论与建议
5. 参考文献
6. 附录

实习二　昆虫形态的观察、描述与绘图

一、昆虫观察

采集标本的目的是用于研究和观察，而显微镜则是昆虫学观察研究必不可少的重要工具。由于显微镜的使用，把人们的视觉伸展到肉眼看不见或看不到的细小结构，使认识范围大大地扩展开来。

显微镜种类很多，一般可分为光学显微镜和非光学显微镜两大类。其中，非光学显微镜包括电子显微镜和超声波显微镜两种。电子显微镜能使人们看到千万分之一厘米的微粒；超声波显微镜更使人们在不破坏样本完整性情况下，观察研究其内部结构，但其价格往往也相对昂贵。光学显微镜则是价格相当便宜、使用最为广泛的一类。下面重点介绍光学显微镜中使用最广泛的连续变倍体视显微镜。

（一）连续变倍体视显微镜

1. 结构

体视显微镜，又称双目实体显微镜，主要由以下几部分构成（图6-8）。

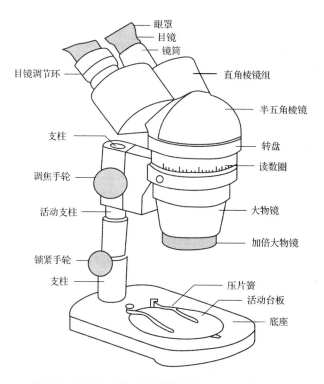

图6-8　连续变倍体视显微镜结构图示（仿荣秀兰）

（1）底座

底座为整个显微镜的基座，中央有一个活动的圆板，可以放置被观察的物体，并且有压片簧可以固定物体。

（2）支柱

支柱是显微镜的支持部分，装有调焦手轮和锁紧手轮，可以使显微镜的镜体升降或左右旋转。

（3）目镜套筒

实体显微镜具有两个目镜，便于坐下观察，两个镜筒之间的宽度是可调整的。为了适应观察者左右眼视力上的差异，其中一个镜筒附有伸缩装置，可校正双目视力差。

（4）镜体

镜体是整个显微镜的核心，以调焦手轮与支柱相连。上方安装棱镜和目镜筒，内部安装变倍物镜，下面连接大物镜。

实体显微镜的特点是：放大倍数一般为 7~160 倍；表面投光，便于观察物体外形；具有两组物镜和两组目镜，观察到的物体具有立体感和距离感。

2. 使用方法与注意事项

（1）使用方法

根据观察物颜色，选择活动台板的黑白面，将所观察的物体放在活动台板上；选择适当的放大倍率，换上所需目镜（10 × 或 20 ×）。卸下 2 × 大物镜，其有效工作距离为 85~88 mm，如果加上 2 × 大物镜，放大倍率可达 160 倍，有效工作距离为 25~35 mm。为了得到适当的放大倍率，可拨动转盘，改变变倍物镜的放大倍率或换插不同倍数物镜。变倍物镜的放大倍率可在读数圈上读出。

（2）注意事项

在显微镜使用的过程中，要注意以下事项：

①调焦距时，应遵循先粗调后细调，先低倍后高倍的原则寻找观察物。

②调焦螺旋内的齿轮有一定的活动范围，扭不动时不可强扭，防止损坏齿轮。

③放大倍数一般是按物镜倍数与目镜倍数的乘积计算。但在选择放大倍率时，应以选择高倍率物镜为主，当最高倍物镜仍不能解决问题时，再选择高倍率目镜。因为目镜放大的是虚像，对提高分辨率不起作用。

④在移动显微镜的过程中，要一只手抓住支柱，另外一只手拖住底座，切不可只抓住目镜或物镜部位直接移动。

3. 维护

体视显微镜属于精密的光学仪器，需要精心维护，才能保持其良好的性能。因此，平时维护时需要注意以下几点：

（1）防潮防霉

为了避免生霉，光学玻璃必须保存于干燥环境中，镜箱内应放置吸湿的变色硅胶，硅胶吸湿变红，即表明其不再具有吸湿能力，应在烘箱中烘干还原后再用。

（2）防尘

显微镜使用完毕后，应及时放入柜内保存，必须暂时放置在桌上时，最好加盖防尘罩。擦拭镜头或棱镜时，首先应用软的毛笔拂去微尘，然后再用擦镜纸擦镜，否则微粒容易磨损镜头的光洁表面。另一种擦镜法是用脱脂棉蘸乙醚和纯酒精的混合液，擦拭镜头表面，除去灰尘和油迹。

（3）防腐蚀

放置显微镜的柜子绝不可存放酸碱化学药品、农药以及其他有腐蚀性药品，因为其中难免有一些对显微镜有损害作用的化合物。特别是氢氟酸之类的化合物绝不能与显微镜放在同一个房间。

（4）防震

平时使用应轻取、轻放，切不可使用过程中强行用力扳拧，不用的镜头应立即放入盒内。搬运时必须将镜身用固定螺丝拧紧在镜箱内，并将一切可滑动的部分固定，以免松动。

（二）显微测量工具——测微尺

显微测量标尺，简称测微显尺，是用来测量在显微镜下观察物体的长度、厚度、面积、数目和位置的工具。如镜台测微尺、目镜测微尺等。

1. 镜台测微尺

镜台测微尺（台尺）是中央部分刻有精确等分线的载玻片，一般是将 1 mm 等分为 100 格，每格长 10 μm，专用于校正目镜测微尺（目尺）每格的相对长度。也有的全长 2 mm，共分成 200 小格，每小格的长度不变。在标尺的外围有一黑环，便于找到标尺的位置。标尺用加拿大树胶封起来。

2. 目镜测微尺

目镜测微尺（目尺）是一块可放在目镜内隔板上的圆形小玻片，其中央有精确的等分刻度，有等分为 50 小格和 100 小格 2 种，用以测量经显微镜放大后的物体物像。

由于不同显微镜镜筒长度不同，或不同的目镜和物镜组合放大倍数不同，目尺每小格所代表的实际长度也不一样。因此，用目尺测量物体大小时，必须先用台尺校正，以计算出在一定放大倍数目镜和物镜下目尺所代表的实际长度，然后才能用来测量物体的大小。

3. 测微尺的校正

测量时，通常以镜台测微尺和目镜测微尺配合使用。首先，将镜台测微尺放在载物台上，对准焦点，使镜台测微尺与目镜测微尺的标尺重叠在一起。如果目镜测微尺标尺上的 50 格等于镜台测微尺的 68 格，也就是等于 0.68 mm，则目镜测微尺每格的长度为 0.68/50 = 0.013 6 mm，即 13.6 μm。这时即可将镜台测微尺去掉，换成标本。如果测得标本的长度为目镜测微尺的 10 格，那么它的长度为 13.6 × 10 = 136 μm。

注意，如果用不同倍数的目镜和物镜就必须用同样的方法重新计算。为减少误差，一般取 5 次以上的测量平均数。

二、昆虫形态描述

在昆虫学中，描述性的内容占有重要地位。科学的描述是认识事物的基础，昆虫种类繁多，形态结构复杂，因此必须掌握描述的方法和要领。

1. 形态描述的前提

第一，应对所描述的昆虫类群具有深厚的基础知识，特别是形态学的知识。第二，应有比较共同点和区别点的能力，缺乏这种能力则不能正确的辨识昆虫。第三，应具备选择重点的能力，形态结构特征如此众多，应细心体察，寻找重点。第四，正确运用文字，简明扼要。应尽可能做到"增一字嫌多，减一字则少"。第五，与分类鉴别有关的描述一般不应该列入较高阶元的性状。例如记载一种夜蛾，不应把属、科，甚至是目的特征包括进去。但应尽可能包括雌雄的差异、幼虫的性状以及生物学和生态学的资料。因为就亲缘种来说，这些资料比形态更重要。

2. 形态描述的次序和方向

（1）次序

主要有2种描述的次序。一是在鉴别性的记载中，通常按照特征在鉴别上的重要程度来进行描述，这样有利于快速识别。二是对于完整性的描述记载，则应按照标准化的自然顺序进行描述，一般是由前到后，由背到腹，如头、胸、腹、翅、生殖器等。

（2）昆虫身体方向

在描述昆虫时，通常以昆虫重心为中心（多为胸部）给昆虫的各结构定位。沿身体纵轴趋向头端为前方，趋向腹部末端为后方。昆虫在一个平面上爬行或停落时，与该平面垂直方向的近平面者为腹向，离平面者为背向。自背面观，当昆虫的头向与人头向一致

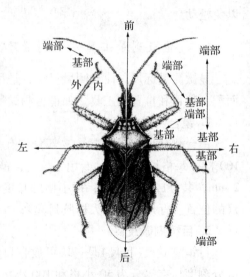

图6-9 昆虫的体向示意

时，人的左右向即虫体的左右向。近体纵轴者为内方，远体纵轴者为外方。对附肢而言，近着生处者为基部，远着生处者为端部（图6-9）。

三、昆虫形态科学绘图

1. 形态绘图的目的意义

绘图是形态学和分类学研究当中的一项重要技术，可以表达文字无法表达或者不能完全表达的内容。如果在文字描述的基础上，再加上绘图，则会更加形象直观，便于读者掌握重要特征。

活体照片虽然有真实感，但往往有些部位特征不在焦点范围之内，无法把某些重要的特征强调出来，这时只有绘图才能体现。

2. 绘图方法

草图是指昆虫整体或局部特征的轮廓、结构草图，是用铅笔绘成的底稿。绘制草图的方法很多，要根据所绘昆虫实物的大小、主体结构特点，以及透光程度等灵活掌握。

（1）直蒙法

直蒙法适用于体型较大而且平展的昆虫，如大型蛾和蝴蝶。先将展好翅、不带昆虫针的标本放在一个平面，四周加垫，在垫上放平板玻璃，然后在玻璃上用墨笔勾画轮廓，取下玻璃，放在透光位置，再蒙以白纸或硫酸纸描出图形。

（2）绘图仪应用

现代的高级实体镜、显微镜都具有绘图仪附件。它是以插入镜体的方式安装在镜上的，使用起来十分方便，如日本的 Nikon 显微镜。

绘图仪的主要部件是由两个直角棱镜合成的立方体和一个反光镜组成，在两个棱镜的胶合斜面上涂有银粉，镜的中央为透光孔。把棱镜的部分装在接目镜上，反光镜放到右面装成45°角，从棱镜上可以同时看到由透光孔射来的显微镜下的物体以及通过反光镜与棱镜的反射面反射过来的放在显微镜右边的画纸与铅笔，可依所见物像绘下草图。

（3）其他方法

其他较为常用的昆虫绘图方法还有反射法、尺规法、方格放大法等，适用于不同种类和特点的昆虫。而且随着现代科技的发展，又不断涌现出投影法、复印法、摄影法等绘图方法。

3. 形态科学绘图的注意事项

①绘图纸应选择质地较厚、色白、耐橡皮摩擦、不沁墨水者为合适。图纸应钉在桌面上，避免来回移动。铅笔要硬度适中，以 HB 或 1H 为适合，使用时必须把笔头削尖。橡皮要软而不带颜色，以免玷污纸面。

②绘虫体的背面，头部应向前；绘虫体的侧面，头部应向左。

③对称的图，如昆虫的背向观，可在绘图仪下只画半面，另半面可用拷贝纸反托过来，这样画出来的图是完全对称的。

④如果标本大而镜子的视野小，不能画下所需的全部，则可以分为几个部分画下，然后把它们拼凑在一起，再用硫酸纸（一种坚实而半透明的纸）蒙着拼凑的草图描画。

⑤图的大小要适当，一般应为印刷版面的2~4倍。

⑥草稿角上应立即注明昆虫的名称（或号码）以及绘图所用的方法与目镜、物镜的倍数。

实习三　昆虫的摄影技术

昆虫是这个美丽世界的一部分，很多昆虫本身就是造物的杰作和艺术品。善意的接近它们你会发现昆虫的世界同样的多姿多彩。拍摄昆虫的生态照片，不仅可以作为科学研究的证明，还能记录到许多用文字描述法无法表达的真实信息。摄影技术已经在昆虫学的各个分支学科里得到广泛应用。

一、照相机的种类

(一)卡片相机

卡片相机具有简单、易用以及便携方便的优点，但是可手动调节的功能比较少，而且其镜头素质(镜头素质包括：锐度、反差、色散、眩光、畸变、暗角、焦外成像、对焦速度、防水防尘、阻尼、手感等)和CCD(图像传感器，能够把光学影像转化为数字信号)尺寸也被限制，因此画质和感光度表现大多一般。适合于要求不太高的初学者。

(二)全手动相机

全手动相机手动功能有如下几类：一是光圈优先，也就是摄影者确定好光圈，相机测光求得快门速度。光圈的大小对成像景深影响比较大，所以通常在拍人像时使用比较广泛。这样的好处是可以突出主体，同时还可以保证较高的快门值，减低手部抖动的影响；二是快门优先，这个过程正好与光圈优先相反，摄影者先确定好快门，再由相机来测光获得正确的光圈值。快门优先的好处是可以更好的拍摄运动物体，包括常见的野生动物和体育比赛等。也可以计算物体的速度来获取手动快门值的设定，但这需要耐心，也需要一定的技巧；三是手动调节快门和光圈，也就是统称的M档。

除了上面提到的3种曝光功能外，全手动相机通常还具有感光度调整、白平衡调整、测光模式选择、对焦模式选择以及对焦点选择等手动功能，而一些高端产品甚至还会提供更为专业的白平衡漂移和包围曝光功能。

虽然全手动DC(数码相机)体积分量要比卡片DC笨重，但和单反机型比较，携带性的优势不言而喻。代表性的产品有佳能A系列，其特征是价格不高、功能性强以及画面表现均匀。

(三)单反相机

单反相机具有以下突出优点：一是CCD或CMOS(互补金属氧化物半导体)感光元件比较大，成像效果远超普通相机；二是取景具有即时性和直观性，而且反应非常迅速，开机时间和快门时滞都很短；三是功能强大，具有先进的测光系统、对焦系统以及一系列可以更换的镜头。不过，单反数码相机也具有自身的缺点：首先，购置成本高，而且随着摄影技术的不断提高，拍摄者往往会购入价格不菲的其他镜头和配件

（摄影包、三脚架、闪光灯等）；其次，保养问题，由于镜头可以更换，因此相机很容易进灰，从而影响到照片的质量，而在保修期以外进行清理的价格也不便宜；第三，相机的快门是有寿命限制的，入门产品在 5 万次左右，高端产品在 10 万次左右；最后，单反相机的体积和重量都较大，而且快门释放的声音也比较大，这并不适合某些情况下的使用。

代表性的产品有尼康 D40、佳能 400D 以及宾得 K100D。

二、摄影方法

目前，市场上销售的普通数码照相机，如卡片相机和全手动相机，一般都具有傻瓜功能，使用方法简单。

通常有以下几个拍摄步骤：①打开相机开关；②选择拍摄模式，一般可以选择自动模式，如有特殊要求，也可以选择人像模式、夜景模式，以及光圈优先或快门优先；③根据拍摄用途设定照片的像素值；④选择拍摄角度，寻找可利用的支撑物，开始取景构图，调整镜头焦距，对焦并测光；⑤检查所有设置是否正确；⑥选择时机按下快门；⑦检查拍摄效果。

昆虫大多数个体都非常微小，因此微距拍摄就显得尤为重要了。同时，微距摄影就是要把人们平日忽视的昆虫微观世界里的精彩和故事展现在人们面前，使人们更加贴近自然。要拍摄微距的照片，一般可以采用带微距功能的全手动相机，如佳能 A720，微距可以达到 1 cm；另外就是采用带微距摄影功能镜头的单反相机。

在进行昆虫微距摄影时要注意以下一些事项：

①摄影需要将闪光灯关闭，否则会过度曝光。

②摄影时要稳，微弱的晃动都会影响质量。有条件的可以利用三脚架拍摄，或者采用单腿跪地的姿势，将胳膊肘垫在腿上，可以减少晃动。另外，利用树干等物体作为依靠，也是减少晃动的有效方法。

③对焦必须正确，将焦点准确定位在昆虫的身体上。

④根据昆虫的习性，确定拍摄的时间。一般在早晨太阳刚升起来的时候，昆虫活动性比较差，无论是从摄影的角度，还是一些昆虫生活习性的角度来看都是很好的拍摄时间。

⑤了解昆虫的相关习性，才能找到你要拍摄的昆虫。例如，人们常说"蝶舞花丛中"，其实蜂类、蝇类、花金龟、小型的天牛等很多昆虫都喜欢访花。另外，很大昆虫具有拟态和保护色的功能，需要一定的相关知识以及耐心，才能拍摄到好的照片。

⑥摄影者衣服和照相机的颜色要暗一些，避免白色或黄色，因为明亮的颜色容易被昆虫发觉。即使你想用整个画面拍摄特写镜头，也应在未完全靠近之前就先拍一张，以避免昆虫跑掉而一无所获。

摄影是一项实践性较强的技术，需要不断的实践，不断的总结，才能够拍出满意的昆虫照片。

实习四 饲养昆虫的方法和技术

一、昆虫饲养的目的及意义

近代昆虫饲养技术始于 20 世纪初。1908 年 Bogdanow 用人工饲料饲养了黑颊丽蝇（*Calliphora vomitoria*）。

此后，昆虫饲养技术逐渐开始应用于遗传学、医学和营养学的研究领域。20 世纪 50 年代，随着有机杀虫剂的大量生产和应用，农药筛选、害虫防治和昆虫毒理、生理、生态等学科研究对试验用虫的需求激增，昆虫饲养得到了快速发展；到 80 年代，用人工饲料饲养的昆虫已经达到 13 个目 1 300 多种，其中数百种昆虫可以在实验室常年饲养。

目前，昆虫饲养的方法、技术和设备水平都有了很大的提高，但是实践中仍然有很多问题有待进一步研究和解决，例如营养不均衡产生的问题，实验室连续饲养出现的种群退化问题，释放昆虫的活力问题等。解决这些问题，涉及食品营养学、生物化学、微生物学、遗传学、植物化学等多方面的知识。

二、昆虫饲养的基本类型

昆虫饲养分类的方法很多，本书参照忻介六等（1986）对人工饲养的分类方法，将其分为以下 4 个基本类型。

1. 室外饲养

主要指在田间或野外环境中的饲养。例如，在田间用大笼罩繁殖饲养昆虫，可以用来观察昆虫的生物学特性，研究化学农药或释放天敌等行为对昆虫的影响等。这种饲养方法简单易行，非常适合饲养技术尚不成熟的昆虫种类；缺点是只适合阶段性饲养，无法完成常年繁殖饲养。

2. 室内饲养

主要指在室内条件下进行的饲养。室内饲养可以使用天然饲料，也可以使用人工饲料。可以进行完全饲养，即饲养完成一个完整生活周期（世代）；也可以进行不完全饲养（部分饲养），即饲养未完成一个完整生活周期的饲养，例如只饲养到幼虫阶段或成虫阶段。

3. 大规模饲养

这种饲养主要是以最低的成本生产最多的符合要求的昆虫。其饲养规模通常在数十万或数百万以上。大规模饲养通常应用于以下几个方面：① 繁殖昆虫病毒，用于微生物防治，如棉铃虫饲养等；②作为家养动物或鸟类的饲料，如黄粉虫、蝇蛆饲养等；③繁殖天敌，如松毛虫饲养等。

进行大规模饲养的昆虫应具备 3 个基本条件：①生活周期短；②生物潜能高；③食物需求简单。目前为止，能大规模饲养的昆虫尚不到 100 种。

4. 单种饲养

单种饲养是指纯净昆虫的饲养，即除了被饲养对象外，没有其他生物(包括共生微生物)存在。这类饲养主要用于确定营养需要、微生物与共生昆虫之间的关系以及组织培养和病原等方面的研究。

三、昆虫饲养的基本设备和条件

(一)基本设备

1. 养虫室

养虫室是饲养昆虫的最基本设施。一般实验用的养虫室面积在 10~16 m²，高 2~3 m，便于控温。养虫室内安装有控制温度、湿度和光照条件的设备。照明设备一般应该包括 3 套，一套用于饲养的工作照明，一套用于控制养虫室的光周期，另外一套用于紫外线消毒。

为充分利用养虫室的空间，可以设置一些木质或铁质的多层构架，每层 25~35 cm，每层顶都安装有照明灯。

2. 饲养工具

光照培养箱是饲养昆虫必不可少的设备，它可以控制温度和湿度，从而获得发育整齐的批量昆虫。

养虫笼是饲养昆虫的重要工具，可以用来分批隔离饲养。其他必要的饲养工具还包括镊子、毛笔、剪刀、纱网、培养皿、玻璃棒、天平、量筒、烧杯、记号笔、标签纸、瓷盘等。

配制人工饲料时，需要电炉、恒温水浴锅、振荡器、铝锅等用具。饲养卫生是饲养昆虫成功的重要环节，饲养器具和人工饲料通常需要灭菌消毒，高压蒸汽灭菌锅可以抑制微生物的污染。此外，人工饲料配制好后一般需要冷藏保存，因此冰箱也是必需的。

3. 无菌室

无菌室内安装有消毒灭菌的紫外灯，控温设备以及开展无菌操作的超净工作台。昆虫饲料的处理往往需要在无菌室内进行，可以减少病原微生物的污染。

(二)基本条件

在自然界，昆虫的种类繁多，生活习性各不相同，养虫室必须符合其在自然界的生活习性，设置相应的生态条件，才能繁殖成功。

1. 温度

一般昆虫的适宜温度在 20~30 ℃。高于 38 ℃ 会进入热昏迷状态，甚至死亡；低于 15 ℃，则会停止发育，甚至死亡。

2. 湿度

一般养虫室的湿度控制在 60%~80%。湿度低会影响昆虫的羽化和蜕皮等行为，而湿度高则会引起环境和饲养发生霉变，引发流行病。

3. 光照

光周期是影响昆虫生长发育的一个重要因子,一般都模拟自然界光周期,比如夏天为明:暗 = 14 h:10 h。

4. 饲料

饲料是昆虫饲养能否成功的关键,关于人工饲料的介绍见"四、昆虫的饲料"。

5. 消毒

为避免昆虫染病,必须进行必要的消毒。养虫笼等木质工具可以用氯化苯、甲烃铵等抗菌消毒液;玻璃器皿、金属器皿和人工饲料要用高压灭菌锅消毒(一般 15 磅 20 min);塑料制品可以用次氯酸钠进行消毒;卵消毒的药品有次氯酸钠、高锰酸钾、福尔马林、乙醇等,但必须掌握适当的处理时间、浓度和最适的消毒时期。

6. 空间

空间是昆虫生存的一个必要条件,尤其是对于一些飞行的昆虫,如蝴蝶和蛾类,需要一定的飞行空间进行"婚飞"的行为,才能够正常繁殖。

四、昆虫的饲料

(一)人工饲料的类别

在人工饲料的发展过程中,产生了很多描述人工饲料的名称,如合成饲料、化学规定饲料等。这些术语概念比较模糊,而且缺乏系统性。目前人们普遍使用的是 1959 年 Dougherty E. C. 在《后生脊椎动物的纯净培养简介》一书中的分类方法,分为三大类。

1. 全纯饲料

这类饲料全部由已知的纯化学物组成。全纯饲料的成本高,饲养效果也难达到自然水平,其主要用途是研究昆虫的营养需要和代谢途径,也用于测定某些特定化合物(如植物次生代谢物)对昆虫取食和生长发育的影响。

2. 半纯饲料

这类饲料的成分多数是纯化学物或是经过提纯的产品,但含有 1 种或几种未经提纯的粗制物,如叶子粉、酵母等。目前,实验室多半使用这类饲料。

3. 实用饲料

这类饲料主要由粗制的动植物材料组成,如小麦胚芽或动物的肝脏。实用饲料的配法简单,成本低廉,适合于大批量和大规模饲养昆虫。但是这类饲料中的各营养成分比例较难掌握,而且还常常含有对昆虫取食和生长发育有害的物质。所以,这类饲料使用的还不多。

(二)人工饲料的主要组成

昆虫人工饲料当中经常使用的有以下一些组成成分:

1. 麦胚

麦胚是人工饲料中应用最普遍的主要成分之一。它含有昆虫需要的 18 种常见氨基酸，糖类，脂肪酸，甾醇，多种矿物质和 B 族维生素，还含有刺激某些昆虫取食的物质。

2. 大豆

大豆不但富含蛋白质，而且还含有丰富的亚油酸。在昆虫饲料中，不饱和脂肪酸往往是一种不可缺少的成分。例如，不饱和脂肪酸对小菜粉蝶的羽化和交配影响很大。

3. 藻类

藻类作为新的蛋白源，无论从营养水平还是从经济考虑都是比较成功的。藻粉比大豆粉有两大优势：一是藻粉可不经过加工处理直接加入人工饲料，而大豆粉则必须经过前处理；二是藻类成本比较低。

4. 玉米粉

玉米粉中糖类的含量较丰富，对昆虫的生长发育有良好的促进作用。

5. 酵母粉

多数人工饲料中都含有酵母粉，其中以新鲜的啤酒酵母为最好。用酵母粉作为饲料附加蛋白源，在一定范围内（7%~10%）能大幅度增加雌蛹的蛋白质含量，提高成虫的繁殖力。

6. 维生素 C

在蝗虫和家蚕的饲料中加入维生素 C 后，幼虫生长良好，还有促进取食的作用。同时，维生素 C 对生殖还有重要作用。

7. 盐类

以往的昆虫人工饲料研究中一般都加入一定量的盐类，但以后发表的人工饲料配方中，绝大多数都未添加盐类，昆虫仍可正常发育，这可能与组成饲料的有些成分里含有一定量的无机物有关。然而有些作者认为寄主植物中钠离子含量不足可能是某些昆虫生长的一个限制因素。

（三）研制人工饲料的原则

早在 20 世纪六七十年代就已对饲料的理化特性进行了深入的研究，初步形成了研制人工饲料的理论。Singh P. 概括了 3 条原则：①必须具备引诱和刺激昆虫在不熟悉的饲料上取食的理化特性；②必须具备满足昆虫生长发育和繁殖所需要的比例平衡的营养成分；③必须排除微生物的污染。而我国的忻介六和邱益三归纳了人工饲料的4 项基本原则：①必须具备良好的物理性状；②必须具备良好的化学性能；③对饲养对象须能保持营养平衡；④必须有效地防止微生物污染。参照以上原则，综述当前的有关内容如下。

1. 物理性状

饲料的物理性状由形状、硬度、含水量和均匀度等因素组成。人工饲料的形状很难完全模仿昆虫的天然寄主，但是要尽可能地使其形体和表面结构适应昆虫的口器和取食习性。一般来说，初孵幼虫较弱小的昆虫，其饲料成分的颗粒要比较细；初孵幼虫活力较强的昆虫，其饲料成分的颗粒可以稍粗；对玉米螟之类具有趋触性的幼虫，粗糙的饲料更能促进取食。

2. 营养成分

适宜的营养组成有两层含义：第一，要含有昆虫生长发育所需的所有的营养成分；第二，各营养成分不但要有足够的量，而且要有适当的比例。前者是质的需求，后者是量的需求。昆虫在质方面的需求与其他动物大致相同，都需要 10 种必需氨基酸、5~7 种 B 族维生素、甾醇、不饱和脂肪酸、糖以及矿物质元素。然而要满足昆虫在量方面的需求就很不容易，因为不同种类在这方面的需要往往有很大的差异。要研制一种对昆虫具有良好平衡的饲料，通常有 2 种方法：一是参考寄主的营养组成；二是参考相近种类的饲料配方。参照寄主的营养组成可以因盲目组合而造成的浪费。参照相近的成功饲料配方能节省很多时间和精力，不过，完全照搬的配方不能达到理想的饲养效果，需要在实践中不断地调整。

3. 助食物

凡是能刺激和促进昆虫取食的化学物统称助食物。主要有两大类，一类是营养物，另一类是不具营养的植物次生代谢物或是其他有机物。在营养物中，蔗糖、果糖、葡萄糖、固醇和某些氨基酸对一些昆虫有助食作用，其中蔗糖是最常使用的。而在植物次生代谢物中，能作为昆虫识别寄主植物的信号物质多半具有刺激取食的作用。有一个简便的方法是在饲料中添加少量的新鲜寄主材料，或者加寄主材料的有效提取物。

4. 抗食素

半纯或实用饲料中的粗制营养物（如种子粉）和植物茎叶干粉中常含有具抗食作用的植物次生代谢物（各种生物碱，萜类和酚类等）。此外，防腐剂和化学污染也能阻碍昆虫的取食。所以在采用这些粗制物之前，通常用短时间的高压消毒或是高温烘烤，破坏其中的一些有害物质。用正己烷或乙醇提抽也能去除一些次生物质。

5. 防腐剂

饲料中丰富的营养和饲养中适宜的温湿度（尤其是高湿）为微生物的增殖提供了良好的条件，未经防腐的饲料很快就会变质，从而导致实验的失败。而在达到控制微生物污染的基础上，要尽可能减少防腐剂的用量。防腐剂对昆虫的毒性主要表现在幼虫和蛹的发育期延长，化蛹率和羽化率降低等方面。在常见的防腐剂中，山梨酸、尼泊金（对-羟基苯甲酸甲酯）和 10% 甲醛使用最广泛。多数的人工饲料中同时采用几种防腐剂，这样既可以互相弥补抑菌范围不足的缺点，又可以降低各自的浓度，避免出现毒害。另外，还可以增补金霉素或卡那霉素等抗菌素。

五、重要昆虫的饲养方法

黄粉虫是一种重要的饲用昆虫，其饲养方法已经比较成熟，现介绍如下：

（一）饲料

黄粉虫系杂食性昆虫，饲养时可以麦麸、米糠等精料为主，辅以新鲜干净的青菜、西瓜皮、果皮等。尤其高温干燥季节，辅以西瓜皮等既补充营养，又调节湿度，不仅减少干枯病发生，而且可以使生长速度加快，老熟幼虫平均个体量增加。可根据饲养目的配制人工饲料。

若进行大规模饲养，最好使用发酵饲料，也可利用麦草、树叶及杂草，经合理发酵后饲喂。发酵饲料成本低，各类营养丰富，是理想的黄粉虫饲料。

（二）饲养器具

1. 养虫箱

没有漏洞的旧脸盆、塑料盆、各种盒子、木箱均可作为养虫箱。以长、宽、高为 80 cm×40 cm×12 cm 的木盒为方便，各盒可以叠放，也可放于多层木架上，节约空间。木盒可用光滑轻质的人造板。如用木板，当盒内四壁不够光滑时，可贴上一层塑料薄膜，以防幼虫爬出。饲养成虫的盒，应加纱窗盖，以防昆虫逃逸。

2. 集卵箱

由于成虫有吃卵的习性，可以将繁殖组成虫放在隔卵箱中，隔卵箱的底部为纱网，再将隔卵箱放入养虫箱内。雌虫可将产卵器伸至隔网下层的饲料中产卵，这样可保护卵不受伤害。

3. 筛子

需要用几种不同规格的筛子，筛网可以分别为 100 目、60 目、40 目和普通铁窗纱，主要用于分离不同龄期的昆虫和筛除虫粪。

（三）饲养技术

1. 选择虫种

由于多年的人工饲养，大多数虫种出现退化现象，抗病能力差、生长慢、个体小。所以人工饲养首先应选种，可直接选择专业化培育的优质虫种，或在饲养过程中选择个体大、体壁光亮、行动快、食性强的个体作虫种。

2. 控制种群密度

黄粉虫为群居性昆虫，若种群密度过小，直接影响幼虫活动和取食，密度过大互相摩擦生热，且自相残伤增加死亡数量。幼虫密度一般保持在 3.5~6 kg/m²。大龄幼虫密度应相对小一些，室温高，湿度大，密度也应小一些。繁殖组成虫密度一般在 5 000~10 000 头/m²。

3. 幼虫的管理

（1）筛除虫粪

经常清理虫粪和虫蜕以促进幼虫食欲。幼虫把饲料全部食尽后筛除虫粪，投放新饲料。幼虫每 3~5 d 除一次虫粪，投放一次饲料，每次饲料的投放量为虫体总重量的 10%~20%。虫粪可作为肥料或作为鱼的饲料。

（2）投喂青料

待幼虫长到 5 mm 长时，可适量投放一些含水饲料，如青菜、白菜、甘蓝、萝卜、西瓜皮等。将菜叶洗净晾至半干，切成约 1 cm² 的小片撒入养虫箱。菜叶投喂量以 6 h 内能吃完为准，隔 2 d 喂 1 次，夏季可适当多喂一些。

（3）分蛹

幼虫 12 龄以上即逐渐开始化蛹。蛹期为黄粉虫的危险期，很容易被幼虫或成虫咬伤。应及时分离，分别饲养。分离方法有人工选蛹、过筛选蛹及育种分离等办法。

4. 成虫的管理与集卵

把羽化的成虫放入集卵筛中，筛下撒 5 mm 厚的饲料，雌虫将产卵器伸至网下约 5 mm 处，把卵产在饲料中。对产卵的成虫投喂专用精饲料，每天补充少量的含水饲料，如菜叶、瓜果皮等。保持黑暗、通风。

在饲料的下面放一张白纸或旧报纸，在成虫产卵 3~5 d 时取一次卵。连同饲料中的卵和报纸一起取出放入养虫箱，换上新的饲料和纸张。如此反复收集虫卵，集中保存，待其孵化。

5. 病螨害的防治

黄粉虫生命力很强，很少有病害，但管理不当，气温过高饲料过湿等，有时也会得软腐病或干枯病。所以应注意清残食，通风降温。除此之外，要注意食料带螨，饲料有螨可作日晒处理。如一旦发现螨害，可用 40% 三氯杀螨醇稀释 1 000 倍喷杀。

六、作业与思考题

飞蝗（蚂蚱）是昆虫中可食用尤其是提取蛋白质的主要资源之一，被列为"21 世纪安全绿色食品"。飞蝗的人工饲养越来越受到许多饲养者的青睐。结合本节所学知识，设计一个飞蝗的人工饲养方案。

第七章　常见农业害虫分类识别

植物害虫防治是一门实验性很强的课程。认真上好实验课，是学好本课程的重要环节。实验课并非简单地验证理论课的知识，而是本课程的重要组成部分，因为各种害虫的形态特征和部分危害状，只能通过实验课才能清楚地观察和鉴别。实验的目标如下：

①通过实验课的观察和训练，熟悉常见害虫的主要形态特征及掌握正确鉴别农业主要害虫种类的技能，为今后的学习、工作打下基础。

②养成严谨的科学态度和作风。

③善于进行归纳和比较，注意培养分析问题和解决问题的能力。

实验一　水稻害虫的识别

一、实验目的

识别水稻主要害虫的形态特征及危害特点。

二、实验材料

三化螟、二化螟、稻纵卷叶螟、飞虱类、叶蝉类、蓟马类等标本；体视显微镜、镊子、培养皿、昆虫针等工具。

三、实验内容

1. 三化螟（*Scirpophpag incertulas*）

（1）形态特征

成虫　体长 9~13 mm，翅展 23~28 mm。雌蛾前翅为近三角形，淡黄白色，翅中央有一明显黑点，腹部末端有一丛黄褐色茸毛；雄蛾前翅淡灰褐色，翅中央有一较小的黑点，由翅顶角斜向中央有一条暗褐色斜纹。

卵　长椭圆形，密集成块，每块几十至一百多粒，卵块上覆盖着褐色绒毛，像半粒发霉的大豆。

幼虫　4~5 龄。初孵时灰黑色，胸腹部交接处有一白色环。老熟时长 14~21 mm，头淡黄褐色，身体淡黄绿色或黄白色，从 3 龄起，背中线清晰可见。腹足较退化。

蛹　黄绿色，羽化前金黄色(雌)或银灰色(雄)，雄蛹后足伸达第七腹节或稍超过，雌蛹后足伸达第六腹节。

（2）危害特点

它食性单一，专食水稻，以幼虫蛀茎，分蘖期形成枯心，孕穗至抽穗期，形成枯孕穗和白穗，转株危害还形成虫伤株。"枯心苗"及"白穗"是其危害后稻株主要症状。

2. 二化螟（*Chilo suppressalis*）

（1）形态特征

成虫　翅展，雄性约 20 mm，雌性 25~28 mm。头部淡灰褐色，额白色至烟色，圆形，顶端尖。胸部和翅基片白色至灰白，并带褐色。前翅黄褐至暗褐色，中室先端有紫黑斑点，中室下方有 3 个斑排成斜线。前翅外缘有 7 个黑点。后翅白色，靠近翅外缘稍带褐色。雌虫体色比雄虫稍淡，前翅黄褐色，后翅白色。

卵　呈扁平椭圆形，长约 1.2 mm，由数十粒甚至上百粒卵黏在一起。

幼虫　体长 20~30 mm，头部红棕色，身体淡褐色，背面有 5 条棕褐色的条纹。

蛹　长 11~17 mm，呈圆筒形，棕褐色。前期背面可以看见 5 条深褐色纵线。

（2）危害特点

幼虫蛀食茎秆，造成枯心。

3. 稻纵卷叶螟（*Cnaphalocrocis medinakls*）

（1）形态特征

成虫　长 7~9 mm，淡黄褐色，前翅有两条褐色横线，两线间有 1 条短线，外缘有暗褐色宽带；后翅有两条横线，外缘亦有宽带；雄蛾前翅前缘中部，有闪光而凹陷的"眼点"，雌蛾前翅则无"眼点"。

卵　长约 1 mm，椭圆形，扁平而中稍隆起，初产白色透明，近孵化时淡黄色，被寄生卵为黑色。

幼虫　老熟时长 14~19 mm，低龄幼虫绿色，后转黄绿色，成熟幼虫橘红色。

蛹　长 7~10 mm，初黄色，后转褐色，长圆筒形。

（2）危害特点

初孵幼虫取食心叶，出现针头状小点，也有先在叶鞘内危害，随着虫龄增大，吐丝缀稻叶两边叶缘，纵卷叶片成圆筒状虫苞，幼虫藏身其内啃食叶肉，留下表皮呈白色条斑。严重时"虫苞累累，白叶满田"。以孕、抽穗期受害损失最大。

4. 褐飞虱（*Nilaparvala lugens*）

（1）形态特征

成虫　有长翅型和短翅型两种。长翅型体长 4~5 mm，黄褐、黑褐色，有油状光泽，颜面部有 3 条凸起的纵脊，中脊不间断，雌虫腹部较长，末端呈圆锥形，雄虫腹部较短而瘦，末端近似喇叭筒状。短翅型成虫翅短，余均似长翅型。

卵　产在叶鞘和叶片组织内，排成一条，称为"卵条"。卵粒香蕉型，长约 1 mm，宽 0.22 mm。卵帽高大于宽，顶端圆弧，稍露出产卵痕，露出部分近短椭圆形，粗看似小方格，清晰可数。初产时乳白色，渐变淡黄至锈褐色，并出现红色眼点。

若虫　有 5 个龄期，形均似成虫。1 龄灰白色；2 龄淡黄褐色，无翅芽，后胸后缘平直，腹背面中央均有一淡色粗"T"形斑纹；3 龄体褐至黑褐色，翅芽显现，第 3 节背上各出现一对白色蜡粉的三角形斑纹，似 2 条白色横线。4~5 龄时体斑纹均似 3

龄，但体形增大，斑纹更明显，与短翅型成虫的区别是短翅型左右翅靠近，翅端圆，翅斑明显，腹背无白色横条纹。

（2）危害特点

成虫和若虫群集稻株茎基部刺吸汁液，并产卵于叶鞘组织中，致叶鞘受损出现黄褐色伤痕。轻者，水稻下部叶片枯黄，影响千粒重；重者，生长受阻，叶黄株矮，茎上褐色卵条痕累累，甚至死苗，毁秆倒伏，形成枯孕穗或半枯穗量损失很大。

5. 白背飞虱(*Sogatella fureifera*)

（1）形态特征

成虫　有长翅型和短翅型两种。长翅型成虫体长 4~5 mm，灰黄色，头顶较狭，突出在复眼前方，颜面部有 3 条凸起纵脊，脊色淡，沟色深，黑白分明，胸背小盾板中央长有一五角形的白色或蓝白色斑，雌虫的两侧为暗褐色或灰褐色，而雄虫则为黑色，并在前端相连，翅半透明，两翅会合线中央有一黑斑；短翅型雌虫体长约 4 mm，灰黄色至淡黄色、翅短，仅及腹部的一半。

卵　尖辣椒形，细瘦，微弯曲，长约 0.8 mm，初产时乳白色，后变淡黄色，并出现 2 个红色眼点。卵产于叶鞘中肋等处组织中，卵粒单行排列成块，卵帽不外露。

若虫　近梭形长约 2.7 mm，初孵时乳白色，有灰斑，后呈淡黄色，体背有灰褐色。

（2）危害特点

以成虫和若虫群栖稻株基部刺吸汁液，造成稻叶叶尖褪绿变黄，严重时全株枯死，穗期受害还可造成抽穗困难，枯孕穗或穗变褐色，秕谷多等危害状。

6. 黑尾叶蝉 (*Nephotix cincticeps*)

（1）形态特征

成虫　体长 4.5~6.0 mm，黄绿色，在头冠两复眼间，有 1 亚缘黑带，横带后方的甲线黑色，极细（有时隐而不显）复眼黑褐色，单眼黄绿色。前胸背板前中部为黄绿色，后半部为绿色，小盾片黄绿色。前翅鲜绿至黄绿色，雄虫翅 1/3 处为黑色，雌虫翅端部淡褐色。

卵　长 1 mm，长椭圆形，微弯曲。初产时乳白色，后由淡黄转为灰黄色，并出现红褐色眼点。

若虫　5 龄若虫体长 3.5~4.0 mm，复眼赤褐色，体黄绿色，有时腹背淡褐色。头部除后缘有倒"八"字形黑纹外，头顶还有数个褐斑。中、后胸背面各有 1 个倒"八"字形褐纹。

（2）危害特点

黑尾叶蝉取食和产卵时刺伤寄主茎叶，破坏输导组织，受害处呈现棕褐色条斑，致植株发黄或枯死。

7. 稻蓟马 (*Thrips oryzae*)

（1）形态特征

成虫　体长 1.0~1.3 mm，黑褐色，触角 7 节，第 2 节端部和第 3、4 节色淡，其余各节褐色；单眼间鬃短，位于三角形连线外缘，复眼后鬃长；前翅深灰色，近基部色淡，上脉端鬃 3 条，下脉鬃 11~13 条。

卵　肾圆形，初产时白色透明，近孵化时呈浅黄色并有小红眼点。

若虫　共 4 龄，4 龄若虫又称蛹，长 0.8~1.3 mm，淡黄色，触角折向头与胸部背面。

(2) 危害特点

成虫　若虫以口器锉破叶面，成微细黄白色斑，叶尖两边向内卷折，渐及全叶卷缩枯黄，分蘖初期受害重的稻田，苗不长、根不发、无分蘖，甚至成团枯死。晚稻秧田受害更为严重，常成片枯死，状如火烧。穗期成、若虫趋向穗苞，扬花时，转入颖壳内，危害子房，造成空瘪粒。

四、作业与思考题

1. 列表比较几种钻蛀性螟虫的形态特征区别。
2. 根据实物标本观察结果，绘图比较褐飞虱和白背飞虱头胸部特征。

实验二　旱粮害虫的识别

一、实验目的

认识常见旱粮害虫种类及危害特点。

二、实验材料

亚洲玉米螟、东亚飞蝗等标本；体视显微镜、镊子、培养皿、昆虫针等工具。

三、实验内容

1. 亚洲玉米螟（*Ostrinia furnacalis*）

属鳞翅目螟蛾科。

(1) 形态特征

成虫　体长 13~15 mm，翅展 22~34 mm，体黄褐色。前翅内横线波浪状，外横线锯齿状，褐色；两横线间有两块褐色条斑，亚外缘线至外缘为一褐色宽带。后翅灰黄色，有 2 条波状纹与前翅横线相接，雌成虫体色鲜黄。

卵　卵集产成块，常是 20~60 粒呈鱼鳞状排列的卵块，单粒卵扁平椭圆形，1.0 mm×0.8 mm，卵块多产于玉米叶片中肋近中脉处。

幼虫　共 5 龄，成长幼虫体长 20~30 mm，头部深褐色，体背淡灰褐或淡红褐色，背中线明显中，后胸背面各有圆形双毛毛片 4 个，腹部第 1~8 节背面各有单毛毛片 2 行，前行 4 个，中间 2 个较大，后行 2 个较小，腹足趾钩为三序缺环型。

蛹　体长 15~19 mm，黄褐色至红褐色。

(2) 危害特点

钻蛀玉米、高粱果穗或茎秆危害。

2. 东亚飞蝗（*Locusta migratoria manilensis*）

属直翅目蝗科。

（1）形态特征

成虫　雄成虫体长 35.5~41.5 mm，雌成虫体长 39.5~51.2 mm，体色通常为绿色或黄褐色，常有变异头部，颜面垂直；触角淡黄色；复眼卵形，复眼前下方常有暗色斑纹。前胸背板中隆线发达，两侧常具有暗色纵条纹。前翅长于腹部，褐色，有暗褐色斑纹，后翅无色透明。

卵　东亚飞蝗产卵成块，卵块黄褐色，长筒形，长 45~61 mm，中间略弯，上部略细，占全长 1/5 部分为海绵状胶质，不含卵粒，其下部为由胶质黏接成排的卵粒。一般每块产卵 50~80 粒。卵粒呈倾斜排列，共 4 行。卵粒呈圆锥形，稍弯曲，6.5 mm×1.6 mm，卵块产于土质坚实的地面下 50~70 mm 深处。

若虫　共 5 龄，称蝗蝻。

（2）危害特点

成虫、若虫咬食禾本科及莎草科植物，嗜食芦苇，有成群迁飞、群集取食习性。群蝗过处，常食光绿色禾本科植物。

四、作业与思考题

1. 简述亚洲玉米螟的成虫和幼虫鉴别特征。
2. 简述亚洲玉米螟和东亚飞蝗所引起的危害特点。

实验三　棉花害虫的识别

一、实验目的

识别棉大卷叶螟、中黑盲蝽、棉蚜、棉铃虫等几种主要的棉花害虫以及危害特点。

二、实验材料

棉蚜成虫及若虫的液浸及玻片标本；棉大卷叶螟、中黑盲蝽、棉铃虫成虫、幼虫的液浸及针插标本，以及棉蚜的危害状标本；体视显微镜、镊子、培养皿、昆虫针等工具。

三、实验内容

1. 棉蚜（*Aphis gossypii*）

属半翅目同翅亚目蚜科。

（1）形态特征

成虫　有翅胎生雌蚜，体色有黄色浅绿色、深绿色，头及胸部均黑色，体长 1.2~1.9 mm，触角比体短，第 3 节上有 5~8 个感觉孔，排成 1 行，第 4 节上无感觉孔，复眼大，暗红色，腹管黑色，圆筒形，基部较宽，尾片青色、黄色或黑色，等于或长于腹管的一半长度，两侧各有三根长毛。无翅胎生雌蚜，体色同上，我国夏季以黄色者为最多，体长 1.5~1.9 mm，尾片青色或黑色，两侧各有曲毛 3 根。

若虫　有翅幼蚜，体长 1.63 mm，触角除第 3 节外均为灰黑色，体色依季节不同而有差异，腹部背面第 1、6 节中侧及第 2、3、4、5 节之中侧及两侧各有白圆斑一个。无翅幼蚜，眼红色，无尾片，触角节数及腹管形状常因龄期而不同，夏季黄色至黄绿色，秋季蓝灰色。

（2）危害特点

成虫、若虫都危害，群居在棉叶背面、花蕾及嫩茎上，刺吸汁液，使叶片向内卷曲，严重的卷缩成团，棉蚜还能分泌蜜露，玷污棉叶，阻碍棉株的生理作用。

2. 棉大卷叶螟(*Sylepta derogata*)

属鳞翅目螟蛾科。

（1）形态特征

成虫　全部黄白色，体长 14 mm，翅展约 30 mm，胸部背面有 12 个黑褐色小点，列为 4 排，前后翅各具数条云状横线，前翅云状横线在前缘构成"OR"状。

（2）危害特点

幼虫有吐丝卷叶习性，躲在叶内食害叶片，影响棉株生长。

3. 中黑盲蝽 (*Adelphocoris suturalis*)

属半翅目盲蝽科。

（1）形态特征

成虫　体长 6.5 mm，黄褐色，披有黄色细毛；前胸背板中部有 2 个黑色小圆斑；前翅革片上有深色三角形斑，小盾片及前翅爪片黑色；触角比体长。

（2）危害特点

刺吸棉株的幼嫩组织和繁殖器官造成危害，主要危害繁殖器官。

4. 棉铃虫(*Heliothis armigera*)

属鳞翅目夜蛾科。

（1）形态特征

成虫　体色变化很多，黄褐色，黑褐色或赤褐色，体长 16~17 mm，翅展 27~28 mm，前翅内横线及亚外线均呈波纹状，二者中央为暗色，后翅缘毛白色，近外缘有一黑褐色宽带。

幼虫　体色变化很多，体长 30 mm，圆筒形，各节有 12 个黑色的瘤状物，气门外圈有白色环，尤其第八节气门环特别显著。

（2）危害特点

幼虫蛀食花蕾棉铃，常由棉铃胴部咬孔钻入，被害后常发生落花落果烂铃现象，幼虫亦可蛀食棉茎或啮食棉叶，有迁移危害习性，一个幼虫可危害花及蕾铃 10~20 个，蛀孔大，虫粪均排出铃外。

四、作业与思考题

1. 试绘制棉蚜成虫形态图，注明主要部分名称。
2. 试区别2种病虫形态特征及其产生的病害特征。

实验四　蔬菜害虫的识别

一、实验目的

识别菜白蝶、小菜蛾、甜菜夜蛾、斜纹夜蛾、温室白粉虱等几种主要的蔬菜害虫及其危害特点。

二、实验材料

菜白蝶、小菜蛾、甜菜夜蛾、斜纹夜蛾、温室白粉虱等害虫成虫、幼虫的液浸及针插标本；体视显微镜、镊子、培养皿，昆虫针等工具。

三、实验内容

1. 菜粉蝶(*Pieris rapae*)

属鳞翅目粉蝶科。

（1）形态特征

成虫　体长约19 mm，翅展45~65 mm，前翅顶角有三角形黑斑，雄虫不明显，前翅中央的外侧有2个浓黑圆斑，一上一下，在下的黑斑接近后缘（雄虫黑斑不显著，往往只见上方一个），后翅前缘有黑斑一个，与前翅后缘上的黑斑相接近。

幼虫　老熟幼虫体长28~35 mm，全体菜绿色，腹面稍淡，背面满布小黑点，上面密生微毛。

（2）危害特点

幼虫啮食十字花科蔬菜叶片，低龄幼虫吃叶肉，留下表皮，老龄幼虫将叶吃成孔，或在叶边造成缺刻，严重时将菜叶吃成网状，只留下叶柄和叶脉，危害甘蓝时可侵入心球内，外边留有深青色的粪粒。

2. 小菜蛾(*Pluttella maculipennis*)

属鳞翅目菜蛾科。

（1）形态特征

成虫　体长6~7 mm，翅展12~15 mm，体色灰黑色，雄虫的头及胸部灰白色，雌虫则为灰黄色，前翅灰褐，前缘较淡，有暗褐小点撒布其上，后缘从翅基到臀角有黄白色波状带，作三度曲折，雌虫此带为灰黄色，但不如雄虫明显，静止时两翅后垂，状如屋脊，唯末端略向上举，当两翅连接时，后缘的白带呈斜方块的花纹，后翅灰白色，腹部末节的腹面左右分裂。

幼虫　体长约 9 mm，体呈纺锤形，体绿色，头黄褐，前胸背板具淡褐色小点，列成 2 个"U"字形，前胸背板后缘各有 2 个毛簇，是由 3 根黑色细毛构成。

（2）危害特点

初孵化的幼虫，可蛀入叶的组织、叶柄或叶脉内寄生，其后在叶背取食留下叶肉表皮，形成许多透明斑点呈玻璃窗状，以后表皮破裂成孔状，有时亦可危害籽实。

3. 甜菜夜蛾（*Spodoptera exigua*）

属鳞翅目夜蛾科。

（1）形态特征

幼虫　体色多变，有绿色、暗绿色、黄褐色、褐色至黑褐色。腹部每体节的气门后各有一显著白点，气门下线为黄白色纵带，直达腹末。

（2）危害特点

幼虫危害，低龄幼虫在叶背群集结网食害叶肉，留剩一层表皮和叶脉，呈窗纱状；高龄幼虫吃叶成孔洞或缺刻，严重时除叶脉外，全叶皆被吃尽。三龄以上幼虫还可以钻蛀果实。

4. 温室白粉虱（*Trialeurodes vaporariorum*）

属同翅目粉虱科。

（1）形态特征

成虫　体淡黄色，触角 7 节，复眼哑铃形，红褐色，喙 3 节，翅覆盖白色蜡粉，前翅具 2 脉，1 长 1 短；后翅 1 脉。足基节膨大，粗短，跗节 2 节，具 2 爪。

（2）危害特点

以成虫、若虫集中在寄主叶背，刺吸汁液，使叶片生长受阻变黄，影响植株正常生长发育。由于成虫和若虫能分泌大量蜜露，堆积于叶面和果实上，往往引起煤污病的发生，影响叶片正常的光合作用，造成叶片萎蔫，植株枯死。还能传播病毒病。

5. 斜纹夜蛾（*Prodenia litura*）

属鳞翅目夜蛾科。

（1）形态特征

成虫　前翅黄褐色，具有复杂的黑褐色斑纹，翅基部前半部有白线数条，内外横线之间有灰白色宽带，自内横线前缘伸至外横线近内缘 1/3 处，灰白色宽带中有 2 条褐色线纹。后翅白色，具紫色闪光。

（2）危害特点

低龄幼虫在叶背群集结网食害叶肉，留剩一层表皮和叶脉，呈窗纱状；高龄幼虫吃叶成孔洞或缺刻，严重时除叶脉外，全叶皆被吃尽。

四、作业与思考题

1. 比较甜菜夜蛾、菜粉蝶、小菜蛾的幼虫主要特征。
2. 指出 2 种害虫所引起的病害特征。

实验五　仓库害虫的识别

一、实验目的

识别主要仓库害虫玉米象、绿豆象和锯谷盗的主要形态及危害特点。

二、实验材料

玉米象、绿豆象、锯谷盗等标本；体视显微镜、镊子、培养皿、昆虫针等工具。

三、实验内容

1. 玉米象（*Sitophicus zeamais*）

属鞘翅目象甲科。

（1）形态特征

成虫体长 3.5~5 mm，宽 1~1.7 mm，圆筒形，体暗赤褐色，有较强光泽。头部额区向前延伸形成喙，触角膝状 8 节，第 3 节较 4 节长，末端节膨大。前胸背板前狭后宽，具圆形刻点，沿中线刻点数多于 20 个。鞘翅的基部、端部各具 1 橙黄或黑褐色椭圆形斑纹，后翅发达。

（2）危害特点

成虫食害禾谷类种子，以小麦、玉米、糙米及高粱受害最重；幼虫只在禾谷类种子内危害。是一种最主要的初期性害虫，贮粮被玉米象咬食而造成许多碎粒及粉屑，易引起后期性害虫的发生。危害后能使粮食水分增高和发热。能飞到田间危害。

2. 绿豆象（*Callosobruchus chinensis*）

属鞘翅目豆象科。

（1）形态特征

成虫体长 2~3.5 mm，宽 1.3~2 mm，卵圆形，深褐色；雄虫触角柿齿状，雌虫锯齿状；前胸背板后端宽，前端窄，着生刻点和黄褐、灰白色毛，后缘中叶有 1 对被白色毛的瘤状突起，中部两侧各有一个灰白色毛斑。小盾片被有灰白色毛。鞘翅基部宽于前胸背板，小刻点密，灰白色毛与黄褐色毛组成斑纹，中部前后有向外倾斜的 2 条纹。臀板被灰白色毛，近中部与端部两侧有 4 个褐色斑。后足腿节端部内缘有一个长而直的齿，外端有一个端齿，后足胫节腹面端部有尖的内、外齿各 1 个。

（2）危害特点

幼虫蛀荚，食害豆粒，或在仓内蛀食贮藏的豆粒。

3. 锯谷盗（*Oryzaephilus surinamensis*）

属鞘翅目锯谷盗科。

（1）形态特征

成虫扁长椭圆形，深褐色，长 2~3.5 mm，体上被黄褐色密的细毛。头部大三角形，复眼黑色突出，触角棒状 11 节；前胸背板长卵形，中间有 3 条纵隆脊，两侧缘各生 6 个锯齿突；鞘翅长，两侧近平行，后端圆；翅面上有纵刻点列及 4 条纵脊，雄虫后足腿节下侧有 1 个尖齿。

（2）危害特点

成虫、若虫喜食破碎玉米等粮食的碎粒或粉屑。危害食用菌时，幼虫蛀食子实体干品，成虫也可危害。

四、作业与思考题

1. 绘制玉米象、锯谷盗成虫图，并比较其主要特征和危害特点。
2. 绘制绿豆象的结构形态。

实验六　茶、桑树等害虫的识别

一、实验目的

识别茶树和桑树上主要害虫的形态特征及危害特点。

二、实验材料

小绿叶蝉、黄刺蛾、桑蓟马、茶二叉蚜、桑白盾蚧等标本；体视显微镜、镊子、培养皿，昆虫针等工具。

三、实验内容

1. 小绿叶蝉（*Emopoasca flavescens*）

属同翅目叶蝉科。

（1）形态特征

成虫体长 3.3~3.7 mm，淡黄绿至绿色，复眼灰褐至深褐色，无单眼，触角刚毛状，末端黑色。前胸背板、小盾片浅鲜绿色，常具白色斑点。前翅半透明，略呈革质，淡黄白色，周缘具淡绿色细边。后翅透明膜质，各足胫节端部以下淡青绿色，爪褐色；跗节 3 节；后足跳跃足。腹部背板色较腹板深，末端淡青绿色。头背面略短，向前突，喙微褐，基部绿色。

（2）危害特点

成、若虫吸汁液，被害叶初现黄白色斑点渐扩成片，严重时全叶苍白早落。

2. 黄刺蛾（*Cnidocampa flavescens*）

属鳞翅目刺蛾科。

（1）形态特征

成虫　雌蛾体长 15~17 mm，翅展 35~39 mm；雄蛾体长 13~15 mm，翅展 30~32 mm。体橙黄色。前翅黄褐色，自顶角有 1 条细斜线伸向中室，斜线内方为黄色，外方为褐色；在褐色部分有 1 条深褐色细线自顶角伸至后缘中部，中室部分有 1 个黄褐色圆点。后翅灰黄色。

(2)危害特点

幼虫取食叶下表皮和叶肉，剥下上表皮，形成圆形透明小斑，隔 1 d 后小斑连接成块。4 龄时取食叶片形成孔洞；5、6 龄幼虫能将全叶吃光仅留叶脉。

3. 茶二叉蚜 (*Toxoptera aurantii*)

属同翅目蚜科。

(1)形态特征

有翅胎生雌蚜体长 1.6 mm，体黑褐色，具光泽，触角暗黄色，第 3 节具 5~6 个感觉圈，前翅中脉仅一分支，腹背两侧各有 4 个黑斑，腹管黑色长于尾片。无翅胎生雌蚜体长 2 mm，暗褐至黑褐色，胸腹部背面具网纹，足暗淡黄色。卵长椭圆形，黑色有光泽。若虫与无翅胎生雌蚜相似，体较小，1 龄体长 0.2~0.5 mm，淡黄至淡棕色。

(2)危害特点

以成虫和若虫群集在幼叶背面和嫩梢上危害，也危害嫩芽和花蕾等。常造成枝叶卷缩硬化，以致枯死，亦诱生煤病或招至黑霉菌的滋生，使枝叶变黑。

4. 桑白盾蚧 (*Pseudaulacaspis pentagona*)

属同翅目盾蚧科。

(1)形态特征

雌成虫介壳圆形或近圆形，略隆起，灰白色，壳点偏心，虫体心脏形，淡黄色至橘黄色；雄介壳扁筒形，形似鸭嘴，白色，壳点橘黄色，位于介壳正面顶端。

(2)危害特点

若虫和雌成虫固定在枝干上刺吸寄主汁液，使寄主生长衰弱，虫口密度大时造成枝干枯萎而死。

5. 桑蓟马 (*Pseudcden drothrips*)

属缨翅目蓟马科。

(1)形态特征

成虫体长 1 mm 左右，纺锤形，淡黄色，触角 8 节，口器锉吸式。翅细而狭长，灰白色透明，边缘具长毛。雌虫腹部末端狭长，产卵管短，向下弯曲，两侧有锯齿状突起，翅仅达腹末。

(2)危害特点

刺吸桑叶汁液。通常上代若虫在 4~8 片叶上吸汁，下代成虫又有新梢嫩叶上产卵，随着新梢的持续向上生长，造成不断由下而上，分层受害的现象。

四、作业与思考题

鉴别桑树上的 2 种害虫，并写出依据。

实验七 地下害虫的识别

一、实验目的

识别地下害虫形态，掌握重要种类的识别特征。

二、实验材料

蝼蛄类、蛴螬类、地老虎类等标本；体视显微镜、镊子、培养皿，昆虫针等工具。

三、实验内容

(一)蝼蛄类

1. 东方蝼蛄(*Gryllotalpa orientalis*)

属直翅目蟋蟀总科蝼蛄科。

(1)形态特征

成虫 体长 30~35 mm，前胸宽 6~8 mm，全体呈梭形，体色灰褐色，密布细毛。头圆锥形，触角丝状。前胸背板卵圆形，前翅鱼鳞状，能覆盖腹部的1/2，雄虫有发音器位于后缘中部稍上方，可发音。前足为开掘足。后足胫节背面内侧有棘 3~4 个，腹部末端近纺锤形。

卵 集产于 5~20 mm，深的土下卵室(窝)内。单粒卵椭圆形，初产时长 1.58~2.88 mm，宽 1.0~1.56 mm，孵化前长 3.0~4.0 mm，宽 1.8~2.0 mm，体积膨大近 1 倍。初产时乳白色，以后变灰黄或黄褐色，孵化前呈暗褐色或暗紫色。

若虫 共 6 龄，初孵时，头细腹粗，身白腹红。半天后，体色近成虫，体长 4 mm，末龄体长 24~28 mm。

(2)危害特点

成虫、若虫在作物根部开掘遂道，切断植物根部，咬食植物根茎交界处，受害植物切口呈乱丝伏。

2. 华北蝼蛄(*Orrllotalpa unispina*)

属直翅目蝼蛄科。

(1)形态特征

成虫 体长 36~56 mm，前胸宽 7~11 mm，全体粗壮肥大，呈圆筒形，体色呈黄褐色全身密布细毛。从背面看，头呈卵圆形，前胸背板盾形，前翅鱼鳞状覆盖住腹部不足 1/3。前足开掘足，后足胫节背侧内缘有棘 1 个或无，腹部末端圆筒形。

卵 同东方蝼蛄，但稍细小。

若虫 共 13 龄。

（2）危害特点

同东方矮蝼。

（二）地老虎类

小地老虎（*Agrotis ypsilon*）

属鳞翅目夜蛾科。

（1）形态特征

成虫　体长 16~23 mm，翅展 42~54 mm，体暗褐色，触角，雌蛾丝状；雄蛾双节齿状前翅暗褐色，前翅前缘颜色较深，亚基线。内横线与外横线均为暗色双线夹一白线所成的波状线，前端部白线特别明显；楔状纹黑色，肾状纹与环状纹暗褐色，有黑色轮廓线，肾汰纹外侧凹陷外有 1 尖三角形剑状纹；亚缘线白色；锯齿状，其内侧有 2 黑色剑状纹与前 1 剑状纹尖端相对，是其最显著特征，后翅背面灰白色，前缘附近黄褐色。

卵　散产于地表，半球形，高 0.5 mm，宽 0.61 mm，表面有纵横交叉的隆起脊，初产时乳白色，孵化前灰褐色。

幼虫　多为 6 龄，少数 7~8 龄，成长幼虫体长 41~50 mm。体形稍扁平，黄褐色至黑褐色，体表粗糙，腹末臀板黄褐色，有对称的 2 条深褐色纵带。

蛹　体长 18~24 mm，宽 9 mm。红褐色或暗褐色，腹部第 4~7 节基部有 1 圈点刻，在背面的大而深，腹端具臀棘 1 对，带土茧。

（2）危害特点

幼虫食性杂。危害多种作物幼苗，3 龄以上幼虫，从地面切断植株，且拖带植株地上部分入隐藏处，断续取食，常造成缺苗、断垄，甚至毁种。

（三）蛴螬类

蛴螬是鞘翅目金龟科幼虫的总称，成虫（金龟子）主要危害果树苗木、树木、大豆等。蛴螬中体型呈"C"字型者多为植食性种类，呈"J"字型者多为腐食性种类，在华南地区，除蔗龟外，主要是铜绿丽金龟、华南大黑鳃金龟和痣鳞鳃金龟等种类。

1. 铜绿丽金龟（*Anomala corpulenta*）

属鞘翅目丽金龟科。

（1）形态特征

成虫　中型。体长 19~21 mm，体宽 10~11.3 mm，头、前胸背板、小盾片和鞘翅呈铜绿色有闪光，但头、前胸背板色较深：呈红铜绿色，前胸背板两侧缘，鞘短侧缘，胸腹部腹面，三对足的基节、转节、股节均为黄褐色，而三对足的胫节、跗节及爪均为棕色。唇基呈横椭圆形，前缘角较直，中间不凹入。前胸背板前缘较直，两前角前伸，呈斜直角状，前胸背板最宽处位于两后角之间，鞘翅各具有 4 条纵助，肩部具瘤夹。前足胫节具 2 外齿。前、中足大爪分叉，后足大爪不分叉。雄虫臀板基部中间有 1 个三角形黑斑。

卵　初产时椭圆形，乳白色，长 1.65~1.93 mm，宽 1.3~1.45 mm，孵化前呈圆形，长 2.37~2.62 mm，宽 2.06~2.28 mm，卵壳表面光滑。

幼虫　蛴螬型，体长 30~33 mm，头宽 4.9~5.3 mm，头长 3.5~3.8 mm。头间前顶刚毛每侧各 6~8 根，排成 1 纵列，肛腹片后部复毛区中间的刺毛列由长针状刺毛组成，每侧多为 15~18 根，两列刺毛尖本部分彼此相遇和交叉，刺毛列后端少许分离，刺毛列的前端远未达钩毛群前部边缘，肛门裂"一"字形。

(2)危害特点

成虫取食果实嫩叶；幼虫咬食花生果荚，甘蔗块根，大豆根部。

2. 华南大黑鳃金龟(*Holotrichia sauteri*)

属鞘翅目鳃金龟科。

(1)形态特征

成虫　体长 18.5~24 mm，宽 7~10 mm，黑色或黑褐色，具光泽。唇基横长近似半月形。前、侧缘边上卷，前缘中间微凹入。触角 10 节，鳃部 3 节呈黄褐或赤褐色。前胸背板其宽度不及其长度的 2 倍，两侧缘呈弧状外扩，侧缘全为微小具毛缺刻所断。小盾片近于半圆形。鞘翅呈长椭圆形，其长度为前胸背板宽度的 2 倍，鞘翅黑色或黑褐色，具光泽，每则有 4 条明显的纵肋，肩疣突位于第 2 纵肋(由内向外数)基部的外方，鞘翅汇合处缝助显著。前足胫节外齿 3 个，同方距 1 根。中、后足胫节末端具端距 2 根，3 对足的爪均为双爪，形状相同，位于爪的中部下方有垂直分裂的爪齿，中、后足胫节中段有一完整的具刺横脊。臀节外露，臀板较狭小，隆凸顶点在上半部或近中部，雄外生殖器阳基侧突下突鸟嘴状，中突突片 3 个，皆舌状。

幼虫　共 3 龄，成长幼虫体长 35~45 mm，头宽 4.9~5.3 mm，头长 3.4~3.6 mm。头部前顶刚毛每侧各 3 根，排成 1 纵列，肛门裂为浅三裂，肛腹片后部钩毛 70~80 根，分布不均匀，上端(基部)中间有裸区。钩毛区自肛孔开始至肛腹片前边的 1/3 处止。

(2)危害特点

幼虫危害花生、甘薯等大田作物及苗木。

四、作业与思考题

1. 列表比较几种蛴螬的形态特征。
2. 分析以上所选的虫害所引起的病症。

第八章　常见林业害虫分类鉴别

实验一　食叶害虫(一)

一、实验目的

通过实验，能够正确识别常见的松毛虫类及刺蛾类。

二、实验材料

①松毛虫类：马尾松毛虫，云南松毛虫，思茅松毛虫。
②刺蛾类：褐刺蛾，黄刺蛾，青刺蛾，丽绿刺蛾，扁刺蛾。

三、实验内容

松毛虫类及刺蛾类主要种类的识别。观察下列标本的主要形态特征。

1. 马尾松毛虫(*Dendrolimus Punctatus*)

成虫　雌蛾体长 18~29 mm，翅展 42~57 mm，体为灰褐色，触角为短的栉齿状，前翅具 4~5 条褐色波状横纹，亚外缘线为 8~9 个黑斑组成，呈"3"字型排列，中室内具一个不明显的白斑。

雄蛾体长 20~28 mm，翅展 36~49 mm，体为黑褐色，触角羽毛状，前翅具 4~5 条深褐色波状横纹，亚外缘线为 9 个黑斑组成，呈"3"字型排列，中室内其一个显著的白斑。

幼虫　老熟幼虫体长 46~61 mm，头棕黄色，体为棕缸或黑色，中后胸背面各具一蓝黑色的毒毛簇；中间银白色或黄白色，腹部各节背面两侧具蓝黑的毒毛簇，体侧为白色长毛纵带，近头部特别长。中胸至第 8 腹节的气门后上方各具一个小白点。

蛹　长 22~27 mm，棕褐色，密布黄色绒毛。茧长 30~46 mm，长椭圆表，灰白色，表面覆有稀疏黑色毒毛。

卵　椭圆形，初产时为粉红色或淡绿、淡紫等色，近孵化时为紫黑色。

2. 云南松毛虫(柳杉毛虫)(*Demdrolimus kikuchii*)

成虫　雌蛾体长 36~42 mm，翅展为 102~120 mm，体灰褐色，雄蛾体长 34~42 mm，翅展为 70~87 mm，前翅具 4 条成褐色波状横纹。亚外缘线为 9 个灰黑色，自顶角往下第 1~5 斑排列呈弧状；6~9 斑位于一直线上，中室具一白斑点(雌蛾不明显)。

3. 思茅松毛虫(赭色松毛虫)(*Dendrolimus kikuchii*)

成虫　雄蛾体长 22~27 mm，翅展 53~65 mm，体深褐色，前翅具 4 条波状横纹，亚外缘线为 8 个近圆形的黄色斑组成，中室具明显的白斑，中室白斑至基角之间有一肾形黄色斑纹。雌蛾体长 25~31 mm，翅展 68~75 mm，体色较雄蛾浅，翅基处无肾形斑，中室白斑显著，4 条深色横纹较明显。

4. 黄刺蛾（*Cnidocamra flavescens*）

成虫　体长 13~17 mm，翅展 30~38 mm，体翅黄至黄褐色，前翅自顶角有一褐色斜线伸向翅的后缘，斜线内方为黄色，外方为棕褐色，棕褐色部分有一自顶角至后缘的褐色横纹，与斜线呈"◯"形，黄色部分在中室及后缘近基部常各具一黄褐色固点。

幼虫　老熟幼虫体长 19~25 mm，黄绿色，体背有一紫褐色亚铃状的大斑，中胸以后的亚背线上，每节均具 1 对枝刺。并以后胸及腹部第 1、7 节枝刺较大。

蛹　椭圆形，灰白色，有黑褐色纵纹，附于小枝或树干上。

5. 青刺蛾（褐边缘刺蛾）（*Parasa consocia*）

成虫　体长 13~17 mm，翅展 30~40 mm，头顶、胸部背面及前翅青绿色，前翅基部为一多角的褐色斑，有一波状的褐色内缘线，内缘线以外有一棕黄色的宽带外缘为褐色。

幼虫　老熟幼虫体长 25~30 mm，黄绿色，体背线墨埠色，中胸至第 9 腹节，每节具 1 对棕色枝刺，腹部第 8、9 节各着生黑色绒球毛丛 1 对。

蛹　椭圆形，棕褐色，一般结于树干基部附近的浅土中。

6. 丽绿刺蛾（*Pacasa lepida*）

成虫　体长 13~17 mm，翅展 30~40 mm，头顶、胸部、背面及前翅绿色，前翅基部为一尖长形的不伸达后缘的褐色斑，有一较直的褐色内缘线，内缘线以外为褐色宽带。

幼虫　老熟幼虫体长 24~26 mm，绿色。体背线墨绿色，中胸至第九腹节各着生枝 1 对，后胸节的枝刺为橙红色，其余枝刺为棕色。腹部第 3、9 节各着生黑色绒球毛丛 1 对。

蛹　椭圆形，黑褐色，多结于树干基部。

7. 褐刺蛾（*Setora postornata*）

成虫　老熟幼虫体长 25~35 mm，黄绿色，背线蓝色，亚背线分黄色型和红色型 2 种。黄色型枝刺黄色，红色型枝刺紫红色，中胸至腹部第 9 节各节在亚背线上具枝刺 1 对，并以中后胸，热敏电阻部第 1、5、8、9 节上的枝刺特别长。

蛹　椭圆形，灰褐色，结于寄主干基部附近的浅土中。

8. 扁刺蛾（*Thosea sinensis*）

成虫　体长 12~18 mm，翅展 28~36 mm，体翅灰褐色，前翅近中部有一条深褐色横纹，横纹内侧为色较浅的宽带。

幼虫　老熟幼虫长 22~26 mm，扁平长圆形，背中央隆起，体侧枝刺发达，11 对，呈辐射状排列，腹部各节背侧面可见红色斑点 1 对。

蛹　椭圆形，暗褐色，多结于树干基部附近的浅土中。

四、作业与思考题

1. 绘制马尾松毛虫幼虫形态圈及成虫前翅的形态图。
2. 绘制青刺蛾及丽绿刺蛾成虫前翅的形态图。
3. 绘制黄刺蛾茧的形态图。

实验二　食叶害虫(二)

一、实验目的

通过实验，能够正确识别常见的袋蛾类、螟蛾类、足蠖类及毒蛾类的昆虫。

二、实验材料

①袋蛾类：大袋蛾及茶袋蛾、白囊袋蛾、小袋蛾、褐袋蛾的护囊。

②螟蛾类：竹织叶野螟、竹绒野螟、竹淡黄绒野螟、竹金黄绒野螟、竹大黄绒野螟。

③尺蠖类：油桐尺蠖。

④毒蛾类：乌桕毒蛾、茶毒蛾、华竹毒蛾。

三、实验内容

袋蛾类、螟蛾类、尺蠖类及毒蛾类主要种类的识别，观察下列标本的主要形态特征。

1. 大袋蛾(*Cryptothelca variegata*)

成虫　雌雄异型。雌蛾蛆状，体长 17~20 mm，头、口器退化，胸部发达，腹部 7~8 节间有黄色茸毛，雄蛾体长 17 mm 左右，翅展 36~42 mm，体黑褐色，胸部背面具有 5 条深色纵纹，前翅近外缘具 4~5 个透明斑。位于 R_4~R_5 脉及 M 脉上。

幼虫　三龄以后能识别雌雄。

雌性幼虫　老熟时，体长 32~37 mm，体为深褐色。

雄性幼虫　老熟时，体长 18~24 mm，体为黄褐色，头部蜕裂线及额缝白色。

幼虫腹足前 4 对较退化，但臀足发达，趾钩为单序缺环。

蛹　黄褐色，雌性体长 22~33 mm，蛹头、胸的附器均消失；雄性体长 17~20 mm。

2. 几种袋蛾的护囊形态

大袋蛾(*Cryptothelea variegata*)：长 60 mm 左右，纺锤形，外缀整片叶子(危害针叶树时为针叶)和枝梗。

茶袋蛾(*Cryplathelea minulsula*)：长 30 mm 左右，外缀整齐排列的小枝梗。

白丰袋蛾(*Chalioides kondonis*)：长 30 mm 左右，细长形，整个护囊为白色丝织成。

小袋蛾(*Acnthopsyche* sp.)：长 10 mm 左右，囊外缀有细碎叶片和枝梗。化蛹前囊口有一长约 10 mm 的丝索。

褐袋蛾（*Mabasona colona*）：长 25~40 mm，粗大，囊外附有许多较大的碎叶片。呈松散的鱼鳞状重叠排列。

3. 竹织叶野螟（*Algedonia coclesalis*）

成虫　体长 9~13 mm，体翅黄至黄褐色，前后翅外缘均有褐色宽边，前翅有 3 条褐色弯曲的横线，外横线下半段内倾成一纵线与中线相接，后翅中央有 1 条褐色波状横纹。

4. 竹绒野螟（*Crocidophora evenoralis*）

成虫　体长 9~13 mm，体黄至金黄色，前后翅为金黄色，前翅有 3 条与竹织处野螟相似的弯曲褐色横线外缘为褐色宽边，缘毛与外缘间为金黄色，具 6~7 个黑点。

5. 竹淡黄绒野螟（竹云纹野螟）（*Demobotys pervulgalis*）

成虫　体长 9~11 mm，体淡黄至黄白色，前后翅淡黄色，前翅有 3 条弯曲的灰褐色横线，外横线内倾，而下半段消失，中横线完整，外缘没有褐色宽边，缘毛内有一列黄褐色小点。共 6~7 枚。

6. 竹金黄绒野螟（金黄镰翅野螟）（*Crocidophora aurealis*）

成虫　体长 10~13 mm，体黄至金黄色，雌蛾前翅稍狭长，金黄色无斑纹，雄蛾前翅狭长呈柳叶形，黑褐色，绿毛及外绿边为金黄色。

7. 竹大黄绒野螟（赫翅双叉端环野螟）（*Eumorphobotys abscuralis*）

成虫　体长 12~17 mm，体黄至灰黄色，前翅黄至灰黄色，外缘为一棕黄色的边。

8. 油桐足蠖（*Buzura suppresaria*）

成虫　体长 17~23 mm，翅展 56~65 mm，体翅灰白色，翅面上由于散生蓝黑色鳞片多少不同，翅色由灰白色至黑褐色不等，翅反面中央有一黑色斑点，前后翅均有 3 条黄褐色波状横纹，外缘为波状缺刻。某些雄蛾前后翅基线和亚外缘线甚粗，而中横线很不明显。

幼虫　老熟幼虫体长约 70 mm，体色随环境而异，有灰褐、青绿等。头部密布棕色小颗粒，头顶弧形凹陷，两侧呈角状突起，气门紫红色。

蛹　圆锥形，黑褐色，雌蛹体长 26 mm，雄蛹体长 10 mm，头顶两侧具耳状突起，腹末亦有 1 对突起，臀棘明显，基部膨大，端为二叉。

9. 乌桕毒蛾（*Euproctis bipunctapen*）

成虫　体长 10~15 mm，翅展 30~40 mm，体黄色，翅黄褐色，前翅顶角及臀角处各有一黄色大斑，顶角黄斑内具 2 个明显的黑斑点，后翅外缘为黄色宽带。

幼虫　老熟幼虫体长 24~30 mm，头黑褐色，胸腹部黄褐色，胸部稍细，第 1~3 腹节粗大，胸腹部每节具 4 对毛瘤，第 1、2、8 腹节亚背线上的一对特别大，左右相连，后胸节毛瘤及翻缩腺橘红色。

10. 茶毒蛾（*Euproctis pseudoconspersa*）

成虫　体长 10~12 mm，翅展 30~35 mm，体黄褐色、前翅黄褐色，中部有 2 条黄白色横带，顶角及臀角处各有一黄色大斑，顶角黄斑内具 2 个明显的黑斑点，后翅外缘黄色。

幼虫　老熟幼虫体长约 20 mm，头红褐色，胸腹部浅黄色，胸腹部每节具 4 对毛瘤，第 1、2、8 节腹节亚背线上的一对最大，但左右不相连。

11. 华竹毒蛾(灰顶竹毒蛾)（*Pantana sinica*）

成虫　具三型。

①雌成虫体长 12~15 mm，翅灰白色。前翅 M_2 与 M_3、M_3 与 Cu_1、Cu_1 与 Cu_2、Cu_2 与 Cu 脉夹角处各有黑色斑纹一块，后翅无斑纹。

②越冬代雄成虫(春型)体长 11~13 mm，前翅前缘夏由中线到外缘部分全为黑色，在与雌成虫前翅同等位置有 4 个黑色斑纹，余为白色。

③第一代雄成虫(夏型)体长 10~22 mm，前后翅均为黑色，无斑纹。

幼虫　老熟幼虫体长 22~30 mm，黄褐色，前胸两侧毛瘤突出较长，着生两束向前伸出的黑色长毛。气门白色，腹部 1~4 节背面各有一排棕色刷状毛。

尾节背面有一束向后竖起的黑色长毛。

四、作业与思考题

1. 绘制各种袋蛾的护囊形态图。
2. 绘制竹织叶野螟成虫前翅形态图。
3. 绘制油桐尺蠖蛹及幼虫的形态。

实验三　枝梢、种实及苗圃害虫

一、实验目的

通过实验掌握枝梢(包括竹笋)，种实及苗圃害虫主要种类的形态特征。

二、实验材料

①枝梢害虫：杉梢小卷蛾、松梢小卷蛾、松梢螟、日本松干蚧。

②笋期害虫：竹笋夜蛾，一字竹象。

③苗圃害虫：铜绿金龟、棕色鳃金龟、黑绒金龟、小地老虎、大地老虎、非洲蝼蛄。

④种实害虫：油茶象甲、栗实象甲。

三、实验内容

枝梢(包括竹笋)、种实及苗圃害虫主要种类的形态观察，观察下列标本的主要形态特征：

1. 杉梢小卷蛾（*Polychrosis cunninghamiacola*）

成虫　体长 4.5~6.5 mm，翅展 12~15 mm，体灰褐色，前翅黑褐色，近基部有 2 条平行横纹，近中央有"×"形斑纹，沿外缘还有一条横纹，在顶角和前缘处分为三叉状。这些斑纹均为杏黄色，中间为银灰色条纹。

幼虫　未老熟时体长 8~10 mm，体紫红褐色，每节中央具有白色的环纹。

蛹　体长 4.5~6.5 mm，腹部每节背面具二排齿，前排大，后排小，腹末具 8 根臀棘，大小粗细相同。

2. 松梢小卷蛾（松实小卷蛾）（*Petrova cristata*）

成虫　体长 7 mm 左右，翅展 11~19 mm，体黄褐色，前翅黄褐色，翅基1/3处有 3~4 条横纹，近顶角处有 3~4 条短的横纹。中央有一块大斑，臀角处为一卵圆形斑，这些斑纹均为银灰色，臀角处卵圆斑内具 3 条黑纹。

蛹　体长 6~9 mm，茶褐色，腹部末端有 3 个齿突。

3. 松梢螟（*Diryctria splendidella*）

成虫　体长 10~16 mm，体翅灰褐色，前翅有 3 条白色波状横纹，中室端有一肾形白斑，后翅灰褐色，无斑纹。

幼虫　老熟时体长 20~24 mm，淡褐色。腹部各节有对称的褐色毛片 4 对，背面 2 对较小，呈梯形排列，侧面 2 对较大。

蛹　体长约 15 mm，红褐色，腹末有 6 根臀棘，中间 2 根较长。

4. 日本松干蚧（*Matsucoccus matsumurae*）

成虫　雌成虫体长 3 mm 左右，梨形，橙褐色。体壁柔纹，触角 9 节，念珠状，口器退化，复眼黑色，胸足 3 对，无翅，腹末具 "∧" 形臀裂。

雄成虫体长 2 mm 左右，头胸为黑褐色，腹部为黄褐色，触角丝状 10 节，紫黑色的复眼大而突出，口器退化，前翅发达。膜质半透明，翅面具有明显的羽状纹，后翅特化为平衡棍，腹部 9 节，第 8 节背面有一马蹄形的硬片，上着生 10~18 根白色蜡丝，末节缩小为钩状交尾器。

一龄初孵若虫　体长 0.3 mm 左右，橙黄色，触角 6 节，基节粗大，端节最长，单眼 1 对紫黑色，口器发达，具 3 对发达的胸足，腹末具长短尾毛各 1 对。

一龄寄生若虫　体长 0.4 mm 左右，梨形，橙褐色，虫体背面两侧具白色蜡条，腹面可见触角，足、口器等附肢及附器。

二龄无肢若虫　梨形，触角、足、眼等全部消失，口器特别发达，虫体周围有长的白色蜡丝，一龄若虫的蜕在体末可见。雌雄分化显著。

雌性：个体较大，体长 2 mm 左右，橙褐色。

雄性：个体较小，体长 1 mm 左右，黑褐色。

三龄雄若虫　体长 1.5 mm 左右，形态与雌成虫很相似，但腹末无臀裂。

5. 竹笋夜蛾（*Oligia vulgaris*）

成虫　体长 15~20 mm，翅展 33~44 mm，体灰褐色，翅黄褐色，前翅外缘线由 7~8 个半圆形的黑斑组成，翅基部为一大褐斑，近顶角处有一倒三角形的褐色大斑。

幼虫　老熟幼虫体长 36~50 mm，头橙红色，体紫褐色，前胸及腹末节的背面硬皮板均为黑色，背线白色很细，亚背线为白色宽带，在腹节二节前半段缺如，腹部第九节臀板前方有 6 个小黑斑，分别在背线两侧以三角形排列，中间 2 个显著大于另外 4 个。

蛹　长 18~20 mm，红褐色，腹末臀棘为 4 根，中间 2 根粗长。

6. 一字竹象（*Otidognathus davidis*）

成虫　体长 15~17 mm，体赤褐色，头管黑色长 5~8 mm，前胸背板中央有个"1"字形黑斑，每一鞘翅上有 2 个黑斑，腹末节外露。

7. 铜绿金龟（*Anomala corpuleuta*）

成虫　体长 15~18 mm，体背面铜绿色，具光泽，前胸背板两侧为黄色，前足胫节外侧具 2 个齿。

幼虫　老熟体长 32 mm 左右，黄白色，臀节腹面（肛腹片）具 2 列纵向排列的刚毛，每列一般由 13~15 根组成，2 列刚毛端部相遇或相交，肛门孔一字形横裂。

8. 棕色鳃金龟（*Holotrichia titanis*）

成虫　体长 21~26 mm，棕黄色，唇基前缘中央显著凹入，前胸背板中央有一光滑的纵隆线，每个鞘翅上有四条纵隆线，前足胫节外缘具 3 个齿。

幼虫　老熟时体长 45~55 mm，臀节腹面（肛腹片）中央有二列纵向排列的刚毛列左右不相遇。刚毛较短，每列有 16~26 根组成。

9. 黑绒金龟（*Maladera orientalis*）

成虫　体长 8~10 mm，黑褐色，鞘翅上密被丝绒毛，具有丝绒状的光泽。每一鞘翅具 10 列小刻点。前足胫节外缘具 2 个齿。

幼虫　老熟时体长 14~16 mm，臀节腹面（肛腹片）肛门前有一排 28 根刺，呈弧形排列。

10. 小地老虎（*Agrotis yhsilon*）

成虫　体长 16~23 mm，翅展 40~52 mm，体及前翅暗褐色，后翅灰白色，前翅具 4 条波状黑色横纹，内、外横纹为双线。中横线内侧具黑色圆形纹和棒形纹，外横线内侧具黑色的肾形纹，肾形纹外侧具黑色楔形纹，亚外缘线上具 2~3 个尖头朝里的黑色尖形纹。

幼虫　老熟时体长 37~50 mm，暗褐色，臀节背板黄褐色，其上有 2 条明显的深褐色纵带。

11. 大地老虎（*Agrotis tokionis*）

成虫　体长 20~23 mm，翅展 42~52 mm，体及前翅灰黑色，后翅灰黄色，前翅斑纹与小地老虎相似，但肾形纹外无楔形纹，亚外缘线上无尖形纹。

幼虫　老熟时体长 40~60 mm，黄褐色，臀节背板全为褐色无斑纹。

12. 非洲蝼蛄（*Gryllotalpa africana*）

成虫　体 30~35 mm，浅茶褐色，前胸背叛卵圆形，中央有一个凹陷明显的暗红色长心脏形斑，长 4~5 mm，后足胫节的外侧具 3~4 个刺，前翅超过腹部末端。

13. 油茶象甲（*Curculio chinensis*）

成虫　体长 8~10 mm，黑色，头管细长，雌虫长 9~11 mm，雄虫长 5~8 mm。黑色，头管细长，雌虫长 6~11 mm，雄虫长 5~8 mm，前胸背板基部两侧及前胸两侧与头连接处具明显的白斑，鞘翅上具白色斑或横带。

14. 栗实象甲（*Curculio davldl*）

　　成虫　体长 7~9 mm，黑色，头管细长，雌虫长 6~11 mm，雄虫长 5~8 mm，前胸背板基部两侧及前胸两侧与头连接处具明显的白斑，鞘翅上具白色斑或横带。

四、作业与思考题

1. 绘制出杉梢小卷蛾、松梢小卷蛾、松梢螟蛹的形态。（示臀束）
2. 绘制铜绿金龟，棕色鳃金龟，黑绒金龟幼虫肛腹片的刚毛排列形态图。
3. 绘制小地老虎、大地老虎成虫前翅形态图。

实验四　蛀干害虫

一、实验目的

　　通过实验，能够正确识别三类蛀干害虫主要种类的形态特征，并能了解小蠹虫类的坑道系统及一些天牛危害的虫道等。掌握白蚁类主要种类的品级、品级分化及蚁巢结构等。

二、实验材料

　　①小蠹虫类：松纵坑切梢小蠹、马尾松梢小蠹。
　　②天牛类：皱鞘双条杉天牛、杉棕天牛、松褐天牛、星天牛、光肩星天牛、桑天牛、云斑天牛。
　　③白蚁类：黑翅土白蚁、黄翅大白蚁、家白蚁。

三、实验内容

　　小蠹虫类、天牛类及白蚁类主要种类的识别，观察下列标本的主要形态特征。

1. 松纵坑切梢小蠹（*Blaslophagus piniperda*）

　　成虫　体长 3.5~4.5 mm，黑褐色，前胸背板近梯形，鞘翅上具纵向点刻列，10 列左右，并间隔绒毛列，后缘起第二列近翅端 1/3 处点刻及绒毛消失，并向下凹陷。

2. 马尾松梢小蠹（*Cryphalus piceus*）

　　成虫　体长 1~1.5 mm，棕黄色，前胸背板显著隆起，前缘呈圆形，前半部具瘤状小突起。

3. 皱鞘双条杉天牛（*Semanotus bifasciatus sinoaustar*）

　　成虫　体长 10~20 mm，体翅黑褐色，前胸背板二侧为圆形，后面 3 个为卵圆形，鞘翅的基部及中部具 2 条褐色宽横带。

　　幼虫　老熟体长 25~35 mm，乳白色，前胸背板有 4 块略呈三角形的黄褐色斑弧形排列。

4. 杉棕天牛（*Callidium villosulum*）

　　成虫　体长 6~12 mm，棕褐色，体上覆有稀疏的灰色细毛，前胸背板略为圆形，鞘翅基部及端部色较深。

幼虫 老熟时体长 10 mm 左右，淡黄色，前胸背板有一对不规则的片状褐色斑点。

5. 松褐天牛（松墨天牛）（*Monochamus alternatus*）

成虫 体长 20~30 mm，橙黄至赤褐色，前胸背板两侧具侧刺突，中央有 2 条橘黄色纵带，鞘翅上具 5 条纵纹，每条纵纹由方形或长方形的黑色和灰白色绒毛斑块交替组成。

幼虫 老熟体长 30~40 mm，乳白色，前胸背板其一块"凸"字形褐斑。

6. 星天牛（*Anoplophora chinensis*）

成虫 体长 30~40 mm，体翅黑色具光泽，触角第三节起每节基部 1/3 为蓝灰色。端部为黑色，前胸背板具侧刺突，每鞘翅上具大小白斑约 20 个，排成不整齐的 5 横列，鞘翅基部 1/3~1/4 处具颗粒状突起。

幼虫 老熟时体长 40~60 mm，乳白色，前胸背板有一呈"凸"字形褐斑，斑的前方左右边各有一个飞鸟形褐色斑纹。

7. 光肩星天牛（*Anoplophora glabripennis*）

成虫 大小、斑纹、色泽等均和星天牛很相似，但鞘翅基部无颗粒状突起，鞘翅上的白斑排列不规则。

幼虫 老熟时体长 40~60 mm，乳白色，前胸背极为一"凸"字形褐斑。

8. 桑天牛（*Aprona germari*）

成虫 体长 34~46 mm，体翅黑色，密被黄褐色茸毛，前胸背板具侧刺，多横向皱纹，鞘翅基部密生黑色小颗粒，鞘翅末端呈弧形缺刻，内外成 2 个尖刺。

幼虫 老熟时体长 40~60 mm，乳白色，前胸背板后部密生褐色颗粒状小点，其中有 3 对叶状白纹。

［附］栗山天牛成虫与桑天牛成虫很相似，但鞘翅基部无颗粒状突起，鞘翅末端无弧形缺刻。

9. 云斑天牛（*Batocera horsfieldi*）

成虫 体长 35~65 mm，体翅黑褐色，密被灰白色至灰褐色绒毛，前胸背板具侧刺突，中央有一对白色或浅黄色肾形斑，鞘翅上有 10 个左右的白色或淡黄色云片状斑纹，鞘翅基部为黑色，颗粒状突起，体两侧各有一条自复眼后方至腹部末节白色绒毛组成的宽带。

幼虫 老熟幼虫休长 70~80 mm，淡黄白色，前胸背板有一块"凸"字形褐斑，褐斑的前部有 2 个黄白色的点斑，每一点斑上有一根较长的刚毛。

10. 黑翅土白蚁（*Odontotermes formosanus*）

成蚁 有翅繁殖蚁，体长 12~16 mm，全体呈棕褐色；翅展 23~25 mm，黑褐色；触角 11 节；前胸背板后缘中央向前凹入，中央有一淡色"十"字形黄色斑，两侧各有一圆形或椭圆形淡色点，其后有一小而带分支的淡色点。

卵 长椭圆形，长约 0.8 mm。乳白色，一边较为平直。

11. 黄翅大白蚁（*Macrotermes barneyi*）

有翅成虫　体大型，体长 14~15.5 mm，体背面栗褐色，足棕黄色，翅黄色。头宽卵形。复眼、单眼椭圆形，复眼黑褐色，单眼棕黄色。触角 19 节，第 3 节微长于第 2 节。前胸背板前宽后窄，前后缘中央内凹，背板中央有 1 淡色的"十"字形纹，其两侧前方有 1 圆形淡色斑，后方中央也有 1 个圆形淡色斑，前翅鳞大于后翅鳞。

卵　乳白色，长椭圆形，长径 0.6~0.62 mm。

12. 家白蚁（*Coptotermes formosanus*）

有翅成虫　体长 7.8~8 mm。翅淡黄色，卵乳白色，椭圆形。兵蚁体长 5.34~5.86 mm，头部椭圆形，上颚发达，镰刀形。工蚁体长 5.0~5.4 mm。

四、作业与思考题

1. 绘制纵坑切梢小蠹坑道图。
2. 绘制不同的天牛触角形态图。
3. 绘制黑翅土白蚁翅形态图。

第九章　植物化学保护技术方法

实验一　常用农药品种、剂型及植保机械

一、农药的主要种类

农药是指用于预防、消灭或者控制危害农业、林业的病、虫、草和其他有害生物以及有目的地调解植物、昆虫生长的化学合成或者来源于生物、其他天然物质的一种物质或者几种物质的混合物及其制剂。农药大多数是液体或固体，少数是气体。根据防治对象，可分为杀虫剂、杀菌剂、杀螨剂、杀线虫剂、杀鼠剂、除草剂、脱叶剂、植物生长调节剂等；根据原料来源可分为有机农药、无机农药、植物性农药、微生物农药、昆虫激素；根据加工剂型可分为粉剂、可湿性粉剂、可溶性粉剂、乳剂、乳油、浓乳剂、乳膏、糊剂、胶体剂、熏烟剂、熏蒸剂、烟雾剂、油剂、颗粒剂、微粒剂等；根据害虫或病害的种类以及农药本身物理性质的不同，采用不同的用法，如制成粉末撒布，制成水溶液、悬浮液、乳浊液喷射，或使成蒸气或气体熏蒸等。

二、农药的主要剂型

（一）粉剂

粉剂是一种或多种药剂和填料（如滑石粉）的粉状混合物，可直接使用，或添加适量填料和某些辅助剂稀释后使用。一般不宜加水稀释，多用于喷粉和拌种。低浓度的粉剂供喷粉用，浓度较高的可用作毒饵和用于处理土壤，例如六六六粉剂、滴滴涕粉剂等。粉剂使用方便，工效高，宜在早晚无风或风力微弱时使用。

（二）可湿性粉剂

可湿性粉剂是用农药原药、惰性填料和一定量的助剂，按比例经充分混合粉碎后，达到一定粉粒细度的剂型。从形状上看，与粉剂无区别，但是由于加入了湿润剂、分散剂等助剂，加到水中后能被水湿润、分散、形成悬浮液，可喷洒施用。可湿性粉剂吸湿性强，加水后能分散或悬浮在水中，可作喷雾、毒饵和土壤处理等用。与乳油相比，可湿性粉剂生产成本低，可用纸袋或塑料袋包装，储运方便、安全，包装材料比较容易处理；更重要的是，可湿性粉剂不使用溶剂和乳化剂，对植物较安全，在果实套袋前使用，可避免有机溶剂对果面的刺激。常用的品种有10%的吡虫啉粉剂、70%的甲基托布津粉剂、80%的大生等。

(三)可溶性粉剂(水溶剂)

可溶性粉剂是指可溶于水的粉剂和农药,可直接对水喷雾或泼浇。由水溶性较大的农药原药,或水溶性较差的原药附加了亲水基,与水溶性无机盐和吸附剂等混合磨细后制成。粉粒细度要求98%通过80目筛。其有效成分可溶于水,其填料能极细地均匀分散到水中。本剂型防治效果比可湿性粉剂高,使用方便,便于包装运输,但湿润展布性能比乳剂差。可溶性粉剂及可湿性粉剂均易被雨水冲刷而污染土壤和水体,故应选择雨后有几个晴天时对农田施药,以减少污染。

(四)乳剂(也称乳油)

乳剂是由不溶于水的原药、有机溶剂苯、二甲苯等和乳化剂配置加工而成的透明状液体,常温下密封存放2年一般不会浑浊、分层和沉淀,加入水中迅速均匀分散成不透明的乳状液。制作乳油使用的有机溶剂属于易燃品,储运过程中应注意安全。

乳油的特点是药效高,施用方便,性质较稳定。由于乳油的历史较长,具有成熟的加工技术,所以品种多,产量大,应用范围广,是目前中国乃至东南亚农药的一个主要剂型,也是现阶段使用效率最高的剂型。乳油的有效成分含量一般在20%~90%。常见的品种有:1.8%阿维菌素乳油、10%的三唑酮乳油、25%的蚧毒·氯乳油、25%的猎杀乳油、20%的菊马乳油等。值得注意的是,乳油剂型中的有机溶剂,对苹果、梨的幼果有刺激作用,可使果面皮孔增大,降低果面光洁度,建议套袋前尽量不要施用,尤其是一些敏感树种和品种。

(五)超低容量制剂(油剂)

超低容量制剂是直接用来喷雾的药剂,是超低容量喷雾的专门配套农药,使用时不能加水。必要时加入适量的助溶剂、表面活性剂等,以提高制剂的性能。油剂主要适用于超低容量喷雾,也有特殊需要的,如制成水面漂浮性油剂,用于防治水田中的病虫草害或者地沟、房间的蚊蝇害虫。超低容量喷雾为地面超低容量和飞机超低容量。使用时不需要水,油剂可直接喷或稀释较低倍数。油雾滴在靶标物上黏着力强,耐雨水冲刷,表面渗透性强,与一般乳剂比较,药剂回收率高50%以上,药效好、工效高,节省药,成本低,减少环境污染。

(六)颗粒剂和微粒剂

颗粒剂和微粒剂是将药物与适宜的辅料配合而制成的颗粒状制剂,这种剂型不易产生药害,主要用于灌心叶、撒施、点施、拌种、沟施等。一般可分为可溶性颗粒剂、混悬型颗粒剂和泡腾性颗粒剂,若粒径在105~500 nm范围内,又称为细粒剂。其主要特点是可以直接吞服,也可以冲入水中饮入,应用和携带比较方便,溶出和吸收速度较快。颗粒剂和微粒剂能均匀分布在田间,既无粉剂那样易于飞扬扩大污染的缺点,又有颗粒体能延长残效的优点。使用方法与粉剂相同。

（七）缓释剂

缓释剂是先将药物制成小的颗粒，分作数份，少数不包衣为速释部分，其他分别包上厚薄不同的衣为缓释部分。取上述颗粒以一定比例混合，这样各种药物颗粒便像接力跑一样持续发挥作用，达到预期的效果。缓释剂可以控制农药有效成分从加工品中缓慢释放、延长药剂的持效期、减少挥发损失、减轻药害危险和农药对环境的污染压力，并能降低高毒农药在使用过程中的人畜中毒风险，农药用量也可相应地减少。

（八）烟剂

烟剂是将药剂经燃烧变成烟后产生杀虫效果的农药。将原药、定量的燃料（如木炭粉、锯末、煤粉等）、助燃剂（如氯酸钾、硝酸钾等）、发烟剂（如氯化铵等）分别磨细，通过80目筛，再按一定比例充分混合呈粉状或片状物即成。这种剂型农药受热汽化，又在空气中凝结成固体微粒，形成烟状，主要用来防治森林、设施农业病虫及仓库害虫。常用的烟剂有敌百虫、西维因以及除虫菊、蚊烟香等。烟剂农药主要是污染大气，使用时应注意风向、风力，以尽量避免对人、畜的伤害。

三、植物保护机械的类型

植物保护机械简称植保机械，主要用于化学防治作物病虫害，它包括农林业生产中用于防治病虫害和化学除草的各种机具。根据施用化学药剂的方法，植保机械的种类分别为喷雾机、弥雾机、超低量喷雾机、喷粉机和喷烟机等；其中，根据动力方式不同，又分为手动式、机动式、机引式和航空防治机械等。机动式采用固定的发动机带动植保机械工作，而机器本身的移动，须靠人力搬运；机引式则由拖拉机或自身供给动力，并被牵引作业；航空植保是指利用飞机及喷洒装置喷洒化学药剂的措施，航空植保机械具有经济、及时、喷洒效率高，不碰伤植物、不受地形条件限制等特点，适用于大面积的平原和林区。

我国植保机械主要是在解放后发展起来的。目前我国植保机械已有很大发展，药械生产已初具规模，经过由仿制到自行设计，由人力到机动的迅速发展过程，设计制造了许多新产品，特别是研制成功并大量投入使用的小型机动弥雾机和超低量喷雾机为广大农村防治病虫害，保证农业丰收发挥了重要作用。航空植保也在发展，但是，从我国农业生产实际出发，积极引进国外先进技术，加速我国的植保机械技术改造，提高产品的性能和质量，增加品种，并在采用新材料，新工艺的同时，着重研究和发展新技术仍是摆在我们面前的一项紧迫任务。

国外植保机械的发展，根据各国的情况不同各有其特点。如日本地块较小、经营分散、故以发展小型机动式植保机械为主，为提高生产效率，近年来开始发展较大型植保机械，如自走式机动喷粉喷雾弥雾机。美国、加拿大等国，因其土地面积较大且比较平坦，故以发展拖拉机配套的悬挂式和牵引式大型植保机械为主。目前国外植保机械发展的总趋势是向着高效、经济、安全方向发展。在提高劳动生产率方面，如加大喷雾机的工作幅宽（喷洒幅宽达30 m之多），提高作业速度，发展一机多用、联合作业机组以及发展航空植保等,同时还广泛采用电子自动控制,以降低操作者劳动强度。在提高经济性方面,提倡科学施药,适时适量地将农药均匀地喷撒在作物上,并以最少的药量达到最佳的防治效果。要求施药精确,机具上广泛采用施药量自动控制和随动控制,使用药液回收装置及间断喷雾装置,同时还积极进行静电喷雾应用技术的研究等。此外,更注意安全保护,减少污染,随着农业生产向深度和广度发展,开辟了植物保护综合防治手段的新领域,生物防治和物理防治器械和设备将有较多的应用,如超声技术、微波技术、激光技术、电光源在植保中的应用及生物防治设备的开发等。

(一)喷雾特点及喷雾机的类型

喷雾是指对药液施加一定的压力,通过喷头雾化成150~300 μm的雾滴,喷洒到农作物上。喷雾是化学防治法中的一个重要方面,因为有许多药剂本身就是液体,另一种是可以溶解或悬浮于水中的粉剂。喷雾的优点是能使雾滴喷得较远,散布比较均匀,黏着性好且受气候的影响较小,药液能较好的覆盖在植株上,药效较持久,因此,它具有较好的防治效果和经济效果。但由于所用药液需用大量的水稀释,因此,在缺水或离水源较远的地区应用,受到限制。另外,由于喷雾需用较高的压力,故功耗较大。

喷雾机根据所用动力形式可分为人力式和动力式2大类。人力式又称手动式,是用人工操作喷洒药液的一种机械,它具有结构简单,制造容易,使用维修方便和价格低廉等特点。动力式又分为机动式和机引式2种类型,它是以内燃机、电动机或拖拉机动力输出轴为动力,利用喷洒部件将药液喷洒到农作物上的植保机具。动力式喷雾机具有工作幅宽大,生产效率高,喷洒均匀等优点。

1. 手动喷雾机的类型

手动喷雾机的种类很多,结构也不尽相同,但按其工作原理可归纳为液泵式和气泵式两大类。

液泵式喷雾机工农-16型喷雾机为手动液泵式植保机具,是目前我国生产量最大,使用最广的一种类型,它主要由药液箱、活塞泵、空气室、胶管、喷杆、开关及喷头等组成(图9-1)。工作时,操作人员上下揿动摇杆,通过连杆机构的作用,使塞杆在泵筒内作往复运动,行程为60~100 mm。当塞杆上行时,皮碗从下端向上运动,皮碗下面,由于皮碗和泵筒所组成的腔体容积不断增大,因而形成局部真空。这时,药液箱内的药液在液面和腔体内的压力差作用下,冲开进水球阀,沿着进水管路进入泵筒,完成吸水过程。当皮碗从上端下行时,泵筒内的药液开始被挤压,致使药液压力骤然增高,进水阀关闭,出水阀被压开,药液即通过出水阀进入空气室。空气室里的空气被压缩,对药液产生压力(可达800 kPa),空气室具有稳定压力的作用。打开开关后,液体即经过喷头喷洒出去。

气泵式喷雾机由药液桶、气泵和喷头等组成(图9-2)。它与液泵式喷雾机的不同点就是不直接对药液加压,而是用泵将空气压入气密药桶的上部(药液只加到水位线,留出一部分空间以贮存压力空气),利用空气对液面加压,再经喷头把药液喷出。气泵可产生 400~600 kPa 的压力，药桶的制造条件要求比液泵式喷雾机的药液箱高。气泵式喷雾机的优点是操作省力，经过 2 次充气（每次打气 30~40 下），即可喷完一桶（约 5 L）药液。而液泵式工作时，需经常揿动手摇杆，操作人员容易疲劳。

2. 动力式喷雾机的类型

动力式喷雾机种类很多，但其工作原理基本相同，下面以工农 - 36 型机动喷雾机为例介绍其一般构造及工作原理。

工农 - 36 型机动喷雾机（图 9-3）可配备小型内燃机，也可配电动机，其基本构造由动力机、喷枪或喷头、调压阀、压力表、空气室、流量控制阀、滤网、液泵（三缸活塞泵）、混药器等组成。工农 - 36 型机动喷雾机的泵压可达 1 500~2 000 kPa，排液量

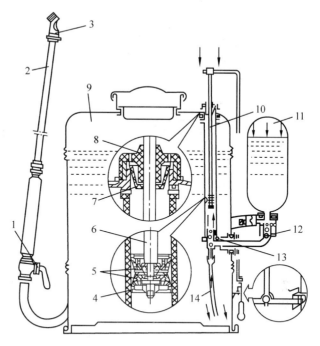

图 9-1 工农 - 16 型喷雾机工作原理示意

1. 开关 2. 喷杆 3. 喷头 4. 固定螺母 5. 皮碗 6. 塞杆
7. 毡圈 8. 泵盖 9. 药液箱 10. 泵筒 11. 空气室
12. 出水阀 13. 进水阀 14. 吸水管

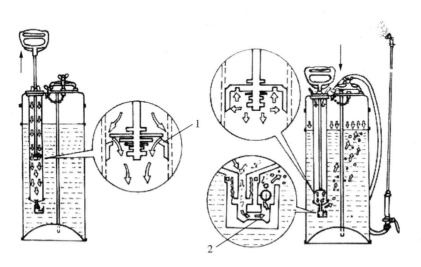

图 9-2 气泵式喷雾机工作原理

1. 皮碗 2. 出气阀

为 36 L/min，特点是工作压力高、射程远、雾滴细、工作效率高，既可用于农田，又可用于果园等处的病虫害防治。

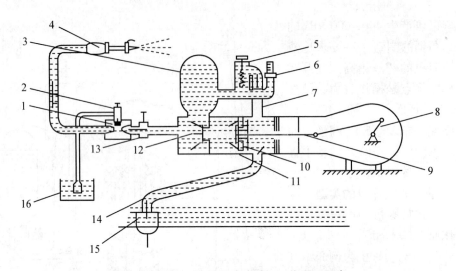

图9-3 工农-36型机动喷雾机工作原理示意

1. 混合室 2. 混药器 3. 空气室 4. 喷枪 5. 调压阀 6. 压力表 7. 回水管 8. 曲轴 9. 活塞
10. 活塞 11. 泵筒 12. 出水阀 13. NN~fCJN 14. 吸水管 15. 吸水滤网 16. 母液桶

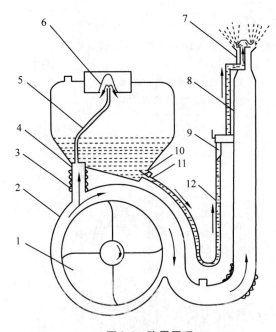

图9-4 弥雾原理

1. 风机叶轮 2. 风机外壳 3. 进风门 4. 进气塞
5. 软管 6. 滤网 7. 喷头 8. 喷管 9. 开关 10. 粉门 11. 出水塞接头 12. 输液管

当动力机驱动液泵工作时，水流通过滤网，被吸液管吸入泵缸内，然后压入至气室建立压力并稳定压力，其压力读数可从压力表标出。压力水流经流量控制阀进入射流式混药器，借混药器的射流作用，将母液（原药液加少量水稀释而成）吸入混药器。压力水流与母液在混药器自动均匀混合后，经输液软管到喷枪，作远射程喷射。喷射的高速液流与空气撞击和摩擦，形成细小的雾滴而均布在农作物上。当要求雾化程度好及近射程喷雾时，须卸下混药器，换装喷头，将滤网放入液箱内即可工作。另外，当喷头（或喷枪）因液流杂质等原因造成堵塞时，药液的喷出量减少，压力升高，则部分药液可从调压阀回流。在田间转移停喷时，关闭流量控制阀，则药液经调压阀溢流回到回流管中，作内部循环，以免液泵干磨。

（二）弥雾特点及弥雾喷粉机的类型

弥雾是指利用高速气流将粗雾滴破碎、吹散，雾化成 75~100 μm 的雾滴，并吹送到远方。弥雾时的雾滴细小、均匀，覆盖面积大，药液不易流失，可提高防治效果，可进行高浓度，低喷量喷洒药液，大量减少稀释用水，适用范围广，特别是山区和干旱缺水地区。

弥雾喷粉机是一种既可以喷射弥雾，又可以喷粉的多用植保机械。一般分为机动背负式弥雾喷粉机和悬挂式机动弥雾喷粉机，由于其工作原理基本相同，故只对背负式弥雾喷粉机的结构及工作原理进行介绍。

背负式机动弥雾喷粉机由离心式风机、汽油发动机、药箱、油箱、喷管和机架等组成(图9-4)。它是由发动机带动风机，产生高速气流，由气流把药粉输入喷管或把药液输送到喷头，然后由喷管内的高速气流吹向远方。

(三)微量喷雾的特点及微量喷雾机的类型

微量喷雾又称超低量喷雾，它是通过高速旋转的齿盘将微量原药液甩出，雾化成 $15\sim75~\mu m$ 的雾滴，沉降在农作物上。目前关于施药量划分还没有统一的标准，一般地说，大田作物喷雾每亩($0.06~hm^2$)施液量在 $0.3~L$ 以下称微量喷雾。微量喷雾是近年来防治虫害及杂草的一种新技术，它不用或很少用稀释水，工作效率高，防治效果好且节约农药，尤其适合于缺水或离水源远的地区喷雾作业。

目前，微量喷雾机有手动、电动和风动3种基本类型，其中手动微量喷雾机用手摇胶带带动齿盘旋转，结构简单，但转速不均匀，喷雾质量不理想，很少使用，大量使用的是电动和风动两种类型。

1. 手持式电动微量喷雾机

它由把手、贮液瓶、流量器、喷头、微形电机和电源等组成。工作时，雾化齿盘由电机带动高速旋转($7~000\sim8~000~r/min$)，同时药液在重力作用下，由贮药瓶经过滤网、输液管、流量器流入雾化齿盘，在离心力的作用下扩展至齿盘外缘的锯齿上，以很小的雾滴被甩出，随自然风飘移到农作物上。

2. 背负式微量喷雾机

这种喷雾机是在背负式弥雾喷粉机的喷管处，换装一个风力式离心喷头，进行微量喷雾机作业的(图9-5)。动力机带动风机叶轮高速旋转，风机吹出来的大量气流经喷管流入微量喷头，分流锥使气流分散，气流冲击喷头叶轮，使之带动齿盘作高速旋转($10~000~r/min$)；同时，一小部分气流经软管进入药箱液面上部对药液增压，药液经输液管和调量开关进入齿盘轴，并从轴上的小孔流出，在齿盘离心力作用下甩出细小雾滴，并被高速气流进一步粉碎吹送到远方。

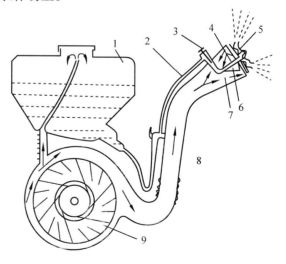

图9-5　背负式微量喷雾机
1. 药箱　2. 输液管　3. 调量开关　4. 空心轴　5. 齿盘
6. 喷流锥体　7. 喷口　8. 喷管　9. 风机

（四）静电喷雾机的特点和结构

为了提高药液沉附在农作物表面上的百分率，近年来国内外对静电喷雾技术进行了广泛深入的研究。据试验表明，静电力一般对大的颗粒没有多大作用，并能影响从喷施设备到目标物间的基本轨道。但是，如果一个带电的颗粒达到目标区时没有足够的惯性力来引起冲击，电荷即能增加沉附机会，提高雾滴在农作物上沉降率，尤其是对于小颗粒，将会减少飘移的数量，这对微量喷雾来说是十分必要的。

静电喷雾技术是应用高压静电使雾滴充电。静电喷雾装置的工作原理是通过充电装置使雾滴带上一极性的电荷，同时，根据静电感应原理可知，地面上的目标物将引发出和喷嘴极性相反的电荷，并在两者间形成静电场。带电雾滴受喷嘴同性电荷的排斥，而受目标异性电荷的吸引，使雾滴飞向目标各个方面，不仅正面，而且能吸附到它的反面。据试验，一粒 20 μm 的雾滴在无风情况下（非静电力状态），其沉降速度为 3.5 cm/s，而一阵微风却能使它飘移 100 cm。但在105 V高压静电场中使该雾滴带上表面电荷，则会以 40 cm/s 的速度直奔目标而不会被风吹跑。因此，静电喷雾技术的优点是提高了雾滴在农作物上的沉积量，雾滴分布均匀，飘移量减少，节省用药量，提高了防治效果，减少了对环境的污染。

静电喷头的结构见图9-6。喷头座的中央为药液管，周围有倾斜的气管。喷头是由导电的金属材料制成，它是接地的或和大地电位接通，从而使液流保持或接近于大地电位。在雾滴形成区所形成的雾流，其雾滴因静电感应而带电，并被气流带动吹出喷头。喷头壳体是由绝缘材料制成的。高压直流电源的作用是将低压输入变为高压输出，电压可从几千伏到几十千伏的范围内调节。高压电源是一个微型电子电路，其中的振荡器可使低压直流电源变换为高压交流输出；变压器将振荡器的低压交流变换为高压交流输出；整流器将变压器的高压交流输出变换为直流电；调节器用来调节高压交流输出电压，高压电源通过高压引线接到电极上。

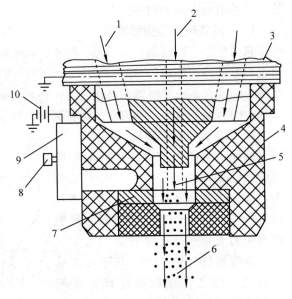

图9-6 静电喷雾喷头

1. 高压空气入口 2. 高压液体入口 3. 喷头座 4. 壳体 5. 雾滴形成区 6. 雾流 7. 环形电极 8. 调节器 9. 高电压直流电源 10.12V 直流电源

实验二　农药制剂的配制及质量鉴定

Ⅰ. 农药制剂的配制及质量鉴定

目的要求：学习农药几种常用制剂的加工方法、质量要求与有关使用的物理性状。

一、西维因（或多菌灵）可湿性粉剂及粉剂

1. 实验用具

粗天平，研钵（或球磨机），铜筛（40、60、80、200号筛目），铜（或钢）圈［内径20 mm（标准应为50 mm）、宽6 mm、边厚2 mm］，量筒，水浴锅，80目金属筛，平口刀，秒表。

2. 材料

原药：西维因（或多菌灵）原粉。

填充料：酸性陶土。

湿润剂：茶籽粉或纸浆废液的固化物粉末、洗衣粉（十二烷基苯磺酸钠）。

3. 加工方法

①配合量：25%西维因（或多菌灵）可湿性粉剂。

西维因（或多菌灵）原药（以其中有效成分含量计算）25%

茶籽粉（或纸浆废液的固化物粉）10%

洗衣粉1%

5%西维因（或多菌灵）粉剂

西维因（或多菌灵）原药（以其中有效成分含量计算）5%

酸性陶土加至100%

②操作：把已烘干的陶土、原粉和茶籽粉（或纸浆废液的固化物粉）分别在研钵（或球磨机）中粉碎，通过200目筛，按上述配合量比例称重，再放入研钵（或球磨机）中充分混和即成可湿性粉剂。而按上述操作并按粉剂配比称重而少加茶籽粉或纸浆废液的固化物粉和洗衣粉的则为粉剂。

4. 粉剂、可湿性粉剂和原粉的湿润性能的鉴定

（1）沉降速度的比较

在4支100 mL圆口径的量筒中各注入70 mL清水，分别用角匙取少量经粉碎过筛的西维因（或多菌灵）原粉、自己加工配制的西维因（或多菌灵）粉剂和可湿性粉剂以及由工厂生产的西维因（或多菌灵）可湿性粉剂于相同时间分别投进各支量筒的水面上，观察被湿润及分散快慢情况，解释所出现现象的原因。

（2）湿润性能的测定（铜圈法）

取圆形滤纸（直径11 cm）1张，对折为四，剪出直径为4 cm的圆滤纸4张。取圆

形滤纸一张置于玻璃板上，放上铜圈后，使药粉通过100目筛网均匀降落于铜圈内，填满铜圈。用一平口刮刀将高出铜圈的粉刮去至成平面，并用毛笔把铜圈外围的粉末扫净，轻轻取出铜圈，在小滤纸上就留下一块扁圆形的粉饼。另外预先准备好一只水浴锅，把水温调至25 ℃。放上一个40目筛网在水浴锅的水面上，使筛孔内充满水，而筛网的筛线刚露出水面为宜。用小刀小心地把载有扁圆形粉饼的滤纸铲起，移置到水浴上的筛网上。当滤纸被水湿润时开始计算时间，直到粉饼表面全部湿润为止。记录所需时间(分钟)，如此重复3次所得平均时间即代表可湿性粉剂的湿润性能。有时粉剂将到湿润终点时，粉饼表面有极个别粉粒针眼大小的粉团未被湿润，可不等待其湿润而算为终点。

要求每组学生用粉饼湿润速度(铜圈法)，对自己加工的粉剂、可湿性粉剂与工厂生产的同类产品(可湿性粉剂)进行测定比较。

二、辛硫磷颗粒剂

1. 实验用具

铁锅(可用瓦锅代替)、铜筛(40和60号筛目)。

2. 材料

85%辛硫磷原油、砂粒或煤矸石。

3. 加工方法

(1)吸附法

经晒干(或烘干)的煤矸石，用40、60号筛目过筛，称取50 g通过40号筛目而不通过60号筛目的煤矸石盛于铁锅上锻烧，当温度达到250 ℃(400 ℃更好)时，停止加热，冷却至室温，吸取3 mL丙酮及2.95 mL辛硫磷原油盛于手提喷雾器壶中。摇匀后，直接喷到煤矸石粒(载体)上，边喷边轻轻搅动载体，把药液喷完后，用数毫升丙酮冲洗喷雾器壶，再把它喷布于载体上。让溶剂自然挥发，即成5%辛硫磷颗粒剂。

(2)包衣法

将75%呋喃丹原粉、聚乙烯醇(用少量热水溶解)、砂粒(18~30号筛目)，按4:0.1:95.9比例称重。把原料装入搅拌机上搅拌均匀约20 min，后加温烘干即成3%呋喃丹颗粒剂。由于呋喃丹毒性大，实验可用辛硫磷或乐果原粉等代替。

4. 质量鉴定

(1)有效成分含量测定

采用化学分析及生物测定等方法测定有效成分含量和生物活性。

(2)粒形的观察

用双目放大镜观察30~50粒(随机抽取)颗粒的形状，药粉在颗粒上是否均匀。

三、乳油的配制

1. 配方

原料	配合比(%)	实验用量(g)
叶蝉散原药(98%)	20	2.04
二甲基甲酰胺	10	1.0
甲苯	60	5.96
乳化剂(0204)	10	1.0

2. 配制方法

按实验用药量称取二甲基甲酰胺并加入原药中，再加入甲苯，微加热使其溶解，然后加乳化剂。充分搅拌即成乳油。

3. 质量鉴定

(1)乳油分散情况的观察

将装有 500 mL 标准硬水(342 mg/kg)的大烧杯置于 25 ℃的恒温水浴中，待温度平衡后，用移液管吸取乳油 1 mL，离液面 1 cm 处自由滴下，观察分散性。如乳油滴入水中，能迅速地自动分散成乳白色透明溶液，则为扩散完全；如呈白色微小油滴下沉，或大粒油珠迅速下沉，搅动后虽呈乳浊液，但很快又析出油状物并沉淀，则扩散不完全。

(2)乳油稳定性情况的观察

在 250 mL 烧杯中，加入 100 mL 342 mg/L 浓度的标准硬水(25~30 ℃)、用刻度吸管吸取 0.2 mL 乳油试样，在不断搅拌的情况下，缓慢的加入硬水中，加完乳油后，继续用 2~3 r/min 的速度搅拌 30 s，立即将乳剂转入一清洁干燥的 100 mL 量筒中，在 25 ℃水浴中静置 1 h，如无乳油沉淀，则认为此乳油稳定性合格。

附：标准硬水的配制　称取无水氯化钙 0.304 g 和具结晶水的氯化镁 0.139 g 用蒸馏水稀释至 1 000 mL。

四、敌敌畏插管烟剂的配制

烟雾剂是利用化学或机械能力将固体或液体药剂分散成极细的烟粒或液滴，较长久地悬浮于空气中，可达到一般喷雾和喷粉所不能达到的空隙，可经昆虫的气管通道而进入体内，也有胃毒和触杀作用。

1. 实验用具

研钵、粗天平、80 号筛目、热电偶、玻管、移液管。

2. 药品

敌敌畏原油、硝酸铵、氯酸钾、木炭粉、硝酸钾、氯化铵、香胶粉、无水乙醇、氢氧化钠、盐酸。

3. 配方

性能	原料	配比(%)	实验用量
主剂	敌敌畏	—	1.5 mL
氧化剂	硝酸铵	36	7.2 g
氧化剂	氯酸钾	10	2.0 g } 总用量 20 g
氧化剂	氯化铵	34	4.0 g
燃料	木炭粉	20	6.8 g
消燃剂	砂粒	—	适量

4. 加工方法

敌敌畏插管烟雾剂由供热剂(氧化剂和燃料)和主剂(药剂的有效成分)组成。供热剂的燃料先经干燥后和氧化剂的化学药品分别研磨成粉,分别通过80目筛,根据原料配比称重加于研钵中充分混和均匀而成,主剂敌敌畏原油另装入一小指头瓶(或聚乙烯薄膜管)内,随配随用不封口,将装药瓶插入装供热剂的发烟罐(或杯)中,以顶端露出供热剂1~2 cm。另把引蕊也插入供热剂中间,最后在发烟罐(或杯)表面加上适量砂粒,防止供热剂的直接着火。

附:烟剂引蕊的制法,药粉引蕊是按氯酸钾1份、硝酸钾2份、木炭粉3份、香胶粉4份的比例称量混合均匀。加适量水充分混和揉成条状,晾干即成。烟剂引蕊是易燃物,勿近火,应放在干燥地方贮存。

5. 质量鉴定

在敌敌畏插管烟雾剂中,供热剂的燃烧时间和温度的变化都会直接影响主剂的挥发和成烟率。

(1)燃烧时间与最高温度的测定

在供热剂中间插上热电偶(热电偶顶端插至供热剂1/2的深度为宜),点燃引蕊后,计算当供热剂开始燃烧时至燃烧结束的时间及温度升降变化。

(2)从残渣中的敌敌畏含量测定成烟率

取供热剂20 g,插入装有1.5 mL敌敌畏原油的玻管(或聚乙烯塑料管)1支,燃烧前、后分别称重。将燃烧后玻管用20 mL无水乙醇多次冲洗残渣于三角瓶中,密封浸提2 h,用滤纸过滤。吸取滤液5 mL,加10 mL预冷至0 ℃的蒸馏水,加0.1%甲基红指示剂1~2滴。用0.05 mol/L氢氧化钠滴至橙色。继续在冰浴中降温至0~1 ℃。再用移液管加预冷至0~1 ℃的1 mol氢氧化钠溶液2 mL。在0~1 ℃分解20 min以上,即用0.2 mol盐酸标准溶液滴定到橙色,同时取1 mol氢氧化钠2 mL进行空白试验。

敌敌畏含量(1%)的计算公式:

$$X_2 = \frac{(V_3 - V_2) \times N_2 \times 0.221}{G} \times 100 - X_3 \times 0.3$$

式中　X_2——指敌敌畏含量(%);

　　　N_2——回滴1 mol氢氧化钠用的盐酸摩尔浓度(mol);

　　　V_2——回滴1 mol氢氧化钠用去盐酸溶液的体积(mL);

V_3——空白测定中用去盐酸溶液体积(mL)；

G——残渣中的质量(g)；

0.221——敌敌畏毫克当量；

X_3——敌敌畏原油中敌百虫含量(%)；

0.3——敌百虫折算成敌敌畏的系数。

$$残渣率(\%) = \frac{残渣重(g)}{样本重(g)} \times 100$$

$$残渣中敌敌畏含量(\%) = \frac{残渣中敌敌畏含量(g)}{样本中敌敌畏含量(g)} \times 100$$

$$成烟率(\%) = \frac{样本中敌敌畏含量(g) - 残渣中敌敌畏含量(g)}{样本中敌敌畏含量(g)} \times 100$$

注：以上公式中样本是插管中的敌敌畏。

五、作业与思考题

1. 简述农药进行制剂加工的原因。

2. 总结各项实验所观察的结果，比较各种制剂在使用上的优缺点。

Ⅱ．石硫合剂的煮制

一、目的要求

掌握煮制优质石硫合剂的方法，了解其原料质量，煮制火力对石硫合剂母液浓度的影响，煮制时火力的控制、反应终点的确定以及母液浓度的量度和稀释方法。

二、实验用具

瓦锅1个，漏斗1个，玻棒2支，硫磺粉，量筒(200 mL)1支，生石灰，粗天平1架，纱布1块，波美比重计1支，滤纸2张(表9-1)。

表9-1　石硫合剂原料配量

原料	配方Ⅰ	配方Ⅱ
硫磺粉	1	1.3~1.4
生石灰	1	1
水*	10	13

* 本次实验总量为300 mL。

三、实验方法

煮制石硫合剂必须用瓦锅或生铁锅，不能用铜锅或铝锅，否则易腐蚀损坏。称取块状、质轻而洁白的生石灰放在锅中，滴数滴水使块状生石灰消解成粉状，再加入少量水搅成糊状，最后把全部水量加入配成石灰乳液，记下水位线，加热煮沸，往沸腾的石灰乳液中徐徐地加入硫磺粉，边加边搅拌，使硫磺粉全部湿着（不浮面）。开始计算时间，整个反应时间为40~50 min。熬煮过程必须保持沸腾，损失的水分应加热水补充。并应在反应终止前15 min补足完毕。到反应终止时，即离火静置片刻，滤去残渣。滤液为深棕色的透明溶液。此成品即为石硫合剂母液。把母液倒入50 mL或100 mL量筒中，用波美比重计量度母液浓度（波美比重度数）。石硫合剂母液可盛装在密闭的容器中（如窄口玻璃瓶或小口的瓦罐）贮存备用。如保存时间较长，可在液面滴少许煤油，以避免氧化。另用2个反应锅，用与上述相同的煮制方法比较劣质原料和煮制火力不足对石硫合剂母液浓度的影响。

四、作业与思考题

1. 上述实验各反应锅煮制的石硫合剂母液是多少波美度？假如生产上使用0.4 °Be（波美度）的石硫合剂25 kg，要用母液（实验最优的一种）多少？加多少水稀释？

2. 为什么量度石硫合剂母液浓度要用波美比重计、而不用普通比重计？

III. 波尔多液的配制

一、目的要求

通过实验掌握波尔多液配制的方法，了解原料质量和不同配制方法与波尔多液质量的关系，从而深入了解波尔多液的性质及其防病特点。

二、实验用具（每小组一套）

量筒：50 mL 2支、100 mL 5支、200 mL 1支；烧杯：25 mL 2个、100 mL 2个、300 mL 3个；粗天平1台；酒精灯及铁支架1套。

三、实验材料

化学纯硫酸铜及带杂质的粗硫酸铜；化学纯氢氧化钙；建筑用陈旧石灰粉。

四、实验内容

1. 波尔多液的性质

波尔多液是由硫酸铜溶液和石灰乳液配制而成的一种天蓝色水凝胶液，其胶粒扁平呈膜状，具有很强的黏着力，不易被雨水冲刷，是黏着力特别好的保护性杀菌剂。

波尔多液胶粒的观察方法：先制备母液 I（化学纯2%硫酸铜溶液）和母液 II（2%石灰乳液、化学纯 $Ca(OH)_2$）各 300 mL。

取一大烧杯盛清水约半杯，另取两个小烧杯分别取母液 I 和母液 II 各 20 mL，将母液 I 和母液 II 同时注入盛有清水的大烧杯中，不要搅拌，注入时必须使两种母液在到达大杯清水之前相碰。两种母液在相碰时即行反应，生成波尔多液。清水是把波尔多液分散，以利观察。此时把大烧杯对着光，即可看到清水中悬浮着浅蓝色棉絮状和片状的胶状物，此为被水分散了的波尔多液。

2. 波尔多液的稳定性与配制方法、原料质量的关系

采用上项制备的母液Ⅰ和母液Ⅱ，按表9-2配成的波尔多液，分别盛于6支量筒，静置勿受任何扰动，30 min后(从每支记录时间算起)比较沉淀刻度的差异。配成的波尔多液悬浮性越好，则其性质越好、越稳定，沉淀的刻度就越少。并细心观察：各种不同方法配制的波尔多液颜色有无差别？不同原料质量配制的波尔多液有哪些主要差别？

表 9-2

方法	硫酸铜液 (母液Ⅰ，mL)	石灰乳 (母液Ⅱ，mL)	配制方法
1	50	50	用两个烧杯分别盛母液Ⅰ和Ⅱ各50 mL，将母液Ⅰ慢慢注入母液Ⅱ中，边倒边搅拌，即成天蓝色波尔多液，配好后倒入第1支100 mL量筒中，并记录时间
2	50	50	用两个烧杯分别盛母液Ⅰ和Ⅱ各50 mL。与1法相反，将摇匀的母液Ⅰ注入母液人Ⅱ中，边倒边搅拌，配好后倒入第二支100 mL量筒中，并记录时间
3	50	50	用两个烧杯分别盛母液Ⅰ和Ⅱ各50 mL，将两个母液同时注入第三个烧杯中，边注边搅拌，配好后倒入第三支100 mL量筒中，并记录时间
4	50	50	用两个烧杯分别盛母液Ⅰ和Ⅱ各50 mL，先将母液Ⅰ加热至70~80 ℃，趁热注入母液Ⅱ中，边注边搅拌。配好后倒入第四支100 mL量筒中，并记录时间
5	另称取1 g化学纯硫酸铜，溶于90 mL水	另称取1 g化学纯$Ca(OH)_2$1.3 g，配成10 mL石灰乳液中	将配好的90 mL硫酸铜溶液倒入10 mL石灰乳液中，边注边搅拌。配好后倒入第五支100 mL量筒中，并记录时间
6	另称取1 g劣质硫酸铜，溶于90 mL水	另称取建筑用的陈旧石灰粉1.3 g，配成10 mL石灰乳液	配制方法与5项相同。配好的波尔多液倒入第六支100 mL量筒中，并记录时间

五、作业与思考题

1. 通过实验，你认为衡量优质波尔多液的2个指标是什么？
2. 配制波尔多液时为什么一定要把硫酸铜液倒进石灰乳液中？

Ⅳ. 植物质农药的鉴别

一、实验目的

通过本实验，要求初步鉴别我国几种较高效杀虫植物的形态、有效成分、杀虫作用及经济价值。

二、实验用具

绘图纸、绘图笔、尺、记录本。

三、实验内容

(一)鱼藤

鱼藤属于豆科，藤本，原产于热带和亚热带。根部富含杀虫有效成分鱼藤酮及拟鱼藤酮。易于种植，为重要的植物质杀虫种类。

1. 蔓生鱼藤(*Derris elliptica*)

蔓茎匍匐性密覆地面，易生不定根，小叶7~11片，端小叶椭圆形至钝倒卵形，先端极钝，叶背密披茸毛，浅根性。

2. 半蔓生毛鱼藤(*Derris elliptica*)

嫩茎半直立不密覆地面，少不定根，小叶7~13片，个别有15片，端叶型狭，长椭圆形至倒卵形，先端较蔓生型尖，毛茸较粗而明显，半深根性。例如广东丰顺种、广西柳州种和台湾半蔓生种。

3. 马来亚直生鱼藤(*Derris elliptica*)

茎直立呈灌木状，节间较密，幼茎先端及嫩叶被毛茸外，老茎和叶毛茸极少，小叶一般5~7片，表面光滑，叶背无蜡粉，叶端尖，一般根系较深。例如马来亚直生种、揭西直生种等。根部含鱼藤酮等有效杀虫成分比较少。

(二)其他9种主要含杀虫剂成分的植物

1. 厚果鸡血藤(*Millettia pachycarpa*)

豆科。攀悬灌木，高约2~3 m，小叶9~11片，叶面光滑，比鱼藤叶大，杀虫有效成分鱼藤酮主要在种子中。

2. 雷公藤(*Trypterygium witfordii*)

卫茅科。藤本，生于山坡、堤岸旁，枝条有角，呈棱形。叶边有齿牙，花黄白色，总状花序。根皮含有效成分雷公藤生物碱。

3. 黄杜鹃(*Rhododendron molle*)

杜鹃花科。落叶灌木，高约1.5 m，嫩小枝褐色。叶互生单叶，托叶不全，总状花序，顶生。花冠金黄，有绿斑。杀虫有效成分主要在花中。

4. 巴豆（*Croton tiglium*）

大戟科。常绿乔木，高达 10 m，叶互生顶端长尖，边缘有锯齿状。种子长方形浅黄色。杀虫有效成分主要在种子中。

5. 羊角扭（*Strophanthus divaricatus*）

夹竹桃科。灌木，树身咖啡色，有明显的白色皮孔。叶椭圆形，花黄白色，长筒漏斗状。全株有乳白色树浆，里面含有毒毛旋花子甘（strophanthilin）。

6. 黄花烟草（*Nicotin rustica*）

茄科。一年生草本。杀虫有效成分主要是烟碱，叶含量较多，茎也有一定含量。广东省饶平县栽培的黄花烟草含烟碱达 4% 左右。

7. 苦楝（*Melia azedarach*）

楝科。落叶乔木，叶片宽大，羽状复叶，小叶椭圆形。果实淡黄色，果实中含有苦楝酮，苦楝二醇等多种四环三萜类物质。树皮和根皮含川楝索，具拒食和影响昆虫生长作用。

8. 川楝（*Melia toosendan*）

楝科。特征与苦楝相似；但叶子及果实比苦楝大，川楝果中含川楝素（toosendanin）可以防治人体蛔虫。川楝素是一种萜类化合物，对多种害虫有胃毒、拒食、忌避及影响昆虫生长发育等作用。

9. 苦皮藤（*Celastrus angulatus*）

卫矛科。攀缘灌木，生长在阴湿山丘里，杀虫有效成分主要在根皮。茎叶花果中含杀虫成分较少，主含生物碱，还含有皂素、酯类、卫矛醇、内酯，最近还从根皮粉中分离出倍半萜碱和倍半萜酯，对多种害虫具拒食、忌避和影响昆虫生长发育作用。

四、作业与思考题

1. 区别 3 类鱼藤的地上部形态，并绘出每类鱼藤的小叶图。
2. 描述川楝与苦楝外部形态之差别（茎叶和果）。
3. 苦皮藤与雷公藤外部形态有何差别？

V. 75% 百菌清农药可湿性粉剂加工

一、实验目的

掌握可湿性粉剂制备的基本方法，了解可湿性粉剂质量检测指标和方法。

二、实验原理

农药可湿性粉剂是由原药、载体和填料、表面活性剂（润湿剂、分散剂）、分散剂（稳定剂、警戒色等）混合，经过粉碎达到一定的细度后制成的制剂。田间使用时，用水稀释可形成稳定的可供喷雾的悬浮液。

三、实验材料

1. 供试药剂

百菌清、陶土、亚硫酸纸浆废液(105 ℃)、NO(一氧化氮)、ABS－Na(十二烷基苯磺酸钠)。

2. 实验器材

气流粉碎机、微型高速万能试样粉碎机、电子天平、筒环、秒表、滤纸、40 目标准筛、载片。

四、实验方法及步骤

1. 称量药品

用电子天平称取以下药品:

百菌清	36 g
亚硫酸纸浆干粉	10 g
NO	2 g
陶土	51 g
ABS－Na	1 g

2. 试样加工

将上述 3 种原料混合后分别置于气流粉碎机和微型高速万能试样粉碎机内加工可湿性粉剂。

3. 润湿性能测定

润湿性能根据一定体积的药粉被水完全润湿所需时间的长短来衡量。将铜圈置于倒放的 40 目标准筛的滤纸上,在铜圈内撒满试样药品,用载片刮平,取下铜圈,全部移入 25 ℃恒温水浴中,使水面恰好与筛网相平,筛孔充满水,待滤纸全部润湿后开始计时,药粉全部润湿停止计时,求出润湿时间,重复 3 次求平均值。

五、结果分析与讨论

试比较两种粉碎机加工可湿性粉剂的优缺点。

VI. 农药氯氰菊酯乳油的制备

一、实验目的

掌握配制的基本方法,了解乳油质量检测方法。

二、实验原理

乳油是由农药原药(原油或原粉)按规定比例溶解在有机溶剂(如二甲苯、甲苯等)中,再加入一定量的农药专用乳化剂而制成的均相透明油状液体;加水能形成相对稳定的乳状液。其中农药原药是乳油的有效组分，有机溶剂起溶解稀释原药的作用，乳化剂主要作用是使农药原药和有机溶剂以极微小的油珠均匀的分散在水中，形成相对稳定的乳状液，以满足喷雾使用的要求。

三、实验材料

1. 供试药剂

氯氰菊酯

溶剂：苯、甲苯、二甲苯、甲醇、乙醇、乙二醇、DMF（二甲基甲酰胺）、DMSO（二甲基亚砜）。

乳化剂：0201B、0203B、2201、农乳500、农乳600。

2. 实验工具

烧杯、三角瓶、天平、试管、玻璃棒、滴管等。

四、实验步骤

1. 乳油配方

配制4 g氯氰菊酯乳油，其中原药占10%，乳化剂10%，溶剂占80%。

2. 溶剂选择

根据原药的化学结构和极性选择溶剂。取原药0.5 g左右，在试管中滴加溶剂看是否溶解，加入10滴后仍不溶解，应另选溶剂。

3. 乳化剂选择

根据原药性质和剂型特点选择配伍良好的乳化剂，将一种乳化剂或几种乳化剂的复配物加入到上述农药溶液中，搅拌均匀。

4. 自发乳化性和乳化稳定性检测

用量筒取100 mL标准硬水，向其中滴加2~3滴配制好的乳油，观测乳油入水后的自发乳化性和乳化稳定性。

5. 低温储藏稳定性

将配制好的乳油放入−5 ℃的冰箱中储藏48 h，观察乳油的冻结、分层、沉淀等情况，在常温（20~25 ℃）下静置，记录自然恢复时间。

五、结果分析与讨论

如何配制一种合格的乳油？

实验三　农药理化成分分析实验

Ⅰ. 农药水分及氢离子浓度测定

一、农药含水量测定（共沸法）

（一）实验目的

测定农药原药和加工剂型的含水量，对照其质量标准，确定被测农药含水量指标是否合格，同时学习农药含水量测定方法。

（二）实验原理

用一种密度比水小、沸点明显低于水的沸点（100 ℃），且与水互不相溶的溶剂，与被测农药共热回流。溶剂与水形成共沸物，靠溶剂的反复蒸发冷凝，将农药原药和加工剂型中的水分带出。

（三）实验材料

1. 试剂

甲苯（分析纯），苯（分析纯），农药样品。

2. 仪器

水分测定器，超声波清洗器。

（四）实验方法

称取适量样品（水分含量在 0.1%~1.0% 的样品称取 100 g，准确至 0.1 g；水分含量在 1.0%~2.0% 的称取 50 g，准确至 0.01 g；水分含量 2.0% 以上的称取 25 g，准确至 0.01 g）置于圆底烧瓶中，加入 100 mL 甲苯和数支长 10~12 cm 的毛细管或几块瓷片，按图所示安装仪器，加热回流速度为每秒 2~3 滴，至接受器内水的体积不再增加时，再保持 10 min 后，停止加热，用拉细的玻璃管吸取少量甲苯冲洗冷凝器，直至没有水珠落下为止，冷却至室温，读取接受器内水的体积。

试样中水分百分含量（x）按下式计算：

$$x = \frac{v \times 100}{m}$$

式中　v——接受器中水的体积（mL）；

　　　m——样品的质量（g）。

二、农药氢离子浓度测定(pH 计法)

(一)实验目的

农药原药及其各种加工剂型的氢离子浓度关系到有效成分的稳定性，它是农药重要质量指标之一。测定农药原药和加工剂型的氢离子浓度，对照其质量标准，确定被测农药氢离子浓度指标是否合格，同时学习农药氢离子浓度测定方法。

(二)实验材料

1. 试剂和溶液

①水：新煮沸并冷至室温的蒸馏水 pH 5.5~7.0。

②苯二甲酸氢钾 pH 标准溶液[$c(C_8H_6KO_4) = 0.05$ mol/L]：称取在 105~110 ℃ 烘至恒重的苯二甲酸氢钾 10.21 g 于 1 000 mL 容量瓶中，用水溶解并稀释至刻度，摇匀，此溶液放置时间应不超过 1 个月。

③四硼酸钠 pH 标准溶液[$c(Na_2B_4O_7) = 0.05$ mol/L]：称取 19.07 g 四硼酸钠于 1 000mL 容量瓶中，用水溶液并稀释至刻度，摇匀，此溶液放置时间应不超过 1 个月。

④标准溶液 pH 值的温度校正：

0.05 mol/L 苯二甲酸氢钾标准溶液校正值为 4.00(温度对 pH 值的影响可忽略不计)。

0.05 mol/L 四硼酸钠标准溶液的温度校正值如下表：

温度(℃)	10	15	20	25	30
pH 值	9.29	9.26	9.22	9.18	9.14

2. 仪器

①pH 计：需要有温度补偿或温度校正图表。

②玻璃电极：使用前需在蒸馏水中浸泡 24 h。

③饱和甘汞电极：电极的室腔中需注满饱和甘汞电极和氯化钾溶液，并保证饱和溶液中总有氯化钾晶体存在。

(三)实验方法

1. pH 计的校正

将 pH 计的指针调整到零点，调整温度补偿旋钮至室温，用上述中的一个 pH 标准溶液校正 pH 计，重复校正，直到 2 次读数不变为止。再测量另一 pH 计标准的 pH 值，测定值与标准值的绝对差值应不大于 0.02。

2. 试样溶液的配制

称取 1 g 试样于 100 mL 烧杯中，加入 100 mL 水，剧烈搅拌 1 min，静置 1 min。

3. 测定

将冲洗干净的玻璃电极和饱和甘汞电极插入试样溶液中，测其 pH 值。至少平行测定 3 次，测定结果的绝对差值应小于 0.1，取其算术平均值即为该试样的 pH 值。

三、作业与思考题

1. 在农药水分测定时，为什么对溶剂提出密度、沸点及水互混性的要求？
2. 在净化处理和安装水分测定器时应注意哪些问题？
3. 水分测定过程中，为什么要控制回流速度？
4. 氢离子浓度测定时，pH 计为什么要求有温度补偿？
5. 测定粉剂和可湿性粉剂氢离子浓度时，玻璃电极和甘汞电极应停放在什么位置上？
6. 农药氢离子浓度测定时，对所有试剂有哪些要求？为什么？

II. 农药粉粒细度

一、实验目的

农药粉粒细度是粉剂和可湿性粉剂的重要质量指标，关系到粉剂中原药的分散度和可湿性粉剂的悬浮率，也关系到粉剂和可湿性药效的提高及药害的产生，通过测定粉粒细度，了解两种剂型的细度质量指标。判定其细度是否合格。

二、实验材料

1. 仪器

标准筛：200 目（适合于粉剂）、325 目（适合可湿性粉剂），烧杯 500 mL，烘箱 200 ℃ ±1 ℃，蒸发皿 50 mL，振筛机，激光粒度测定仪。

2. 样品

农药粉剂及可湿性粉剂。

三、实验方法

(一)湿筛法

称 20 g 样品（准确至 0.1 g）置于 500 mL 烧杯中，加入 300 mL 自来水，用玻璃棒（一端可套上 3~4 cm 乳胶管）搅拌 2~3 min，使其呈浑浊状，然后全部倒至筛上，再用清水洗烧杯。洗水也倒至筛中，直至烧杯底部的粗颗粒全部洗至筛中为止，然后再用内径 9~10 mm 的橡胶管导出的自来水冲筛上的残余物，水流速为 4~5 L/min，橡胶管末端出水口保持与筛缘平齐（距筛表面 5 cm 左右）。在筛洗过程中，保持水流对准筛上的残余物，使其能充分洗涤，一直洗到通过筛的水清凉透明，没有明显的悬浮物为止，把残余物冲至筛之一角，并转至恒重的蒸发皿中（蒸发皿要先称重），将蒸发皿中的水分加热至近干，再置于烘箱内在适当的温度下（70 ℃）烘干，冷却，称至恒重（准确至 0.01 g）。

细度百分含量(x)按下式计算：

$$x = \frac{m - m_1}{m} \times 100\%$$

式中　m——样品的质量(g)；

　　　m_1——筛上残余物的重量(g)。

（二）干筛法（本法适用于水溶液的农药粉剂）

称 20 g 样品(准确至 0.1 g)，均匀分撒于 200 目筛上。装上筛底和筛盖，振荡 10 min，停止振荡，打开筛盖，用毛笔轻轻刷开形成的团粒，盖上盖子再筛 20 min，如此重复。一直到筛上的残余物的重量比前一次减少小于 0.10 g 为止，筛上残余物移到称量瓶中称重(准确至 0.1 g)。粉粒细度百分含量(x)按上式计算。

四、作业与思考题

1. 湿筛法测定粉粒细度为什么要控制水流速度？
2. 残余烘干为什么有温度限制？

Ⅲ. 三乙膦酸铝可湿性粉剂含量测定

一、实验目的

学习三乙膦酸铝含量测定方法。

二、实验原理

三乙膦酸铝系亚磷酸酯类化合物，在氢氧化钠强碱性溶液中完全水解，生成亚磷酸钠盐。中和后，与碘发生氧化还原反应，由于反应可逆，故必须以硼酸铵吸收生成的碘化氢。过量的碘以硫代硫酸钠滴定之。

三、实验材料

1. 试剂

碘液：0.1 mol/L 溶液；硫代硫酸钠：0.1 mol/L 标准溶液；硼酸铵：1 mol/L [(NH$_4$)$_3$BO$_3$]缓冲溶液；盐酸：2 mol/L 溶液；氢氧化钠：2 mol/L 溶液；硫酸：1 + 4 水溶液；酚酞指示剂：0.1% 乙醇溶液；酚酞指示剂：0.2% 溶液。

2. 仪器

恒温水浴，离心机，碘量瓶(250 mL)，锥形瓶(250 mL)。

四、实验方法

称取约 0.1 g 样品(准确至 0.1 mg)，于 10 mL 刻度离心试管中，用 9 + 1 的乙腈 - 乙醇溶液定容至刻度，然后离心 15 min，离心结束后将上层清液移至盛有 50 mL 无水乙醇的 250 mL 锥形瓶中，作酸度测定之用。

其沉淀物用 20 mL 的 2 mol/L 氢氧化钠溶液全部转移至 250 mL 碘量瓶中，加热回流 45 min，冷却后，加入 2 滴酚酞以 2 mol/L 盐酸中和至无色。然后加入 0.1 mol/L 碘溶液 25 mL，1 mol/L 硼酸铵缓冲溶液 25 mL，置于 30 ℃ 水浴中静置 10 min。用 10 mL 硫酸 (1 + 4) 溶液酸化后，以 0.1 mol/L 硫代硫酸钠标准溶液滴定至呈金黄色，然后加淀粉指示剂 3 mL，继续滴定至无色即为终点。同时作一试剂空白测定。

三乙膦酸铝的百分含量 (x) 按下式计算：

$$x = \frac{(V_0 - V_1) \times C \times 0.059}{m}$$

式中　C——硫代硫酸钠标准溶液的浓度 (mol/L)；

V_0——测定试剂空白时耗用的硫代硫酸钠标准溶液体积 (mL)；

V_1——测定样品时耗用的硫代硫酸钠标准溶液体积 (mL)；

m——样品重量 (g)；

0.059——1/6 三乙膦酸铝分子摩尔质量 (kg/mol)。

五、作业与思考题

1. 简述三乙膦酸铝的防治对象及其使用方法。
2. 简述三乙膦酸铝防治的最佳时期是哪些阶段。
3. 如何配制复合剂型来提高三乙膦酸铝的杀菌效果？

Ⅳ. 农药乳液稳定性性能测定

一、实验材料

1. 仪器

磨口具塞量筒：100 mL，内径 28 mm ± 2 mm，高 250 mm ± 5 mm；烧杯：1 000 mL，直径 80~90 mm，250 mL 直径 60~65 mm；玻璃搅拌棒：直径 6~8 mm；注射器或移液管：1 mL (刻度为 0.1 mL)；恒温水浴锅。

2. 试剂

碳酸钙：分析纯；氧化镁：分析纯；无水氯化钙：分析纯；氯化镁：分析纯；盐酸：分析纯；标准硬水母液配制 (以碳酸钙计硬度为 34 200 mg/kg)。

①称取 27.400 g 碳酸钙和 2.760 g 氧化镁于蒸发皿中，用 2 mol/L 盐酸溶解，加热蒸发至干，加入少量蒸馏水，再蒸发至干，如此重复操作以除去多余盐酸，使之为中性，然后用蒸馏水溶解，并稀释至 1 000 mL，此液硬度为 34 200 mg/kg。

②称取 30.400 g 无水氯化钙和带 6 个结晶水的氯化镁 13.900 g，溶于 1 000 mL 蒸馏水中，将溶液过滤，滤液硬度为 34 200 mg/kg。

上述 2 种方法可任选一种，该母液再稀释 100 倍，即为含碳酸钙 342 mg/kg 的标准硬水。

二、乳液稳定性的测定

在 250 mL 烧杯中，加入 80 mL342 mg/kg 的标准硬水，用注射器吸取规定稀释浓度且配液总量为 100 mL 的乳油试样，在不断搅拌下缓慢加入硬水中，如不足 100 mL，应用标准硬定容至100 mL，使其形成 100 mL 乳液，加完后，继续以每秒2~3 转的速度搅拌 30 s，立即将乳液转移至清洁的 100 mL 量筒，并将量筒置于 30 ℃ ± 1 ℃恒温水浴中，静置 1 h 后，取出观察乳液分离情况如在量筒中没有浮油、沉油或沉淀析出，则稳定性为合格。

三、作业与思考题

1. 可湿性粉剂湿润性测定对试样有哪些要求？
2. 配制标准硬水时，为什么要加盐酸？哪些自然水属于硬水？
3. 测定乳液稳定性为什么要用标准硬水？质量不好的乳油遇硬水为什么会出现浮油，沉油或沉淀现象？
4. 乳液稳定性与该乳液施用后药效及药害的关系如何？

V. 农药可湿性粉剂悬浮率测定方法

悬浮率是可湿性粉剂的重要质量指标，粉粒细度与悬浮率相关，粒度越细悬浮率越高，而悬浮率的高低直接影响可湿性粉剂施用的药效，本实验目的是学习悬浮率测定方法，判定可湿性粉剂产品质量。

方法一（仲裁法）

一、实验方法

用标准硬水将待测试样配制成适当浓度的悬浮率。在规定的条件下，于量筒中静置 30 min，测定底部 1/10 悬浮率中有效成分含量，计算其悬浮率。

二、实验试剂

本实验所用的试剂和水，在没有注明其他要求时，均指分析纯试剂和GB 6682中规定的三级水。

氧化镁（GB 9857）：使用前于 105 ℃干燥 2 h；
碳酸钙（HG 3—1066）：使用前于 400 ℃烘 2 h；
盐酸（GB 622）溶液：0.1 mol/L 、1 mol/L；
氢氧化钠（GB 629）溶液：0.1 mol/L；
氨水（GB 631）：1 mol/L；
甲基红（HG 3—958）指示剂：1 g/L，按 GB 6034.5.6 配制；
贮备液：A、B 溶液配制方法如下：

A 溶液：$c(Ca^{2+}) = 0.04$ mol/L。准确称取碳酸钙 4.000 g 于 800 mL 烧杯中，加少量润湿，缓缓加入 1 mol/L 盐酸溶液 82 mL，充分搅拌。待碳酸钙全部溶解后，加水 400 mL 煮沸，除去二氧化碳，冷却至室温。加 2 滴甲基红指示剂，用氨水中和至橙色，将此溶液转移到 1 000 mL 容量瓶中。用水稀释至刻度，混匀，贮存于聚乙烯瓶中备用。

B 溶液：$c(Mg^{2+}) = 0.04$ mol/L。准确称取氧化镁 1.613 g，倒入 800 mL 烧杯中，加少量蒸馏水润湿。然后缓缓加入 1 mol/L 盐酸 82 mL，充分搅拌混合并缓缓加热。待氧化镁全部溶解后，加蒸馏水 400 mL 煮沸，除去二氧化碳。冷却至室温后，加入 2 滴甲基红指示剂溶液，用 1 mol/L 氨水中和至橙色，将此溶液转移到 1 L 容量瓶中。用蒸馏水稀释至刻度，混匀，贮存于聚乙烯瓶中备用。

标准硬水制备：移取 68.5 mL 溶液 A 和 17.0 mL 溶液 B 于 1 L 烧杯中，加蒸馏水 800 mL，滴加 0.1 mol/L 氢氧化钠溶液或 0.1 mol/L 盐酸溶液，调节溶液的 pH 6.0~7.0（用 pH 计测定）。将溶液再转移到 1 L 容量瓶，用蒸馏水稀释至刻度，混匀。

三、实验仪器

①量筒（250 mL），带磨口玻璃塞，0~250 mL 刻度，刻度间距为 20.0~21.5 cm，250 mL 刻度线与塞子底部之间距离为 4~6 cm。

②玻璃吸管：长约 40 cm，内径约为 5 cm，一端尖处有 2~3 mm 的孔，管的另一端连接在相应的抽气源上。

③小型砂磨机。

④气流粉碎机（AO 或 CO 型）。

⑤水循环真空泵。

四、测定步骤

称取适量试样①，精确至 0.000 1，置于盛有 50 mL 标准硬水（30 ℃ ± 1 ℃）的 200 mL 烧杯中，用手振荡做圆周运动，约 120 次/min，进行 2 min，将该悬浮液在同一温度的水浴中放置 13 min，然后用 30 ℃ ± 1 ℃ 的标准硬水将其全部洗入 250 mL 量筒中，并稀释至刻度，盖上塞子，以量筒底部为轴心，将量筒在 1 min 内上下颠倒 30 次（将量筒倒置并恢复至原位为一次，约 2 s）。打开塞子，再垂直放入无振动的恒温水浴中，放置 30 min，用吸管在 10~15 s 内将内容物的 9/10（即 225 mL）悬浮液移出，不要摇动或搅起量筒内的沉降物，确保吸管的顶端总是在液面下几毫米处。

按规定方法②测定试样和留在量筒底部 25 mL，悬浮液中的有效成分含量。

---

① 以此称样量制备悬浮液的浓度，应为该可湿性粉剂推荐使用的最高喷洒浓度，其称样量在产品标准中加以规定。

② 有效成分含量的测定应在产品标准加以规定。

五、计算

试样悬浮率 $X[\%(m/m)]$ 按下式计算：

$$X = 10/9 \times \frac{m_1 - m_2}{m_1} \times 100$$

$$= 111.1 \times \frac{m_1 - m_2}{m_1}$$

式中　m_1——配制悬浮液所取试样中有效成分质量(g)；

　　　m_2——留在量筒底部 25 mL 悬浮液中有效成分质量(g)。

方法二

一、实验方法

用标准硬水将待测试样配制成适当浓度的悬浮液，在规定的条件下，于量筒中静置 30 min，测定量筒上部 9/10 悬浮液中有效成分含量，计算试样的悬浮率。

二、实验试剂

与方法一相同。

三、实验仪器

与方法一相同。

四、测定步骤

称取适量试样，精确至 0.000 1 g，直接置于盛有 50 mL 标准硬水(30 ℃ ±1 ℃)的量筒中，轻轻振摇使试样分散，然后用 30 ℃ ±1 ℃标准硬水稀释至刻度，盖上塞子，以量筒底部为轴心，将量筒在 1 min 内上下颠倒 30 次(将量筒倒置并恢复至原位为一次，约 2s)。打开塞子，再垂直放入无振动的恒温水浴中，避免阳光直射，放置 30 min。用吸管在 10~15 s 内将内容物的 9/10(即 225 mL)悬浮液移至一干净的 500 mL 的三角瓶中，不要摇动或搅起量筒内的沉降物，确保吸管的顶端总是在液面下几毫米处。

将三角瓶中 225 mL 悬浮液充分摇匀后，迅速移取一定体积(V；mL)试液，测定其中有效成分含量或测定底部 25 mL 悬浮液和沉淀物中有效成分含量。

五、计算

测定上部 225 mL 悬浮液时，试样悬浮率 $X[\%(m/m)]$ 按下式计算：

$$X = \frac{250}{V} \times \frac{m_2}{m_1} \times 100$$

式中　m_1——配制悬浮液所取试样中有效成分质量(g)；

m_2——25 mL 悬浮液中的有效成分质量(g);

V——用于分析之悬浮液体积(mL);

250——配制悬浮液的总体积(mL)。

附:可湿性粉剂悬浮率测定(总固物法)

一、实验材料

1. 仪器

具塞量筒(高25 cm,内径2.5 cm),烧杯(100 mL),尺,玻璃笔,吸管(1 mL),烘箱,恒温水浴。

2. 试剂

蒸馏水,可湿性粉剂样品。

二、实验样品

首先在具塞量筒距底2 cm处划一横线,在距底20 cm处再划一横线。

称取可湿性粉剂1 g(精确至0.000 1 g),置于100 mL烧杯中,加入10 mL蒸馏水,轻轻摇动,待样品自行湿润后,用蒸馏水将样品转移且精确至具塞量筒内,加蒸馏水至20 cm高,加塞后置于30 ℃ ±1 ℃恒温水浴中,当管内温度达到30 ℃时,拿出具塞量筒180°颠倒15次,重新放回水浴中,开盖静止30 min,启动抽气泵连接的吸管在10~30 s内抽出上部18 cm悬浮物,吸管口应沿筒壁而下移,但不能搅动下层沉淀物,将剩余的2 cm悬浮液及沉淀物,移至表面皿中,蒸去水分,在105 ℃烘箱中烘至恒重,称量沉淀物重量。

按下式计算总固物悬浮率:

$$总固体物悬浮率(\%) = \frac{W - R}{W} \times 100$$

式中　W——称样的重量(g);

R——余下液体烘干后固体物重量(g)。

VI. 多菌灵含量的测定

一、实验目的

了解7520型紫外可见分光光度计的使用方法,学会薄层色谱法测定农药制剂中有效成分含量的方法。

二、实验原理

多菌灵可湿性粉剂样品,用冰乙酸溶解、过滤、滤液点板,由于Rf值不同,样品中的不同组分在薄板上得到分离,取有效成分谱带,并将其溶解在酸中,其形成的盐在 281 nm 波长处有最大吸收，可以进行定量测定。

三、实验材料

1. 仪器

7520 型紫外可见分光光度计，层析缸 1 个，薄层板，20 cm×20 cm 玻璃板，紫外灯(波长 254nm)，25 mL 容量瓶 3 个，25 mL 烧杯 6 个，150 mL 碘量瓶 6 个，移液管 25 mL、2 mL 各 1 个，G_3 25 mL 玻璃砂芯过滤漏斗 5 个。

薄层板的制备：称取 20 g 硅胶 GF-254，置于玻璃研钵中，加蒸馏水 43 mL，研磨至均匀糊状，立即均匀地倒在一个预先洗净，干燥的(并用乙醇擦过的)20 cm×20 cm 玻璃板上，轻轻振动，使硅胶在板上均匀分布且无气泡，置板于水平处晾干，放入 130 ℃烘箱中活化 2 h，取出冷却至室温。放入干燥器中备用。

2. 试剂

苯：分析纯，丙酮：分析纯，冰乙酸：分析纯，硅胶 GF-254(薄层分析用)，粒度 10~40 μm 多菌灵标准品(纯度 95%)。

四、实验方法

称取含多菌灵约为 0.3 g 的样品(准确至 0.000 1 g)置于 150 mL 碘量瓶中，用移液管准备加入 25 mL 冰乙酸，盖上瓶塞，置于电磁搅拌器上，进行搅拌溶解 5 min，再静置 5 min，将上述溶液倾入 G_3 玻璃砂芯过滤漏斗中，漏斗下放一个 25 mL 烧杯。用双连球进行加压过滤(开始部分的滤液弃去)。用移液管准确吸取 1 mL 滤液，在一块已活化好的硅胶板距底边 3 cm，距两侧各 2 cm 处将试样点成直线，并用少量冰乙酸洗涤移液管尖端。待溶剂挥发后，将层析板直立于含有苯-丙酮-冰乙酸(体积比为 70∶30∶5)的混合展开剂并充满饱和蒸气的层析缸中展开。层析板浸入展开剂深度为 0.5~1 cm，当展开剂前沿上升到距原点 13 cm 处，将板取出，待展开剂挥发后，把该板置于紫外灯下，用不锈钢针把呈现暗紫色、Rf 值约为 0.75 的多菌灵谱带区标记下来。然后用铲刀将这部分硅胶刮入 150 mL 碘量瓶中，用移液管准确加入冰乙酸 50 mL，盖上瓶塞，在电磁搅拌器上搅动 5 min，再静止 5 min。将上述溶液倒入 G_3 玻璃砂芯过滤漏斗中，漏斗下放一个 25 mL 的烧杯，用双连球进行加压过滤(开始部分的滤液弃去)，用移液管准确吸取上述滤液 5~25 mL 容量瓶中，并用冰乙酸稀释至刻度，混匀。

将该溶液注入 1 cm 石英吸收池中，以冰乙酸作参比，在波长 281 nm 处测定吸光度。

以同样的操作步骤测量由空白硅胶板的相应区域所制得溶液的吸光度。

标准品的吸光度测定与样品相同。

五、实验结果

多菌灵含量(x,%)按下式计算：

$$x = \frac{(A_x - A_b) \times G_s \times p}{(A_s - A_b) \times G_x} \times 100$$

式中　A_x——在 281 nm 处样品吸光度；

　　　A_s——在 281 nm 处标准品吸光度；

　　　A_b——在 281 nm 处空白吸光度；

　　　G_x——样品重量（g）；

　　　G_s——标准品重量（g）；

　　　p——标准品纯度（%）。

六、作业与思考题

1. 薄层色谱法分离化合物的基本原理是什么？
2. 紫外分光光度法测定化合物为什么必须选石英吸收池？
3. 分光光度法测定化合物含量的理论依据是什么？

VII. 气相色谱法测百菌清的含量

一、实验目的

了解氢火焰离子化检测器的结构和测定农药的原理，学会如何利用内标法进行定量测定。

二、实验原理

将含百菌清的溶液进入色谱系统，通过色谱的分离和火焰离子化检测器，使用内标的方法，比较标准和内标，样品和内标的峰高或峰面积，计算出样品的百分含量。

三、实验材料

1. 试剂和溶液

百菌清（99.5%），对二甲苯（分析纯），邻苯二甲酸二丁酯（分析纯）。

2. 仪器和操作条件

（1）仪器

气相色谱仪，空气发生器，氢气发生器，氮气发生器，气相色谱毛细管柱。

（2）操作条件

柱温：210 ℃

检测器温度：300 ℃

气化室温度：250 ℃

载气：氮气　流量 35 mL/min

　　　空气　流量 200 mL/min

　　　氢气　流量 30 mL/min

四、测定步骤

①内标溶液的配制：称取内标物邻苯二甲酸二丁酯8.0 g，置于1 000 mL容量瓶中，用二甲苯定容并充分混合。

②标准溶液的配制：称取百菌清3.0 g，准确到0.1 mg，置于100 mL容量瓶中，加入100 mL内标溶液，盖上瓶盖塞并振摇直到固体全溶解为止。

③样品溶液的配制：称取百菌清1.0 g(75%)准确到0.1 g，置于50 mL容量瓶中，加25 mL内标溶液，盖上瓶塞并振摇，直到有机物溶解为止。其他剂型的分析，称取和标准溶液相当的量。

④样品的测定：使适当的百菌清和内标的浓度进入气相色谱流路，并重复注射1 μL标准溶液校正这个方法。然后再注射1 μL的样品溶液，让数据系统打印报告。如果数据系统不合适，可人工使用内标法计算结果。

百菌清百分含量(x)按下式计算：

$$x = \frac{R_1 \times m_1 \times p}{R_2 \times m_2} \times 100$$

式中　R_1——标准品与内标物峰面积(或峰高)的比值；

　　　R_2——样品与内标物峰面积(或峰高)的比值；

　　　m_1——标准品(g)；

　　　m_2——样品重量(g)；

　　　p——标准品纯度(%)。

VIII. 氯氰菊酯含量测定

一、实验目的

了解带氢焰离子化检测器的气相色谱仪的基本构造和检测农药的原理，并学会利用外标法进行定量测定。

二、实验原理

氯氰菊酯乳油中的各个组分由于性质不同，在气相色谱经过在流动相(气相)和固定相(液相或固相)中的多次分配，最终得到分离，然后经过氢火焰离子检测器在氢氧焰中不同的农药组分的碎片，参与了火焰中的自由基反应，最后被电离，在电场的作用下产生电流，利用电放大系统测定离子流强度。将电信号转化成浓度信号，在同样操作条件下，同时测定已知浓度的标样和待测样品从两者的峰高或峰面积之比值可定量的测定出样品的含量。

三、实验材料

1. 仪器

气相色谱仪，带有氢焰离子化检测器，4 mm×1 m 玻璃柱，10 μL 微量进样器，50 mL 容量瓶，10 mL 刻度试管 6 个。

2. 柱条件

固定液，OV-101（甲基硅酮）。

担体，100~120 目（125~150 μm）高效，酸洗经二甲基二硅烷化处理的担体；或chromosorbW-HP 和 Gas ChromQ 均可。

固定液/担体 2.98（W/W）。

3. 气谱操作条件

柱温：235 ℃

进样口温度：250 ℃

检测器温度：250 ℃

载气（高纯氮）流速：50 mL/min

氢气流速：40 mL/min

空气流速：400 mL/min

进样量，氯氰菊酯 4 mg/mL 的溶液注入 2~6 mL。

4. 试剂

氯氰菊酯标准品（纯度 95%），氯仿（分析纯）。

四、实验方法

1. 标准曲线绘制

称取氯氰菊酯标准品 0.15、0.18、0.22、0.25 g（准确至 0.1 mg），分别放入 50 mL 容量瓶中，用氯仿稀释至刻度，然后摇匀，按气谱操作条件下的规定，注入大约含有氯氰菊酯 5.0 mg/mL 的标准溶液 2~6 μL 到色谱系统中，调整仪器的控制部件让氯氰菊酯峰的最大值占记录满量程的 80%~90%，依次注入完全同样体积的每个标准溶液，并测量氯氰菊酯的峰面积，然后以每个标准的峰面积平均为纵坐标，以相应的浓度（mg/mL）为横坐标，绘制校正曲线。

2. 称取

称取约含氯氰菊酯 0.4 g（准确至 0.1 mg）乳油样品 2 份，加入与配制标准溶液同样的溶剂稀释至刻度，摇匀，按上述气谱操作条件，待系统稳定后，进完全相同体积的标准和样品溶液，按标准 1、样品、样品、样品、样品和标准 2 的顺序进样，标准 1 和标准 2 为 2 个最接近试样浓度的标准溶液，测量标准溶液与样品溶液的峰面积 A。当 2 个标准的峰面积正好在标准校正曲线上时，则可直接从校正标准曲线上读取相应的样品的氯氰菊酯浓度，否则可用校正因子 f 对结果进行校正后再从校正曲线上读取样品的氯氰菊酯浓度。

氯氰菊酯的百分含量（x）按下式计算：

$$x = \frac{c \times v \times 100}{m \times 1\,000}$$

若以 g/L 计,按下式计算:

$$x = \frac{c \times v \times d}{m} \times 100$$

式中　c——从校正曲线上查出的样品溶液的氯氰菊酯的浓度(mg/mL);

　　　m——样品重量(g);

　　　v——样品的总体积(mL);

　　　d——样品的密度(g/mL)。

标准校正因子(f)的计算:

$$f = \frac{最初的峰面积 A(绘制校正曲线中)}{最近的峰面积 A(测定样品中)}$$

分别计算两个标准溶液的 f 值,即 f_1 和 f_2,并求出平均值即 $1/2(f_1 + f_2)$,将样品的峰面积乘以标准校正因子的平均值,根据所得的结果再从标准曲线上读取相应的样品溶液中氯氰菊酯的浓度。

五、作业与思考题

1. 气相色谱法测定农药有效成分含量常用的检测器有几种?与其他几种检测器相比,氢焰离子化检测器有何优缺点?

2. 外标法和内标法有何优缺点?

IX. 气相色谱法分析砜嘧磺隆在玉米中的残留

一、实验目的

1. 学习样本预处理、净化、浓缩等操作技术;

2. 学习净化器的填充和使用;

3. 学习气相色谱仪的使用。

二、实验材料

1. 药剂

砜嘧磺隆标准品;

甲醇、丙酮、氯化钠、无水硫酸钠、三氯甲烷(均为分析纯);

硅胶 11 ℃活化 2 h 贮存于干燥器内备用,活性炭。

2. 仪器

HP6890 气相色谱仪配 μ - ECD 检测器,HP5 30.0 m×320 μm×0.25 μm 毛细管柱及 HP6890 工作站;

组织捣碎机:DS - 1 型

恒温水浴振荡机:SHZ - 88 型

旋转真空蒸发器：ZFQ-3型

层析柱：15 cm×1.2 cm

分液漏斗等各种玻璃器皿

三、实验方法与步骤

1. 样品提取

取玉米植株 30 g，加入甲醇/水(8:2)80 mL，在组织捣碎机中匀浆 1 min，在铺有助滤剂的漏斗中减压抽滤，用甲醇/水(8:2)80 mL 淋洗滤渣，合并滤液，在分液漏斗中加入 2.5% 氯化钠水溶液 50mL，用三氯甲烷萃取 3 次(40 mL、30 mL、30 mL)，萃取液过无水硫酸钠脱水，置于旋转蒸发器 45 ℃下减压蒸干，加入 1 mL 甲醇溶解残渣，待过柱。

2. 净化

依次在层析柱(15 mm×300 mm)中装入高度为 1 g 的无水硫酸钠、硅胶 3 g、活性炭 0.5 g、助滤剂 0.5 g 和 1 g 的无水硫酸钠。首先用 20 mL 的三氯甲烷淋洗层析柱，待液面接近上层无水硫酸钠底部时加入处理好的植株样品浓缩液，并用 80 mL 三氯甲烷和甲醇(7:3 = V/V)淋洗，弃去前 20 mL 淋洗液，将此次淋洗液用圆底烧瓶全部接收，在旋转蒸发仪上(45 ℃水浴)减压浓缩至干，用丙酮定容，进行气相色谱分析。

3. 色谱条件

HP6890 气相色谱仪配 μ-ECD 检测器；

色谱柱：HP5 30.0 m×320 μm×0.25 μm 毛细管柱；

进样口温度：260 ℃；

检测器温度：280 ℃；

柱温采用程序升温如下：

$$100\ ℃\ (1\ min) \xrightarrow{15\ ℃/min} 200\ ℃\ (2\ min) \xrightarrow{20\ ℃/min} 250\ ℃\ (2\ min)$$

载气类型：N_2

载气流速：1.0 mL/min

尾吹气流量：60.0 mL/min

四、实验结果检测记录

计算实验添加回收率。

五、结果与讨论

试讨论样品提取过程中加入各种有机溶剂的作用。

实验四　农药生物测定方法

农药生物测定是度量农药对动、植物，微生物群体、个体，活体组织、细胞或基因、酶产生效应大小的生物测定技术，通常采用药剂剂量或浓度，或测定具有生理活性的物质在某有机体中产生效力的一种技术。广义的生物测定为确定来自物理、化学、生理或心理刺激对生物活体(living organism)和活体组织(tissue)产生效力的大小。生物测定在农药研究和植物化学保护应用中主要涉及的内容和范围可以概括为以下几个方面：①化合物的活性筛选与评价；②风险评价测定；③抗药性测定；④药害测定。

在生物测定试验中，对农药及靶标生物的要求是比较严格的。室内的生物测定，供试药品应该是纯品，至少要有确切的有效成分含量。而供试生物应该是纯种，个体差异小，生理标准较为均一的。同时还必须以确定一致的环境条件为前提。故生物测定试验设计应该掌握以下基本原则。

1. 相对控制的环境条件

生物测定试验中原则上只能有两个变量，一个是药剂的剂量或浓度作为自变量，另一个是死亡率或抑制率作应变量数。而温湿度等环境条件对药品及生物都有直接或间接的影响。因此生物测定的试验条件，首先要求相对一致的控制环境条件，使影响因素力求稳定。且生物测定的试验条件应该尽量保持与田间环境条件的相对一致性。

2. 科学严谨的对照实验

因昆虫、杂草等有害生物在试验期间往往有自然死亡或生长发育的不一致的情况，故应设立对照加以校正。根据试验的目的和需要，生物测定试验中对照有 3 种：①空白对照：不进行任何处理。②不含药剂对照：与药剂处理所用溶剂或乳化剂等完全一样，只是不含药剂。③标准药剂对照：用标准药剂作对照。标准药剂是选择同类化合物已对某种病虫害确定是有效的药剂，它不仅可以与新品种对比，也可以消除一些偶然因素影响的误差。这 3 种对照，并不一定在每次试验中都设立，应视具体情况和测定要求加以确定。

3. 充分足够的实验重复

生物测定的测试对象之一是生物，而一种生物的个体之间对同一种药剂的敏感性往往是有差异的。所以生物测定试验中供试生物的取样应具有代表性，每个处理要求一定的数量。理论上重复的次数越多，结果越可靠。虽然增加重复是减少误差的一种方法，但也不能过多，应根据不同的供试材料，各自的试验目的和要求而定。在生物测定试验中一般每个处理至少重复 3 次。另外，由于生物测定中试验人员的操作和不同批次的生物间对试验结果也会产生显著的影响，因此，一个可信的生物测定试验应该在要求每个处理至少重复 3 次的基础上，还要求整个试验至少重复 2 次。

4. 科学合理的测定方法

在生物测定试验中，由于药剂的作用机制复杂多样，靶标生物的生物学特性各异，因此在确定所采用的测定方法时应该综合考虑这两个主要因素。虽然已有的生物测定方法名目繁多，新的测定技术也不断被开发，但具体测定某一种药剂对某一种生物的活性，必须选用能够科学反映真实情况的测定技术。如对于抑制病原菌生物氧化（呼吸作用）的专化性杀菌剂，应该尽量采用孢子萌发法。

I. 醚菌酯对灰霉病菌的毒力测定

一、实验原理和目的

醚菌酯的作用机制为抑制病原菌生物氧化过程中线粒体呼吸链中的复合物Ⅲ，灰霉病菌主要以分生孢子危害且分生孢子在实验室条件下可以大量获得。通过本实验掌握抑制病菌生物氧化的药剂的生物活性测定技术。

二、实验材料

1. 仪器设备
分析天平、低速离心机、显微镜、计数器、血球计数板等。

2. 供试药剂
醚菌酯原药溶解于丙酮并用无菌水倍比稀释成 0.5、0.25、0.125、0.062 5、0.031 25 和 0.015 625 μg/mL 供试。

3. 供试孢子悬浮液
灰霉病菌（*Botrytis cinerea*）在 25 ℃下恒温培养 5 d 产生孢子后，用含 0.1% 吐温 20 的无菌水洗下分生孢子，即得孢子悬浮液。

三、实验方法

采用凹玻片萌发法。

四、实验内容

①将灰霉病菌孢子悬浮液与供试母液分别等体积（各 50 μL）混合，药剂的最终浓度分别为 0.25、0.125、0.062 5、0.031 25、0.015 625 和 0.007 812 5 μg/mL，以不含药剂的处理作为对照，每浓度重复 3 次。

②在 25 ℃下恒温培养 10 h 后于显微镜下观察孢子萌发情况，每处理观察约 200 个孢子。

③计算孢子萌发率（%）、孢子萌发抑制率（%）。根据统计学方法，在 DPS 软件中以药剂浓度对数值 - 抑制率机率值计算药剂的毒力回归方程（LD-P）和有效抑制中浓度（EC_{50}）。

孢子萌发率（%）=（已萌发的孢子数目/观察的孢子总数）× 100

孢子萌发抑制率(%) = [(对照的萌发率 – 处理的萌发率)/ 对照的萌发率] × 100

五、作业与思考题

1. 根据实验结果计算出 LD-P 和 EC_{50}。
2. 简述凹玻片萌发法的适用范围和优缺点。

Ⅱ. 戊唑醇对小麦赤霉病菌的生物测定

一、实验原理和目的

戊唑醇等 SBIs 类杀菌剂的作用机制为抑制高等病原真菌细胞膜重要组分麦角甾醇的生物合成。通过本实验掌握抑制病菌生物合成的药剂的生物活性测定技术。

二、实验材料

1. 仪器设备
分析天平、培养皿、高压灭菌锅、鼓风干燥箱和恒温培养箱等。

2. 供试菌种
小麦赤霉病菌,在 PDA 培养基上培养备用。

3. 供试药剂
戊唑醇原药溶解于丙酮制成 10 mg/mL 的母液备用。

三、实验方法

菌丝生长速率法。

四、实验内容

①先用倍比稀释法制取供试含药平板:待 PDA 培养基冷却至 50 ℃左右时,每 100 mL 培养基加入 50 μL 戊唑醇母液,混匀后将其中 50 mL 倒入 3 个培养皿,即得 5 μg/mL 供试平板。向剩余的 50 mL 含 5 μg/mL 戊唑醇的培养基加入 50 mL 无药培养基,混匀后将其中 50 mL 倒入 3 个培养皿,即得 2.5 μg/mL 供试平板。如此类推,即制得 5、2.5、1.25、0.625、0.312 5 和 0.156 25 μg/mL 系列平板。同时向另一 100 mL 培养基中加入 50 μL 丙酮,混匀后制成对照。

②待所有供试平板都完全凝固后,用 5 mm 的打孔器从培养好的小麦赤霉病菌平板上打取菌饼,分别转接菌饼到上述培养基平板上,每处理重复 3 次。

③25 ℃培养 3 d 后测量各处理及对照的菌落直径。

④按以下公式计算抑制生长率并根据统计学方法,在 DPS 软件中以药剂浓度对数值 – 抑制率机率值计算药剂的毒力回归方程(LD-P)和有效抑制中浓度(EC_{50})。

菌丝生长抑制率(%) = [(对照的菌落直径 – 处理的菌落直径)/(对照的菌落直径 – 0.5)] × 100

五、作业与思考题

1. 根据实验结果计算出 LD – P 和 EC_{50}。
2. 哪些药剂可以采用菌丝生长速率法？请举例。

Ⅲ. 百菌清·速克灵对蔬菜灰霉病菌的协同作用测定

一、实验原理和目的

测定无抗菌活性物质对杀菌剂抗菌活性的影响，方法比较简单，但要检定具有杀菌活性的不同杀菌剂之间的联合作用，情况就比较复杂。测定具有相同类型的作用机制（如同为抑制生物合成或抑制生物氧化）的杀菌剂的联合作用，直接采用与单剂相同的测定技术；测定具有不同类型的作用机制的杀菌剂的联合作用，因为采用针对其中某一单剂的测定技术不能同时合理地反映所有单剂的活性，所以一般应该采用活体测定法。总之，杀菌剂的联合作用测定中所应用的生物测定技术与单剂抗菌活性测定相同，只是应该综合考虑配伍药剂的作用特点采取合理的技术。另外，在进行杀菌剂的联合作用测定时，一般要选择 5 个以上不同比例的配比进行测定，以确定合适的配比。通过本实验掌握抑制病菌生物联合作用的评价技术。

二、实验材料

1. 供试药剂

百菌清和速克灵原药分别溶解于丙酮制成 10 mg/mL 的母液备用。

2. 供试菌株

灰霉病菌（*Botrytis cinerea*）在 25 ℃下恒温培养 5 d。

3. 仪器设备

分析天平、培养皿、高压灭菌锅、鼓风干燥箱和恒温培养箱等。

三、实验方法

增效系数法。

四、实验内容

①将百菌清和速克灵母液分别按 1∶1、3∶1、5∶1、1∶5 和 1∶3 的比例混合。

②如实验 2 所述分别制备百菌清、速克灵、1∶1、3∶1、5∶1、1∶5 和 1∶3 共 7 种药剂的系列供试平板，每个药剂的系列供试浓度都设置为 5、2.5、1.25、0.625 和 0.312 5 μg/mL。以含相同有机溶剂但不含任何药剂的为共同对照。

③待所有供试平板都完全凝固后，用 5 mm 的打孔器从培养好的灰霉病菌平板上打取菌饼，分别转接菌饼到上述培养基平板上，每处理重复 3 次。

④25 ℃培养 3 d 后测量各处理及对照的菌落直径，计算各处理的生长抑制率。

菌丝生长抑制率(%) = [(对照的菌落直径 - 处理的菌落直径)/(对照的菌落直径 - 0.5)] × 100)

根据统计学方法,在 DPS 软件中以药剂浓度对数值 - 抑制率机率值分别计算 7 种药剂的毒力回归方程(LD - P)和有效抑制中浓度(EC_{50})。

⑤根据 Wadley 的方法计算混配剂的相互作用,A、B 分别代表 2 个药剂组分,a、b 是各组分在混剂中含量的比率。以 R 值分析混配的效果。

$R = 0.5 \sim 1.5$,则混剂有加和作用;$R \leqslant 0.5$,则混剂有拮抗作用;$R \geqslant 1.5$,则混剂有增效作用。

$$EC_{50}(理论值) = (a + b)/(a/EC_{50a} + b/EC_{50b})$$

$$R = EC_{50}理论值/EC_{50}实际值$$

五、作业与思考题

1. 根据实验结果计算本实验中两药剂不同浓度配比的 R 值。

2. 本方法的局限性在哪里?请举例。

Ⅳ. 敌敌畏对二化螟的生物活性测定

一、实验原理和目的

点滴法适用于具触杀作用的农药,实验时使杀虫剂通过体壁进入虫体而发挥作用,将高浓度或剂量的杀虫剂施于虫体的全部,使虫体充分接触药剂而发挥触杀作用。通过本实验可以掌握以触杀作用为主的杀虫剂的生物活性测定技术。

二、实验材料

1. 供试药剂

敌敌畏原药溶解于丙酮制成 10 mg/mL 的母液备用。

2. 供试昆虫

二化螟(*Chilo supperssalis*)用水稻苗进行饲养,环境温度为 27 ℃ ±1 ℃,相对湿度为 85%,光照条件 14 h/d。采用三龄幼虫供试。

3. 仪器设备

14 孔组织培养板;1.0 μL 微量点滴器;镊子;移液枪(200 ~ 1 000 μL);记号笔;滤纸;烧杯;容量瓶;人工气候箱。

三、实验方法

点滴法。

四、实验内容

①将供试药剂用丙酮稀释成 5 个系列浓度。

②用 1 μL 的微量进样器把 0.5 μL 的药液滴在试虫的前胸背板上，每重复 15 头，每个处理 4 个重复，用丙酮处理作对照。

③处理后试虫放入置有湿滤纸且带有新鲜幼嫩稻苗的 24 孔培养板中，然后于 27 ℃ ± 1 ℃ 的恒温培养箱中培养（相对湿度/RH = 85%，光照时间 14 h/d）。

④间隔 48 h 目测法检查试虫死亡情况。以毛笔触动虫体无反应作为死亡判断标准。

⑤利用 DPS 数据处理平台统计处理，计算敌敌畏对二化螟三龄幼虫毒力参数：标准误差（SE）、LC_{50}、LC_{90} 及其 95% 置信区间。

五、作业与思考题

1. 根据实验结果计算出 LD-P 和 LC_5。
2. 哪些药剂可以采用本方法？请举例。

V. 甲维盐对棉铃虫的生物测定

一、实验目的

掌握测定具有胃毒作用的农药对生物的活性的技术。

二、实验材料

1. 供试药剂

甲氨基阿维菌素苯甲酸盐溶解于水制成母液备用。

2. 供试昆虫

室内人工饲养的棉铃虫二龄幼虫。

3. 仪器设备

14 孔组织培养板；培养皿；镊子；移液枪（200~1 000 μL）；记号笔；毛笔；烧杯；容量瓶；人工气候箱。

三、实验方法

叶片夹毒法。

四、实验内容

①取均匀一致的棉花叶片用自来水冲洗表面，待水分挥发后，用直径 10 mm 的打孔器制成叶圆片，放入培养皿中保湿备用。

②用微量注射器吸取 3 μL 一定浓度的甲维盐溶液，均匀涂布在圆形叶片上，按编号顺序由低浓度到高浓度进行，阴干后，再在另一圆叶片上涂上浆糊，与圆叶片已涂有药剂的一面黏合，即成夹毒叶片，放入已编了号的培养皿中，并用湿棉花团保湿。

③每个培养皿中放入一头已称好重量的幼虫，让其取食。每一浓度为一个处理，每个处理重复 3 次，每一浓度处理 3~5 头试虫，并以水制成的不夹毒叶片为对照。待夹毒叶片全部取食完了以后，再以无毒叶片饲喂，放在适宜条件下。

④48 h 后观察试虫的中毒症状及死亡情况。活虫与死虫的鉴别以触动虫体能否正常爬行为准，非正常的即爬行不自然、半死、全死等个体均算为死亡个体。从第 1 头死虫开始到最后一头活虫为止，中间的试虫的吞食药量范围作为求致死中量的范围，单位体重目标昆虫吞食药量可按下式计算：

吞食药量$(\mu g/g)$ = 药液浓度$(\mu g/mL)$ × 滴加量$(\mu L \times 10^{-3})$/昆虫体重(g)。

致死中量可按下式求出：

$$致死中量(LD_{50})(\mu g/g) = (A+B)/2$$

式中　A——该范围中生存的目标昆虫各项单位体重药量总和除以总活虫数即生存的平均体重吞食的药量；

　　　B——该范围中死亡的目标昆虫各项单位体重药量总和除以总死亡虫数即死亡的平均每克体重吞食的药量。

五、作业与思考题

1. 根据实验结果计算出 LD_{50}。

2. 哪些药剂可以采用叶片夹毒法？请举例。

VI. 阿维菌素对棉铃虫的生物测定——浸叶法

一、实验原理和目的

浸渍法可以分为浸虫法和浸叶（植物）法，适用于具有触杀作用或胃毒作用的农药原药，通过本实验掌握测定农药对靶标生物的触杀、胃毒或两者共同作用活性的技术。

二、实验材料

1. 供试药剂

阿维菌素溶解于水制成母液备用。

2. 供试昆虫

室内人工饲养的棉铃虫二龄幼虫。

3. 仪器设备

打孔器；保鲜膜；镊子；移液枪(200~1 000 μL)；记号笔；滤纸；烧杯；容量瓶；人工气候箱。

三、实验方法

浸叶（植物）法。

四、实验内容

1. 供试药剂用自来水以等比形式配制成系列浓度的药液。

2. 采自温室栽培的棉花叶片，用自来水洗去表面污物，用直径为 5 cm 的打孔器打成圆叶片，分别在配制好的药液中浸渍 10 s，取出吸去多余药液后置入放有湿滤纸的直径为 9 cm 的培养皿中，各浓度处理设 3 个重复，每个重复 1 片叶片。

3. 每个重复挑选 10 头二龄幼虫，置于相应带有棉花叶片的培养皿中，用带有针刺小孔的保鲜膜封口；用不加药的自来水浸渍作空白对照处理。

4. 试虫于 26 ℃ ±1 ℃ 的恒温培养箱中培养（相对湿度/RH = 75%、光照时间 14 h/d）。间隔 48 h 时目测法检查试虫死亡情况。以毛笔触动虫体无反应作为死亡判断标准。

5. 利用 DPS 数据处理平台统计处理，计算敌敌畏对二化螟三龄幼虫毒力参数：标准误差（SE）、LC_{50}、LC_{90} 及其 95% 置信区间。

五、作业与思考题

1. 根据实验结果计算出 LC_{50}。

2. 哪些药剂可以采用浸叶法？请举例。

Ⅶ. 茎叶处理除草剂对杂草生物活性测定方法

一、实验目的

掌握茎叶处理除草剂生物活性测定技术。

二、实验材料

1. 实验药剂

用制剂或原药进行实验，记录药剂的通用名、商品名、有效成分含量、剂型、生产厂家、产品批号等内容。

2. 实验杂草

根据药剂的登记作物，选择目标作物地的主要杂草作为实验用杂草。禾本科杂草生长至 3~5 叶期供试，阔叶杂草一般培养至 5~15 cm 供试。

3. 仪器设备

光照培养箱：有温度、相对湿度、光照控制功能。

塑料盆钵：直径 5~10 cm。

烧杯：容量 50 mL、500 mL。

电子天平，剪刀、尺子等。

三、实验方法

将待测除草剂配制一系列浓度，用喷雾装置进行茎叶喷雾处理，药剂处理后的植株继续培养 $15\sim20$ d，然后考察鲜重等指标，或分级目测防治效果。以鲜重抑制 50% 的剂量（ED_{50}）或目测防治效果评价药剂的生物活性。

四、实验内容

1. 药剂配制

供试农药为制剂是直接用清水配制药液；供试农药为水溶性原药，用清水配制并加少量表面活性剂；供试农药为水中溶解度低的农药，先用适量丙酮或乙酸乙酯等助溶剂助溶，再用清水配制药液加少量表面活性剂。

2. 药剂处理

供试杂草放进喷雾装置，杂草叶片避免互相覆盖，进行喷雾处理。取出药剂处理的杂草植株，待叶片上药液自然晾干后移入温室培养观察。每个浓度处理 3 个重复，每重复 $5\sim10$ 株杂草。设空白对照。在正式实验前先进行预备实验，在预备实验的最大无作用浓度与最低全致死浓度范围内按一定的浓度极差，设 $5\sim7$ 个处理浓度进行正式实验。实验温度为 $20\sim30$ ℃、相对湿度 70%~80%，温室中自然光照，采用盆底吸水法供水。

3. 观察记录

药剂处理后 1 d、3 d、5 d、7 d、10 d、15 d、20 d 观察杂草中毒症状，药后 15~20 d 调查死亡杂草株数或地上鲜重，用 DPS 统计软件求出 ED_{50}，或用目测法评价杂草的抑制程度。

五、作业与思考题

1. 根据实验结果计算出 ED_{50}。

2. 什么是茎叶处理除草剂？请举例。

Ⅷ. 土壤处理除草剂对杂草生物活性测定

一、实验目的

掌握土壤处理除草剂的生物活性测定技术。

二、实验材料

1. 实验药剂

用制剂或原药进行实验，记录药剂的通用名、商品名、有效成分含量、剂型、生产厂家、产品批号等内容。

2. 实验杂草

根据药剂的登记作物，选择目标作物地的主要杂草作为实验用杂草。杂草种子经解除休眠与浸种等预处理后供试。

3. 仪器设备

光照培养箱：有温度、相对湿度、光照控制功能。

智能温室：日光型，温度控制范围 18~30 ℃。

塑料盆钵：直径 5~10 cm。

烧杯：容量 50 mL、500 mL 等。

电子天平，剪刀、尺子等。

三、实验方法

将一定数量杂草种子播种于实验盆钵，待测除草剂按一定级差配制一系列浓度，用自动喷雾装置进行土壤封闭喷雾处理，药剂处理后将盆钵移至温室内培养 15~20 d，然后考察出苗株数与鲜重等指标，或分级目测防治效果。以株高抑制 50% 剂量（EI_{50}）或鲜重抑制 50% 的剂量（ED_{50}）或目测防治效果评价药剂的生物活性。

四、实验内容

1. 药剂配制

供试农药为制剂或水溶性原药直接用清水配制药液；供试农药为水中溶解度低的农药，先用适量丙酮或乙酸乙酯等溶剂溶解并加少量表面活性剂，再用清水配制药液。

2. 药剂处理

已播种杂草种子的盆钵放进喷雾装置，参照田间的施药液量调整喷头行进速度。药液加入盛液罐后进行喷雾处理。取出药剂处理的盆钵移入温室培养观察。每个浓度处理 3 个重复，每重复 10~30 粒杂草种子，种子发芽率需 80% 以上。设喷清水为空白对照。在正式实验前先进行预备实验，在预备实验的基础上按一定的浓度极差，设 5~7 个处理浓度进行正式实验。实验温度为 20~30 ℃、相对湿度 70%~80%，温室中自然光照，采用盆底吸水法供水。

3. 观察记录

药剂处理后 1 d、3 d、5 d、7 d、10 d、15 d、20 d 观察杂草中毒症状，药后 15~20 d 调查杂草出苗株数、株高与地上鲜重等。用 DPS 统计软件求出 EI_{50} 或 ED_{50}，或用目测法评价杂草的抑制程度。

五、作业与思考题

1. 根据实验结果计算 ED_{50}。

2. 什么是土壤处理除草剂？请举例。

实验五 农药环境毒理——农药对非靶标生物和环境的影响评估实验

一、农药的毒性

农药毒性是指农药具有使人和动物中毒的性能。农药可以通过口服、皮肤接触或呼吸道进入体内，对生理机能或器官的正常活动产生不良影响，使人或动物中毒以致死亡。影响农药毒性的物理因素有农药的挥发性、水溶性、脂溶性等，化学因素有农药本身的化学结构、水解程度、光化反应、氧化还原以及人体体内某些成分的反应等。农药毒性可分为急性毒性、亚急性毒性、慢性毒性。急性毒性指农药一次进入动物体内后短时间引起的中毒现象，是比较农药毒性大小的重要依据之一。亚急性毒性指动物在较长时间内（一般连续投药观察 3 个月）服用或接触少量农药而引起的中毒现象。慢性毒性指小剂量农药长期连续用后，在体内或者积蓄，或是造成体内机能损害所引起的中毒现象。在慢性毒性问题中，农药的致癌性、致畸性、致突变等特别引人重视。

农药是防治农林花卉、作物病、虫、鼠、草和其他有害生物的化学制剂，使用极为广泛。所有农药对人、畜、禽、鱼和其他养殖动物都是有毒害的。使用不当，常常引起中毒死亡。不同的农药，由于分子结构组成的不同，因而其毒性大小、药性强弱和残效期也就各不相同。

衡量农药毒性的大小，通常是以致死量或致死浓度作为指标的。致死量是指人、畜吸入农药后中毒死亡时的数量，一般是以每千克体重所吸收农药的毫克数，用 mg/kg 或 mg/L 表示。表示急性程度的指标，是以致死中量或致死中浓度来表示的。致死中量也称半数致死量，符号是 LD_{50}，一般以小白鼠或大白鼠做试验来测定农药的致死中量，其计量单位是每千克体重毫克。"毫克"表示使用农药的剂量单位，"千克体重"指被试验的动物体重，体重越大中毒死亡所需的药量就越大，其含义是每 1 千克体重动物中毒致死的药量。中毒死亡所需农药剂量越小，其毒性越大；反之所需农药剂量越大，其毒性越小。如 1605 的 LD_{50} 为 6 mg/kg 体重，甲基 1605 的 LD_{50} 为 15 mg/kg 体重，这就表示 1605 的毒性比甲基 1605 要大。甲胺磷 LD_{50} 为 18.9~21 mg/kg 体重，敌杀死 LD_{50} 为 128.5~138.7 mg/kg 体重。说明甲胺磷毒性比敌杀死大。

根据农药致死中量（LD_{50}）的多少可将农药的毒性分为以下 5 级。

1. 剧毒农药

致死中量为 1~50 mg/kg 体重。如久效磷、磷胺、甲胺磷、苏化 203、3911 等。

2. 高毒农药

致死中量为 51~100 mg/kg 体重。如呋喃丹、氟乙酰胺、氰化物、401、磷化锌、磷化铝、砒霜等。

3. 中毒农药

致死中量为 101~500 mg/kg 体重。如乐果、叶蝉散、速灭威、敌克松、402、菊酯类农药等。

4. 低毒农药

致死中量为 501~5 000 mg/kg 体重。如敌百虫、杀虫双、马拉硫磷、辛硫磷、乙酰甲胺磷、二甲四氯、丁草胺、草甘磷、托布津、氟乐灵、苯达松、阿特拉津等。

5. 微毒农药

致死中量为 5 000 mg 以上/kg 体重。如多菌灵、百菌清、乙磷铝、代森锌、灭菌丹、西玛津等。

在购买农药防治花卉的病、虫、鼠、草害时，一定要事先了解所购农药毒性的大小，按照说明书上的要求，在技术人员的指导下使用，千万不可粗心大意。

二、农药对非靶标生物的影响

农药的使用，必然会影响自然界的生物群落和生态体系。敏感种群逐渐减少或消失，抗性种增多或加强，处在食物链较高位置的捕食性鱼类、鸟类或野生动物会富集大量的高残留农药导致死亡，打破了自然界相互制约的作用。

(一)对昆虫的影响

有的农药造成了防治对象的再增猖獗，主要就是在消灭害虫的同时，也杀死了它们的天敌，打乱了害虫与它们的寄生者或捕食者之间的平衡，害虫大量死亡，益虫缺乏食物难以恢复，而害虫却有丰富的食料而得到发展，破坏了生态系统的自然平衡。过去在稻田多次使用化学农药防治稻飞虱，大量杀伤了飞虱天敌稻田蜘蛛，引起了飞虱大暴发。因此，使用化学农药必须注意对害虫天敌的影响。

(二)对水生生物的毒性

水生生物中以鱼、虾为最重要。鱼类对农药反应敏感，各种农药对鱼类的毒性差别较大，农药对哺乳动物的急性与对鱼类的不一致。有机磷农药对哺乳动物的急性毒性高，但对鱼类的毒性远低于有机氯和菊酯类农药。菊酯类农药如溴氰菊酯对鱼类的毒性为高毒级，一旦进入水域，对鱼类和其他水生生物的危害极大，因此，限制了它们在稻田的使用。稻区使用甲胺磷、克百威等剧毒农药，也要禁止立即将水排入河塘。有的农药脂溶性太高，易于被鱼类富集，如 DDT，也易引起鱼类的慢性中毒。

(三)对土壤生物的影响

使用农药会对土壤生物产生各种影响，土壤生物也可对农药进行分解。蚯蚓是土壤中的重要生物，在植物养分循环中起重要作用，并且对改善土壤团粒结构有利，在食物链中是重要的环节，许多鸟和哺乳动物以蚯蚓为食料，但土壤中的有些农药如甲拌磷、克百威可使蚯蚓大大减少，或者蚯蚓会富集农药使许多鸟和哺乳动物中毒致死。

（四）对其他生物的影响

家蚕对农药十分敏感，如水稻和蚕桑混种地区，稻田用杀虫双喷雾，就会污染桑树，毒死家蚕，菊酯类农药对家蚕的毒性也很大。蜜蜂对农药也是十分敏感的，在作物花期施农药，蜜蜂会吸食有毒的花蜜和水而造成大批的死亡。另外，鸟类以带毒昆虫和蚯蚓为食或误食毒饵、药粒、农药处理过的种子，会出现死亡；或通过食物链富集影响鸟繁殖，使鸟类数量减少。

三、化学农药环境安全评价试验准则

（一）农药对环境安全性影响的因素

化学农药对环境的安全性与农药的性质、施用方法及施用地区的气候土壤条件三方面密切相关。

1. 农药的理化性质对生态环境安全性影响的预测

农药理化性质的指标很多，它们从不同方面影响农药对环境的安全性，其中影响最大的有以下几个指标：

①蒸气压：农药进入环境后在气、水、土各介质间迁移、扩散与再分配特性受农药蒸气压影响很大，蒸气压越大，农药就越容易从土壤或水域环境转向大气空间，这样就容易进一步引起农药的光降解作用；农药在土壤中的移动性能，受农药蒸气压影响也很大。

②水溶性：水溶性的大小对农药在环境中的移动性、吸附性、生物富集性以及农药的毒性都有很大影响。水溶性大的农药容易从农田流向水体，或通过渗漏进入地下水之中，也容易被生物吸收，导致对生物的急性危害；水溶性弱脂溶性强的农药，容易在生物体内积累，引起对生物的慢性危害。

③分配系数：分配系数是指农药在互不相溶的 2 种极性与非极性溶剂中的分配能力，分配系数大的农药容易在非生物物质与生物体内富集，分配系数小的农药，容易在环境中扩散，从而也扩大了农药的污染范围。

④化学稳定性：农药的稳定性是指农药进入环境后遭受物理、化学因子影响时分解难易程度的指标，这是评价农药在环境中稳定性基础资料。

⑤杂质：一般优质农药其杂质成分对农药影响不大，但有些农药的杂质成分则成了影响环境安全的主要对象，如 666 中的几种异构体，氟乐灵中的亚硝胺，甲胺磷中的不纯物等。因此，农药的纯度和不纯物的成分必须在基础资料中提供。

2. 农药环境行为特征对环境安全性影响预测

农药环境行为是指农药进入环境后，在环境中迁移转化过程中的表现，其中包括物理行为、化学行为与生物效应 3 个方面，它比农药理化特性指标更直观地反映了农药对生态环境污染影响的状态。农药环境行为的主要指标有以下方面。

①挥发作用：农药挥发作用是指在自然条件下农药从植物表面、水面与土壤表面通过挥发逸入大气中的现象。农药挥发作用的大小除与农药蒸气压有关外，还与施药

地区的土壤和气候条件有关。农药残留在高温、湿润、沙质的土壤中比残留在寒冷、干燥、黏质的土壤中容易挥发。农药挥发性的大小，也会影响农药在土壤中的持留性及其在环境中再分配的情况。挥发性大的农药一般持留较短，而在环境中的影响范围较大。

②土壤吸附作用：农药吸附作用是指农药被吸持在土壤中的能力。农药吸附能力的强弱决定与农药的水溶性，分配系数与离解特性等。水溶性小，分配系数大，离解作用强的农药，容易被土壤吸附；土壤性质对农药吸附作用的影响也很大。有机质含量高，代换量大，质地黏重的土壤，就容易吸附农药。农药吸附性能的强弱对农药的生物活性、残留性与移动性都有很大影响。农药被土壤强烈吸附后其生物活性与微生物对它的降解性能都会减弱。吸附性能强的农药，其移动与扩散的能力弱，不易进一步造成对周围环境污染。

③农药淋溶作用：农药淋溶作用是指农药在土壤中随水垂直向下移动的能力。影响农药淋溶作用的因子与影响农药吸附作用的因子基本相同，恰好成反相关关系。一般来说，农药吸附作用越强，其淋溶作用越弱。另外，与施用地区的气候、土壤条件也关系密切。在多雨，土壤砂性的地区，农药容易被淋溶。农药淋溶作用的强弱，是评价农药是否对地下水有污染危险的重要指标。

④土壤降解作用：农药在土壤的降解包括土壤微生物降解、化学降解与光降解3部分。影响土壤降解的因子，除与农药的性质有关外，与气候及土壤条件密切。在高温湿润，土壤有机质含量高，土壤微生物活跃和土壤偏碱的地区，农药就容易降解。土壤是农药在环境中的贮藏库，也是农药在环境中的集散地。农药在土壤中的降解性能，是评价农药对整个环境危害影响十分重要的指标。农药在土壤中的持留越长，对环境的污染以及对各种环境生物，以至对人类的潜在威胁也越大。

⑤水环境中的降解与水解作用：农药在水环境中的降解是指农药在水环境中遭受微生物降解、化学降解与光降解的总称，它是评价农药在水体中残留特性的指标。其降解速率受农药的性质与水环境条件两方面因子所制约。水解是指在实验室特定条件下农药遭受化学降解的能力。一般的农药，在高温、偏碱性的水体中容易降解。

⑥农药光降解：它是指挥发进入大气中的农药与残留在作物、水体和土壤表面的农药在阳光的作用下遭受光降解的能力。农药光降解作用的难易除与农药的性质、施药季节的光照强度有关外，还与农药在环境中的存在状态，以及环境中是否存在光敏性质有关。溶液中含有丙酮或环境存在有胡敏酸、富非酸等物质时，对一般农药都能促进其光降解强度。

⑦生物富集作用：生物富集作用是指农药从环境中进入生物体内蓄积，进而在食物链中互相传递与富集的能力。农药生物富集作用大小与农药的水溶性、分配系数以及与生物的种类，生物体内的脂肪含量，生物对农药代谢能力等因子有关。农药的生物富集能力越强，对生物的污染与慢性危害越大。

3. 农药施用方法对环境安全影响预测

农药的不同施用方式对农药在环境中的行为与对非靶生物安全性影响关系极大，主要影响因素有以下几个方面。

　　①剂型不同的农药：剂型对农药在环境中的残留性、移动性以及对非靶生物的危害性均有影响。从农药在环境中残留性比较，颗粒剂＞粉剂＞乳剂；对非靶生物接触危害的程度比较，它刚好与残留性成反相关关系。

　　②施药方法：喷施、撒施，特别是用飞机喷洒的方式，影响范围广，对非靶生物的危害性大；条施、穴施和用作土壤处理的方法，污染范围小，对非靶生物比较安全。

　　③施药时间：施药时间的影响主要与气候条件及非靶生物生长发育的时期有关。在高温多雨地区，农药容易在环境中降解与消散，在非靶生物活动期与繁殖期喷洒农药，对非靶生物的杀伤率大；另外，施药时间对农产品是否会遭受污染的关系也十分密切。

　　④施药数量：农药对环境的危害性主要决定于农药的毒性与用量2个因子。高毒的农药，只要将其用量控制在允许值范围内，它就不会造成对环境的实际危害；相反，低毒农药用量过大，同样会造成危害。

　　⑤施药地区与施药范围：施药地区的影响主要与当地的气候与土壤条件有关，在高温多雨地区，农药在环境中消减速率就要比在干寒地区快；在稻田或碱性土中施用农药，一般比在旱地或酸性土中降解要快；施药范围越广，其影响面也越大。在水源保护区、风景旅游区与珍稀物种保护区施用农药，更应注意安全。

4. 农药对非靶生物影响的预测

　　在靶生物与非靶生物并存的环境中，使用农药难免对非靶生物会造成一定的危害。不同的农药品种，由于其施药对象、施药方式、毒性及其危及生物种类的不同，其影响程度也随之而异。环境生物种类很多，在评价时只能选择有代表性的，并具有一定经济价值的生物品种，其中包括陆生生物、水生生物和土壤生物作为评价指标。

（二）农药安全性评价指标与评价试验程序

1. 农药环境安全评价指标

　　由于农药的环境安全性评价还兼有安全性综合评价的职能，因此，在进行环境安全评价时，除了提供环境评价必备的资料外，还须提供有关的基础资料与附加试验资料。所谓必备的评价资料，是指由国家环境保护局规定的项目，它是评价环境安全性的核心资料；而基础资料可参照或引自化工部门、卫生部门或农业部门提供的实验数据；附加资料是指在审查必备资料时认为还须补充提供的一些试验项目。这3部分资料的具体内容如下。

　　①必备资料：A 基本理化性质与环境行为特征指标水溶性、蒸气压、分配系数；挥发作用、土壤吸附作用、淋溶作用、土壤降解作用、水解作风、光降解作用、富集作用。B 非靶生物的毒性指标鸟类、蜜蜂、家蚕、天敌（赤眼蜂、蛙类）、鱼类、水蚤、藻类、蚯蚓、土壤微生物。

　　②基础资料：农药理化特性指标农药的通用名、化学名、结构式、有效成分合量及杂质成分、熔点、沸点、密度、外观、吸收光谱—紫外、可见光谱、乳化性、悬浮性、储藏稳定性。推荐的农药使用模式与作物残留资料包括剂型、施用方法、施用时

间、施用数量、施用地区和施用范围以及农药在作物上的最终残留量和 MRL 值。农药的毒理学指标农药对温血动物的急性毒性、亚急性毒性、慢性毒性与三致试验资料及 ADI 值[根据对小动物(大鼠、小鼠等)的长期毒性试验中所求得的最大无作用量(MNL),取其 1/100~1/500 作为 ADI 值]。

③ 附加资料:对一些溶解度大,吸附性弱,同时又有可能污染化水体的农药,必要时需做地下水影响评价试验;在土壤中积累性强,对环境可能有危害的降解产物,需增做有毒降解物的环境行为与生物效应试验;对一些脂溶性强,毒性大,在生物体内难降解的农药,及其具有同样性质的代谢产物,需进一步做富集性试验与慢性毒性试验。

2. 农药环境安全评价试验程序

由于农药的品种很多,性质和使用方法各异,因此在安全评价时要求提供的指标也随之而异。对拟开发的农药品种,首先要测定其对环境行为密切相关的几个理化指标,包括水溶性、蒸气压、分配系数,然后同时进行对非靶生物的急性毒性试验与农药的环境行为特征试验。在非靶生物的毒性试验中,在旱地上喷施、撒施的农药,需做陆生生物的毒性试验,包括对鸟类、蜜蜂、家蚕、天敌、蚯蚓与土壤微生物的影响;用作土壤处理的农药,仅需做对蚯蚓土壤生物的影响;种子包衣或用作毒饵的农药,只需做对鸟类的毒性;而对虽用于旱地,但其残留性与移动性都很强,有污染水体危害的农药,需做对水生物毒性试验。用于水田或直接用于水域的农药,需做对水生生物的毒性试验,包括鱼类、水蚤和藻类;对一些挥发性、飘移性强,用于水田的农药,应增加做对陆生生物的毒性试验。环境行为试验部分,分在水域施用与在农田施用(包括旱地和水田)2 种不同情况:直接用于水域的农药,需做在水体中的降解性试验,对其中难降解的农药,还需做在鱼体内的富集试验与慢性毒性试验;用于农田的农药,首先要做土壤降解试验,对其中难降解的农药,既要求做对蚯蚓、鸟类的富集试验和慢性试验,又要求做在土壤中的移动性能的测定;对其中移动性强,又有可能污染水体的农药,还要进一步做农药在水体中的降解试验与在鱼体内的富集试验和慢性毒性试验,必要时还要做对地下水影响评价试验。对一些蒸气压高的农药,需做挥发性试验。

上述评价试验程序适用于杀虫剂、杀菌剂、除草剂与植物生长调节剂在农田或水域中施用时的情况,对卫生用药与杀鼠剂的评价试验需另作规定。对一些可能进入环境的其他有毒化学品的评价试验,也可参照本试验程序试行。

(三)农药对环境安全性评价试验准则

1. 环境行为特征评价试验准则(包括理化特性部分)

(1)蒸气压测定

测定蒸气压的方法很多,有动态法、静态法、蒸气压力计法、蒸气压平衡法、气体饱和法等,各种不同方法适用于一定蒸气压范围的化合物,一般农药的蒸气压较低,气体饱和适用多数农药的蒸气压测定。

（2）溶解度测定

供试农药要用纯品，试验用水用重蒸馏水，温度一般为 20 ℃，或根据使用地区情况选择两极温度，因各种农药的溶解度差异很大，分别选用以下合适的测定方法，溶解度的单位用 g/L 或 mg/L。

①柱淋洗法：适用于溶解度 <10~2 g/L 的化合物，将供试农药涂布在惰性的玻璃微球上，装于玻璃柱内，用水以不同速度淋涤，待流出液中农药含量不变时，根据已恒定不变的数值，求出农药的溶解度。

②调温法：适用于溶解度 >10~2 g/L 的物质，将供试农药在略高于试验温度的水中溶解，然后将温度降至试验温度，并在 20 ℃ 的恒温下振摇 24 h，达到平衡后，除去不溶物，再测定溶液中农药的浓度，即为水中的溶解度。农药水溶性的大小，可用来估算农药的分配系数与生物富集性。农药的安全性，根据水溶性的大小可划分为 3 类：溶解度 <0.5 mg/kg 的化合物，其生物富集性较高，对生态系统有一定的危险性；溶解度在 0.5~50.0 mg/kg 之间的农药，可能有一定的危险性，使用对应注意安全；溶解度 >50.0 mg/kg 的农药，不易在生物体内富集，但易引起急性危害。

（3）分配系数测定

农药的分配系数 K_{ow} 通常是指一定温度下，农药在等体积正辛醇与水 2 个互不溶解的液相系统中分子浓度的分配比，常以 lgK_{ow} 值表示。测定分配系数的方法是：将农药加入正辛醇与水的两相溶液体系中，充分摇匀，对一般农药只需振荡 1 h，溶解度 <0.01 mg/kg 的农药需振荡 24 h 达到平衡后，分别测定两相中农药的含量，每种农药要做 2 种不同浓度，通常是用 C_1 <0.01 mol/L，C_2 =0.1 C_1，试验浓度一般不得超过 0.01 mol/L。根据从两相中测得的农药含量代入公式求出 lgK_{ow} 值，此方法对少数在水中具有离子化、质子化可逆性的农药不适用，对于分配系数 lgK_{ow} >6 的农药，也难以用此方法作出准确测定。另一种简便的方法在水中溶解度，应用同类农药已知的分配系数与水溶性之间的相关公式估测农药的分配系数。

（4）挥发作用试验

凡进入到土壤或水域中的农药都要进行挥发作用的评价。凡属易挥发的农药，需进一步到位做好农药及其代谢物的试验室挥发作用测定或田间测定。测定挥发作用的方法是在气流式密闭模拟装置中进行。在田间测定挥发作用时，可用农药的制剂与按推荐的农药用量，并要记录试验地区的土壤及气候条件。

（5）土壤吸附作用试验

供试农药需用纯品或标记农药，试验浓度最好不超过农药最大溶解度；对难溶于水的农药，可用少量有机溶剂助溶（乙腈），用量不得超过 0.2%（V/V）。测定土壤对农药的吸附等温线时，至少要用 3 种性质差异较大的代表性的土壤和 4 种不同的农药浓度，并要求提供土壤 pH 值、有机质含量、代换量、土壤质地等资料。

（6）土壤淋溶作用试验

在农业上使用的农药，都要提供淋溶特性资料。淋溶作用与吸附作用密切相关，可利用吸附常数估计农药在土壤中的移动性。淋溶试验可用土壤柱淋溶法或土壤薄层层析法测定。用土壤柱淋溶法测定时，对易降解的农药，最好同时测定降解作用。试验时可模拟农药使用地区的气温与降雨条件，并提供土壤 pH、有机质、代换量、土壤地等资料。目前常用的是土壤薄层层析法，试验时最好用标记农药或农药纯品，至少要用 4 种不同性质的土壤，常用的砂土、砂壤、粉砂壤、黏壤，土壤有机质含量在 1%~5%，pH 4~8，最好是取主要地区的土壤做试验。测定方法与一般的薄层层落实析法相似，主要不同之点是用土壤作载体，用水作流动相。根据土壤层层析法得到的 R_f 值的大小，将农药划分为 5 个等级：极易移动 0.90~1.00；可移动 0.65~0.89；中等移动 0.35~0.64；不易移动 0.10~0.34；不移动 0.00~0.09。测定农药淋溶的方法还有渗漏计法和田间渗漏测定法等。

（7）土壤降解作用试验

土壤降解试验先在室内进行（不包括光降解），如测定结果是残留性较长的农药，需进一步做田间降解试验与光降解试验；供试农药可用纯品或工业用品。难溶于水的农药，可用少量乙醇、丙酮等对农药降解过程无干扰的有机溶剂助溶。农药的用量最好用田间的实际用量来换算，或将土壤中农药的起始浓度调至 10 mg/kg。测定农药降解速率至少要用 2 种有代表性的新采集的耕层土壤。测定降解产物只需一种土壤，并要提供土壤 pH、有机质含量、代换量、土壤质地资料。试验一般在好气条件下进行，在三角瓶中将土壤水分调节到田间持水量的 60%，塞上棉塞，在 25 ℃ ±1 ℃ 恒温条件下培养，定期采样测定，直至土壤中农药的降解量达到 2 个半衰期以上，即降解量 >75% 时可终止试验；用于水田的农药，则同时要做在渍水条件下的降解试验，在试验期一般取样 5~7 次测定农药残留量的变化，试验结果用指数回归议程求解半衰期。建议将有机化学农药的残留性，按照 $T_{1/2}$ 值的大小划分为 3 个等级：<3 个月的为易降解农药，3~12 个月的为中等残留性农药，>12 个月的为长残留农药。

（8）水环境中的降解作用试验

对直接施用于水域或可能导致对水域产生影响的农药都要进行水环境中降解速率与降解产物的测定。先在实验室进行，如试验结果预计农药有较长的残留性，需进一步做野外试验；农药在水体中的降解包括生物降解、水解与光降解，分别讨论如下：

①生物降解在水与底泥混合体系中测定水中农药降解试验的结果，实际上包括生物降解、水解与底泥吸附 3 部分综合作用的结果。试验样品应采自施药区或受农药污染的地区，采回的水与底泥在室内混合，底泥应保存在嫌气条件下，试验前预培养几天，并要测定底泥的 pH 值、有机质、代换量、土壤质地、Eh 以及水体中的 pH 等。供试农药可用纯品或工业品，需测定代谢产物的最好用标记农药。农药的加入量不得超过农药的溶解度，一般可用 10 mg/kg，试验在 25 ℃ ±1 ℃ 条件下进行，定期取水样测定至农药降解量到 2 个半衰期以上时止。试验结果用计算土壤降解时的指数顺归议程式求出农药在水中降解半衰期。如需测定挥发性的代谢产物，试验需在气流式的密闭体系内进行，这样可回收到挥发出来的降解产物。

②水解供试农药要用纯品或标记农药，试验在灭菌避光的缓冲液中进行。农药的浓度最好在农药的水溶性范围内。一般可用 10 mg/kg，对溶解度极低的农药，可加入少量乙醇、甲醇、乙腈等有机溶剂助溶。溶液的 pH 通常用 5、7、9 三级；试验容器要灭菌、封口，在 70 ℃ 的条件下培养 48 h 后测定。如试验结果水降解量少于生物

降解量的 10%，则可认为该农药具有化学稳定性，无须进一步试验；若水降解量大于生物降解量的 10%，则须进一步做在 25 ℃ 与 50 ℃ 温度条件下的定期取样测定试验，到降解量大于 2 个半衰期为止。农药水解半衰期的计算方法与生物降解同。

（9）光降解作用试验

试验农药要用纯品或用标记农药，农药浓度最好在农药溶解度范围内，用蒸馏水配制；难溶于水的农药，可加入少量乙腈助溶，但不能用有光敏性的有机溶剂；试验用水的 pH 为 5~8，最好接近中性；对于有离子化或质子化的化合物，最好用 2 级 pH 溶液作试验；试验容器、溶液均须灭菌，并封口，以防止生物降解与挥发。光源用人工光源，模拟太阳光，特别是紫外光部分，一般取 280~400 nm 波段的波长；将处理好的溶液置于人工光源下照射，试验容器的受光面一定要用透紫外光的石英玻璃制成。试验过程中定期取水样测定农药浓度的变化，待降解量大于 75% 时止。试验需设黑暗条件下的空白对照，光降解半衰期的计算与水解试验同。

（10）生物富集作用试验（BCF）

测定生物富集系数的方法有静态法与动态法 2 种。对一般农药，通常先采用静态法试验。该法适用于 $BCF < 10^3$ 的化合物。对高富集性的农药，此法只能反应具有高富集性的状况，但不易得到准确的数值；静态法对易降解与强挥发的农药不适用，对于这一类化合物需用动态法测定。用静态法测定 BCF 时，国外常用的鱼种有长吻鮠、鲤鱼、虹鳟、鲢鱼等，在我国建议用鲤鱼作试验。试验鱼要健康，大小均匀，体重 < 0.5 g/尾，试验前先要经驯化饲养，经检验体内无待测物的残留，并要事先求出供试鱼种的 TLm96 值。试验时农药的浓度要小于 TLm96 值的 1/100（或用不影响鱼类正常生长的最大允许值）。试验用 2 种浓度，各重复一次，并设不养鱼与养鱼不加农药的 2 种空白对照。前者通过测定来校正试验鱼缸中因挥发与降解所造成的农药浓度的变化，后者用作在试验结束时检查试验组鱼体重量有无异常变化与测定鱼体内的脂肪含量。试验农药用纯品，难溶于水的可用少量低毒、不易降解的有机溶剂（如叔丁醇或二甲亚砜）助溶，加量 < 0.1 mL/L。试验用脱氧后的自来水，每一处理不得小于 100 L。试验期间水中溶解氧不得低于 5 mg/L，必要时可用通气装置适当补给氧气。每组投放 20 尾鱼，在 22 ℃ ±2 ℃ 的恒温条件下饲养，试验过程中定期测定水中溶解氧的含量，于 0、6、24、48、96、144、192 h 时分别从各处理中取水样测定农药含量的变化，并喂给适量饲料（20 mg/g 鱼），至第 8 d 时取出全部鱼样，称体重后每组分成 2 份测鱼体内农药含量。试验结果计算：用对照组水体中农药的含量，来校正养鱼组水体中的农药含量，求出被鱼体摄入农药的真实值。在试验结束时水体中农药含量变化已达到平衡，则此时鱼体对农药的富集系数为：

$$BCF = Cfs/Cws$$

式中　Cfs——已达到平衡时鱼体内农药含量（mg/kg）；

　　　Cws——已达到平衡时水体中农药含量（mg/kg）。

如果在试验结束时，水体中农药浓度尚未达到平衡，则用上述公式求出的富集系数值应注明是 8 d 的结果，即用 BCF 8 d 表示。农药的生物富集系数与其分配系数（Kow）关系十分密切，因此也可用下列公式作初步估算：$\lg BCF = 0.85 \lg Kow - 0.70 =$

59，$r = 0.947$）。

2. 农药对非靶生物毒性试验准则

（1）鸟类毒性试验

国际上常用的试验鸟类有鸽、鹌鹑、雉、野鸭、孟加拉雀等（母鸡不适用）。鹌鹑饲养方便，是理想的试验生物。根据哺乳动物的试验结果，如供试农药的 $LD_{50} > 50$ mg/kg 时，可免做对鸟类的口服急性毒性试验；如果供试农药在田间施用时，与鸟类有一定的接触时间，而且已有材料证明该农药在哺乳动物体内有一定富集作用者，除了要做口服急性毒性 LD_{50} 外，还要做 5 d 的药饲试验求 LC_{50}。少数残留期长，对鸟类有长期性暴露影响的农药，还须进一步做繁殖影响试验，观察鸟类对取食性能、繁殖行为、蛋壳、孵化率以及成活率等影响。对一些用实验室研究还难以明确其危害性的农药，需进一步做笼养试验，甚至是野外试验。供试鹌鹑用同一批大小均匀的鹑蛋孵化，饲养约 30 d，体重基本一致健康、活泼、雌雄各半的鹌鹑。供试农药用制剂或纯品，溶于水或植物油中，供口服急性毒性试验。一次服药后，连续 7 d 观察死亡率；在正式试验前先做预试验；然后在最高安全浓度与最低全致死浓度范围内按一定的浓度极差，设 5~7 个处理，进行正式试验，并设空白对照。试验在 20 ℃ ±2 ℃ 与正常饲养条件下进行，试验结果用概率统计法求出 LD_{50} 或 LC_{50} 及 95% 的可信限。根据毒性测定结果，建议将农药对鸟类的急性毒性划分为三个等级：$LD_{50} > 150$ mg/kg 为低毒级，15~150 mg/kg 为中毒级，<15 mg/kg 为高毒级。

（2）蜜蜂毒性试验

在国外有的同时用蜜蜂和野蜂作试验材料，我国在目前条件下建议采用养殖最普遍的意大利成年工蜂作试验蜂种。根据蜜蜂在田间与农药接触的方式，试验需做摄入毒性与接触毒性 2 种，供试的农药用制剂或纯品。

摄入法：将一定量的农药溶于糖水或蜂蜜中喂养。对难溶于水的农药，可加少量助溶剂（如丙酮等）。

接触法：供试农药用丙酮溶解，将蜜蜂夹于两层塑料网纱之间，并固定于框架上；或用麻醉法先将蜜蜂麻醉（麻醉时的死亡率不得大于 10%），然后于蜜蜂的前胸麻醉（麻醉时的死亡率不得大于 10%），然后于蜜蜂的前胸背板处，用微量注射器点滴 1.7 μL 药液。

供试农药浓度按一定级差配制成 5~7 个处理，并设溶剂与空白对照。试验宜在 25 ℃ ±2 ℃ 微光条件下进行，记录 24 h 死亡率，用概率法求出 LC_{50} 或 LD_{50}。根据毒性测定结果，参照 Atkins 毒性等级划分标准，按照 LD_{50} 值的大小，将农药对蜜蜂毒性分为 3 个等级：高毒级 0.001~1.99 μg/kg，中毒级 2.0~10.99 μg/kg，低毒级 >11.0 μg/kg。凡试验结果 $LD_{50} < 10$ μg/kg 的农药，需进一步考虑做田间毒性试验。

（3）家蚕毒性试验

家蚕品种较多，尚难规定统一的试验品种，目前只能因地制宜，选择农药使用地区常用的家蚕品种作试验材料。农药对家蚕影响的主要途径，多半为农田施药引起桑叶污染或大气污染两种。在测定农药对家蚕毒性时，首选食下毒叶法，对于挥发性强的农药，尚须结合熏蒸毒性试验。家蚕在不同生长发育阶段，对农药的反应亦不尽相同，除蚁蚕外，二龄蚕对农药瓜最敏感，宜选用二龄蚕为毒性试验材料。供试农药用制剂，也可用原药或纯品。难溶于水者可用助溶剂(如丙酮、乙酸乙酯等)助溶。

食下毒叶法：将药液先浸渍桑叶，待溶剂挥发完再喂蚕。试验用农药按一定浓度级差配制成5~7个处理，并设溶剂空白对照。

熏蒸法：在一较密闭的容器内，将不同浓度的药液浸渍脱脂棉置于小玻皿中，放在容器内一边，使蚕体不会接触到药液，喂以无毒桑叶。试验在25 ℃±2 ℃下进行。记录24 h的死亡率，用概率法求出LC_{50}或LD_{50}。

(4)天敌赤眼蜂毒性试验

天敌种类很多，赤眼蜂在我国分布很广，且已有人工养殖，供试蜂种为稻螟赤眼蜂与欧洲玉米螟赤眼蜂。赤眼蜂的发育期分为卵、幼虫、预蛹和蛹及成蜂5个阶段。田间施用农药时，各个发育期均有可能遭受危害。试验均以米蛾卵为寄主，对稻螟赤眼蜂接种后24 h内为卵期，至96 h内为预蛹期，至168 h内为蛹期。将接种好的卵置于培养皿内，按上述时间范围内，分别于各发育期定量喷洒农药，晾干后装于指形管中培养，观察记录其羽化率。成蜂的毒性试验，先将农药放入药膜管中爬行1 h后转入无药指形管，封紧管口，24 h检查统计管中死亡和存活蜂数。上述试验均在25 ℃±2 ℃、70%~80%相对湿度下进行，农药按一定浓度级差配制成5~7个处理组，并设溶剂与空白对照，每组用100~200粒寄生卵作试验，试验结果用概率统计法求出LC_{50}值和95%的可信限值。

(5)蛙类毒性试验

蛙类是害虫的天敌，蛙类的生长分卵、蝌蚪、幼蛙、成蛙4个发育阶段，其中以蝌蚪期对农药的反应最敏感。农药对蛙类的毒性测定，选用泽蛙的蝌蚪为试验材料。供试农药用制剂或原药，对难溶于水的农药，可用少量内酮与吐温-80助溶，用量不得大于0.1 mL/L。试验材料取自田间自然繁殖的蝌蚪，采回后先预养1 d，再选健壮、个体均一的蝌蚪供试验用；试验容器为直径18 cm、高9 cm的玻璃缸，加入1 000 mL试液，每个处理投放10头蝌蚪，重复3次。正式试验前先用预试。然后在最高安全浓度与最低全致死浓度范围之间按等比级差设5~7个处理，并设空白对照，试验在自然气温条件下进行。试验开始后24 h、48 h观察记录蝌蚪的死亡率，用概率统计法求出LC_{50}值与95%的可信限值。农药对蛙类的毒性分级标准，可参照鱼类的毒性分级标准。

(6)蚯蚓毒性试验

国外做农药毒性试验的蚯蚓品种，多数用日本的赤子爱胜蚯蚓(*Eisenia foelide*)，该品种在我国已普遍养殖，是目前理想的试验品种。农药对蚯蚓的致害途径，主要是土壤中的残留农药与蚯蚓的接触或被蚯蚓吞食所致。供试土壤种类的不同，导致至蚯蚓毒性的程度也有差别。为了使试验结果具有可比性，采用人工配制的标准土壤作为试验材料，将农药按一定的级差，配成5~7个等级，分别均匀地加入1 kg土壤中，调节到一定的湿度后，装于2 L的培养缸中。每个处理养入个体大小相近的健壮蚯蚓10条，在20 ℃±2 ℃和有适量光照条件下进行试验。供试农药用制剂或纯品，对难溶于水的农药，可用丙酮助溶。拌入土壤后先将丙酮挥发掉后再做试验。蚯蚓的毒性试验需连续进行 14 d，于第 7 与 14 d 时测定蚯蚓的死亡率，用概率法求半致死浓度 LC_{50} 与 95% 的可信限值。上述方法得到的试验结果，建议按照 LC_{50} 值的大小将农药对蚯蚓的毒性划分为 3 个等级：< 1 mg/kg 的为高毒农药，1~10 mg/kg 的为中毒农药，> 10 mg/kg 的为低毒农药。

(7) 土壤微生物毒性试验

本试验用测定土壤微生物呼吸强度的方法，评价施用农药后对土壤微生物总活性影响的指标。供试土壤要用 2 种有代表性的新鲜土壤，并要提供 pH 值、有机质、代换量、土壤质地等数据。供试农药最好用制剂，也可用原药或纯品。每种土壤设 1 mg/kg、10 mg/kg、100 mg/kg 3 组不同浓度处理，并设空白对照，每组重复 3 次。难溶于水的农药，可用丙酮助溶。将药液先与少量土混匀，待丙酮发净后，再均匀拌入到处理的土壤中。每个处理用土 50 g，将土壤含水量调节成田间持水量的 60%，装于 100 mL 小烧杯中，与另一个装有标准碱液的小烧杯一起置于 2 L 容积的密闭瓶中，于 25 ℃ ±1 ℃ 的恒温箱中培养。试验开始后的第 5、10、15 d 时更换出密闭瓶中的碱液测定吸收的 CO_2 含量。当打开密闭瓶更换碱液时，同时更换了密闭瓶中的空气，以保证密闭瓶中的氧压维持在一定水平。用土壤中 CO_2 释放量的变化，反映上壤微生物受农药抑制的程度，并以此为依据，建议将农药对土壤微生物的毒性划分成以下 3 个等级：用 1 mg/kg 处理土壤，在 15 d 内抑制值 > 50% 的为高毒农药；用 10 mg/kg 处理的土壤，抑制值 > 50% 的为中毒农药；抑制值 < 50% 的为低毒农药。

(8) 鱼类毒性试验

国际上常用试验鱼种有斑马鱼、鲤鱼、夏裨鱼、黑头软口鲦、翻车鱼、底鳉、虹鳟；鲤鱼是我国主要鱼种之一，各地都有养殖材料易得，是理想的试验鱼种。试验鱼应用同时孵化，体长 2~3 cm，健康无病的鱼苗先在室内驯化饲养 7~14 d，待鱼苗死亡率稳定在 < 10% 时开始试验。试验期间对照组的死亡率也应控制在 10% 以下。鱼的急性毒性测定方法，有静态法、半静态法和流动式法 3 种，在我国目前条件下，一般采用半静态法为宜（易水解与易挥发的农药不宜使用）。试验容器的大小，一般应控制在 1 g/L 鱼水的范围内。试验期间定期更换药液，以保证水中药液浓度不低于加入量的 80%，水中溶解氧不得低于饱和点的 60%，pH 值控制在 6~8.5。正式试验前先做预试。然后在最高安全浓度与最低全致死浓度范围之间，按级差设 5~7 个组，每组养 10 尾，并设空白对照。供试水用曝气去氯后的自来水，标明水质指标；供试农药用纯品，必要时也可用工业品或制剂；难溶于水的农药，可用超声波加以分散，或用低毒的丙酮与吐温 –80 助溶，用量要 < 0.1 mL/L，并要作对比试验。试验前 24 h 停止给试验鱼喂食，在整个试验期间不喂食，试验在 22 ℃ ± 2 ℃，适度光照（12~16 h/d）条件下连续 96 h，记录最初 8 h，以及 24 h、48 h、72 h、96 h 时鱼的死亡率与中毒症状，及时捞出死鱼，最后对鱼类的毒性一般按 LC_{50} 的大小划分为 3 个等级：> 10 mg/kg 为低毒农药，1.0~10 mg/kg 为中毒农药，< 1.0 mg/kg 为高毒农药。

(9) 水蚤毒性试验

试验用的蚤种选用常用的大型蚤（*Daphnia magna*），蚤龄 6~24 h，试验水用脱氯后的自来水，标明水质指标，以绿藻（小球藻、栅列藻）为饲料，用静态方法培养。

试验开始时水中溶解氧不得低于饱和点的 70%，试验结束时溶解氧不得低于 2 mg/L。试验用的农药用纯品，也可用制剂。难溶于水的农药，可用少量低毒的丙酮与吐温 - 80 助溶，加入量不得 > 0.1 mL/L，试验液的浓度按级差设 5~7 个组。另设一对照组，每组用水蚤 20 只，分 4 槽，每槽 5 只。槽中药液用量不得 < 2 mL/ 只蚤。试验期不投食，对照组中水蚤的死亡率应控制在 < 10%，试验在 22 ℃ ±2 ℃ 的条件下观察 48 h。判断水蚤死亡的标准，在显微镜下观察，心脏停止跳动为依据，记录 24 h 与 48 h 的死亡数，用概率统计法求出 LC_{50} 与 95% 的可信限值。农药对水蚤的毒性等级划分标准，可参照鱼类的等级标准。

（10）藻类毒性试验

国际上供农药毒性试验用的藻种有月牙藻、栅列藻、小球藻等，这些藻种在我国都有广泛分布。为了使试验数据可比起见，建议统一用栅列藻作为试验材料。试验用的玻璃容器均需高温灭菌，选择合适的培养液作为试验用水（如水生 6 号培养液）。供试的农药用纯品，必要时也可用制剂。难溶于水的农药可用丙酮与吐温 - 80 助溶，用量不得大于 0.1 mL/L。试验用的农药溶液按级差设 5~7 个组，另设一个空白对照。开始时试验液中的藻量控制在 10^5 个细胞/mL 左右，pH 7.5 ±0.2，水温 22 ℃ ±2 ℃，连续光照（光强 4 000 lx），采用振摇或间歇振摇下培养 96 h，于 24、48、72、96 h 时取出少量培养液，测定藻数量变化，用概率统计法求出相应时间内的半抑制浓度 EC_{50} 与 95% 的可信限值。

实验六　农药对作物的药害

人们使用农药是为了保护农作物不受病、虫、杂草等有害生物的危害，保证其正常生长。但是，往往由于农药使用不当，对作物产生不良反应，如植物的组织损伤、生长受阻、植株变态、减产、绝产、甚至死亡等一系列非正常生理变化，即为药害。按药效发生快慢分为急性药害、慢性药害和残留药害。

急性药害，一般在喷药后 2~5 d 出现，严重的数小时后即表现出症状。如种子发芽能力下降，发根少；子叶叶片有灼伤、变黄，严重时产生叶斑、凋萎、畸形。有时作物的幼嫩组织发生褐色焦斑、徒长乃至枯萎死亡。这类药害多为施用农药不当或受邻近田块喷施农药影响所致。如麦田喷施 2,4 - D 丁酯或二甲四氯杀草剂，可造成相邻田块的阔叶作物发生药害，产生畸形。从受害株看，药害常发生在嫩叶、花、果等生长较快的部位，一般上部叶片比下部叶片严重，嫩叶比老叶严重。

慢性药害，植物受害后不立即显现明显症状，主要表现为植株生理活动受阻。如光合作用减弱，生长缓慢，着花减少，结果小，果实成熟推迟，籽粒不饱满，甚至风味、色泽恶化，商品性差，品质下降等。这类药害多半由用药过量或药剂浓度过高造成，尤其施用有机磷农药或对瓜果作物喷施生长调节剂催熟时容易发生慢性药害。

残留药害，这一类的药害由残留在土壤中的农药或其分解产物所引起，主要是因为有些农药在土壤中残留量高，残留时间长，影响下茬作物生长。如：棉花播前用氟乐灵处理土壤，造成后茬玉米、小麦发黄矮小，分蘖减少；甲磺隆用于麦田除草，使后茬玉米植株低矮，叶片变小变薄、呈紫色，不实率高等。

一、药害产生的原因

农药施用后，引起农作物发生药害的原因是多方面的。除错用、乱用农药外，还有一系列因素可以引起药害，主要有以下几个方面。

1. 药害的产生与药剂性质有关

农药是农业生产上用于防治病、虫、草害的生产资料，通常都是有毒物品，超过一定的量后对植物也有一定毒害。尤其是除草剂，其防治对象是杂草，而杂草与作物之间生理特性比较接近，如果农药选择性差，很容易对作物产生药害。任何一种农药对农作物都有一定的生理作用，不同种类的农药对农作物的反应不同。无机农药和水溶性、渗透性大的农药，易引起作物药害。硫磺粉、石硫合剂、硫酸铜等溶解的药量往往超过农作物能忍受的剂量，同时，农作物对无机物的最高忍受剂量又很接近于药物的最低有效防治剂量。因此，稍不注意就会发生药害。抗生素类农药和拟除虫菊酯等则不容易引起药害。

2. 药害产生与作物的品种、生育期的抗药力有关

不同作物种类及品系对每种农药有不同的耐药性和敏感性。作物营养不良，长势弱，容易产生药害，反之，耐药性强。植株部位对农药敏感性差异较大。一般茎秆耐药性强，叶片耐药性差，所以药害症状首先表现在叶片上。作物生育期对农药的敏感性差异较大。一般幼苗期耐药性差，容易产生药害。

十字花科、茄科、禾本科等作物的抗药力较强，而豆科作物的抗药力则较弱。瓜类叶片多皱纹，叶面气孔较大，角质层薄，易聚集农药，抗药力最弱。白菜对含铜杀菌剂较敏感，幼嫩植物、植物幼嫩部分以及开花期植物抗药力弱，易产生药害。

3. 药害的发生与所使用农药的质量有关

使用质量不好的农药或贮存条件差、贮存时间过长的农药，会因药剂变质，而引发药害。此外，在加工和销售中，管理不严、剂量不准，误将不同药剂混淆，也会造成大面积药害。

4. 药害的发生与施用时的温度、湿度、土壤等环境条件有关

药害与温度、湿度、降雨、风力、风向、土壤等自然环境条件都有密切关系。高温、强光、高湿等环境条件，会使某些农药对某些作物产生药害。例如：在干旱高温条件下，西瓜喷撒硫磺粉防治病害，容易造成严重药害。又如虎威氟磺胺草醚对黄豆田除草，在干旱条件下，黄豆叶片易产生药害。禾耐斯在高湿条件下，易产生药害。

5. 药害的发生与施用农药不当、药量控制不严、混用不当有关

例如：用内吸磷涂茎浓度超过5%，喷洒浓度超过0.2%容易发生药害；玉米播种前用氟乐灵处理土壤，会使玉米发生严重药害；骠马与盖草能混用防除麦田杂草可造成严重药害。

二、作物药害的症状

1. 斑点

斑点药害主要发生在叶片上，有时也在茎秆或果实表皮上。常见的有褐斑、黄斑、枯斑、网斑等。如波尔多液在苹果表面上表现为产生木栓组织的棕色网斑；用井岗霉素喷洒西瓜苗，叶部会出现黄斑状药害；水稻本田初期喷洒丁草胺不当，稻叶会发生不规律褐斑，代森胺浓度过高，可引起水稻叶片褐边枯斑等。

2. 黄化

黄化发生在植株茎叶部位，以叶片黄化发生较多。这是由于农药阻碍了叶绿素的正常光合作用而引起黄化的。药害较轻时表现为叶片发黄，药害较重时表现为全株发黄。叶片黄化又有心叶发黄和基叶发黄之分。如氰戊菊酯药害在西瓜上表现新叶发黄；小麦受绿麦隆轻度药害时，表现为基叶发黄；受西玛津药害的小麦叶片，先从叶尖边缘开始发黄，然后扩展至全叶乃至全株发黄枯死；敌草隆可使面苗叶片出现黄化型褪绿症状；扑草净接触小麦种芽后，在麦苗2~3时期出现整株黄化，严重时枯死。

3. 畸形

由药害引起的畸形可发生于作物茎、叶和根部，常见的有卷叶、丛生、肿根、畸形穗、畸形果等。如小麦受二甲四氯药害时，表现为芽鞘基部和幼根基部膨大；棉苗受除草醚药害时，则生长点萎缩，棉叶呈撅叶状畸形；油菜芽期受氟乐灵药害时，呈现肿根和根茎开裂的症状；水稻受2,4－D药害时，出现心叶扭曲，叶片僵硬，并有筒状叶和畸形穗出现，受杀草丹药害会出现多蘖、叶片扭曲等症状。

4. 枯萎

药害枯萎往往整株表现症状，大多数由除草剂引起。如黄瓜苗受绿隆药害后，则嫩叶黄化、叶片焦枯、植株萎缩，乃至死苗；水稻苗期受草甘膦药害，植株表现枯黄死苗。

5. 生长抑制

这类药害抑制了作物的正常生长，使植株生长缓慢，除草剂药害一般均有此现象，只是多少不同而已。如：小麦田使用甲磺隆后茬作物玉米上表现为植株矮化、生长迟缓现象；水稻秧栽后喷施丁草胺不当，除出现褐斑外，也表现出生长缓慢；油菜田使用绿麦隆不适当，会引起植株生长缓慢，分枝减少，影响产量。

6. 不孕

不孕症是作物生殖生长期用药不当而引起的一种药害反应。如在水稻花粉母细胞减数分裂期前后，使用稻脚青，可引起雄性不育，造成秕谷不孕。

7. 脱落

这种药害大多表现在果树及部分双子叶植物上，有落叶、落花、落果等症状。桃树受铜制剂药害后，会引起落叶；山楂使用乙烯利不当会引起落叶、落果；梨树花期使用甲胺磷，会引起落花；苹果树使用波尔多液或石硫合剂会引起落花落果。

8. 劣果

此类药害表现在植物的果实上，使果实体积变小，果表异常，品质变劣，影响食用价值。西红柿遭受铜制剂药害后，表现出果实表面细胞死亡，形成褐果现象；苹果幼果期受含硫制剂药害后，表现为大面积果锈现象；葡萄受增产灵药害，会表现出果穗松散，果实缩小，表皮粗糙；猕猴桃受大果灵药害后变现为储存后发酵和异味；西瓜受乙烯利药害，瓜瓤暗红色，有异味。

有时作物药害和植物病害或正常生长过程中某些症状极为相似，不易区分，但是有经验的人通过仔细观察，调查症状进展还是能够区分开来。表9-3列举了药害和病害症状对比的一些情况，供参考。

表9-3　药害与病害症状的对比

症状类型	区　别	
	药　害	病　害
斑点	斑点在植株上分布没有规律性，整个地块发生有轻有重。斑点大小、形状变化大	斑点通常发生普遍，有明显病症，植株出现症状的部位较一致。斑点具有发病中心、形状较一致
黄化	常常会变成枯叶，晴天多，黄化产生快，阴雨天多，黄化产生慢	生理性病害引起的黄叶常与土壤肥力有关，全地块黄苗表现一致。病毒引起的黄叶常有碎绿状表现，且病株表现系统性症状，在田间病株与健株混生
畸形	发生普遍，植株上表现局部症状	发生比较零星，表现为系统性症状，常在叶片混有碎绿明脉、皱叶等症状
枯萎	没有发病中心，且大多发生过程较迟缓，先黄化，后死苗，根茎输导组织无褐变	根茎输导组织堵塞，当阳光照射，蒸发量大时，先萎蔫，后失绿死苗，根基导管常有褐变
生长抑制	伴有药斑或其他药害症状	根系生长差，表现为叶色发黄或暗绿
不孕	全株不孕，有时虽部分结实，但混有其他药害症状	无其他症状，也极少出现全株行不孕现象
脱落（落叶、落花、落果）	伴有其他药害症状，如产生黄化、枯焦后，再落叶	常与灾害性天气有关，在大风、暴雨、高温时常会出现。有时也与缺肥和生长过快有关
劣果	有症状，无病症，有时还伴有其他药害症状	有病状，也多有病症，有些病毒性病害则表现出系统性症状，或不表现出其他症状

三、药害的预防

1. 坚持先试验后推广的原则

应用新农药之前必须进行生物测定，以便明确该农药的防治对象、适用范围、施药方法、用药剂量或浓度、防治时期及注意事项等，防止药害。

2. 全面了解不同农作物对药剂的敏感性

如：高粱、十字花科蔬菜对辛硫磷敏感；豆类作物对莠去津很敏感；高粱对敌百虫、敌敌畏特别敏感；小麦拔节后对百草敌较敏感。

3. 正确掌握使用浓度和施药量

合理选用农药，注意施药质量，采用恰当的施药方法。根据农药剂型确定相应的施药方法，如粉剂、颗粒剂宜于拌种或撒播；水剂、乳油适用于喷雾。根据农药性能及作物对其的敏感性来确定施药方法；根据天气状况灵活选用相适应的施药方法。如大风天不宜用喷雾方法施用广谱性除草剂，而采用涂抹的方法，以防雾滴飘移引起作物药害。特别是巨星(磺酰脲类)、多效唑(内源赤霉素合成抑制剂)等一些超高效农药和植物生长调节剂，每公顷用量很少，取量稍不正确，即可能发生药害。对这类药剂应先用少量水配制成母液，再按要求加水稀释到所需浓度，切实保证药液均匀一致，不致发生药害。

4. 根据药剂特性和气候条件正确掌握施药时间，提高药效和防止药害

施药时间一般以 7：00~11：00，15：00~19：00 为宜。中午因气温高、日光强烈，多数作物这时耐药力减弱，容易产生药害。例如：拿捕净、扑草净(除草剂)，在气温高于 30 ℃时要慎用；而有的农药品种则要求在较高气温条件下喷洒。如苯丁锡(杀螨剂)气温低于 22 ℃以下，活性下降，防效差；双甲脒(杀螨剂)在气温低于 25 ℃时，药效很差，不宜施用。

5. 严防农药乱用乱混

农药对症施用和正确地混用，不仅可以提高防治效果，而且可以病、虫、草兼治，节省用药成本。但是乱用和盲目混用不仅达不到目的，反而会使药效降低，造成药害。如：澳氨菊醋不能防治叶螨；盖草能不可用于防治麦田杂草。杀草剂混用后会降低药效并出现药害的常见品种有：2,4-D 丁酯和杀草丹不能混用，禾草克和苯达松不能混用，拿捕净不能和苯达松、杂草焚混用，稳杀得和苯达松不能混用，敌草隆和甲拌磷不能混用等。

四、出现药害后的对策

1. 排毒洗毒

对喷洒造成的茎叶药害，可用水喷洒淋洗受害作物上的残留药物，减少黏附在枝叶上的毒害物质；对土壤施药产生的药害要立即浇水稀释冲洗，以减少药剂在土壤中的含量，减轻对农作物的药害。缺苗的地方要及时补种或补苗，再施速效性肥料，以减轻药害影响。

2. 加强田间管理

对药害较轻的田块只要及时加强肥水管理，受害作物可很快减轻药害症状恢复正常生长。

3. 应用植物生长调节剂和叶面肥

植物生长调节剂可促进受害植物减轻药害恢复生长。如用二甲四氯对棉花造成的药害，用 3~4 次爱多收与绿芬威混合液喷洒，3 周左右即可基本恢复正常。又如用氧化乐果与敌敌畏防治棉蚜，因用药过量造成的棉花严重枯黄灼伤，可喷洒喷施宝并追施化肥，可很快恢复正常。对喷洒巨星造成的周围棉田或其他阔叶作物药害，及时用爱多收与绿芬威或磷酸二氢钾混配喷洒多次，同时加强肥水管理，可很快缓解药害症状，恢复正常生长。

Ⅰ. 农药对作物药害的测定

一、实验目的

农药在消灭病、虫、草害中，为保护作物免遭危害起着重要作用。但因使用不当、农药对作物发生药害，往往给作物造成不可挽回的损失。本实验是通过数种常见的农药对一些作物的药害程度观察，使学生认识农药在使用过程中应特别注意药害的问题。

二、实验材料

1. 供试药剂

敌锈钠、1% 波尔多液、敌百虫、2,4 - D、丁草胺、盖草能、敌稗。

2. 供试作物

花生、白菜、高粱、黄瓜、水稻。

三、实验方法

用口径 18 cm 的花盆装上约八成满的泥土，种植花生、白菜、高粱、黄瓜和水稻 5 种作物。当作物长至 3~5 片叶时，拔去多余的植株。如黄瓜每盆留下 5 株、白菜 10~20 株、高粱 20 株等。全班分 A、B、C 3 个组，各组实验内容如下：

A 组：同一种农药同一浓度对不同作物的药害观察。药剂为 90% 敌百虫 1:400 倍液喷雾黄瓜、白菜、高粱、玉米、水稻和花生。

B 组：不同药剂对同一种作物药害观察。药剂分别是 1% 波尔多液（等量式）、90% 敌百虫 1:800、敌稗 + 敌百虫（1:100 + 1:1 000）、97% 敌锈钠（1:300）、80% 2,4 - D 钠盐（1:1 000）、12.5% 盖草能乳油（1:1 000）对花生进行喷雾。

C 组：同一种农药不同剂量对同一种作物药害观察。药剂为 50% 丁草胺乳油 1:2 000、1:1 000、1:500、1:250、1:125 等。对三叶期水稻植株喷雾。

各组每处理 6 盆作物，其中 5 盆是处理的，1 盆是空白对照。分别挂好标志后即进行喷药，定量喷雾每盆喷药液 5 mL。

施药后 5~7 d 调查作物被害情况，调查死苗数、活苗数，计算死苗率、药害率和药害指数，比较最安全药剂或使用浓度。

药害株分级：

0 级：完全无受害；

1 级：植株被害在 10% 以下；

2 级：10% < 植株被害 ≤20%；

3 级：20% < 植株被害 ≤30%；

4 级：30% < 植株被害 ≤40%；

5 级：植株被害 >40% 以上。

植株生长畸形也为被害之列。

四、作业与思考题

1. 敌百虫对不同作物为什么会发生药害？

2. 花生对不同药剂的敏感程度如何？二叶期的水稻秧苗，对丁草胺最高忍受浓度是多少？

Ⅱ. 杀菌剂防治花生叶斑病、锈病
（或长豇豆锈病、绿豆叶斑病）的田间试验

一、实验目的

通过实验掌握田间作物病害化学防治试验方法（包括试区排列设计、病害调查、药效检查、实验结果的数理统计）；并比较保护性杀菌剂和内吸杀菌剂防治该病的优缺点。要求写出完整的试验报告，对各种供试药剂作出评价，并对结果进行分析与讨论。

二、实验材料

①新品种杀菌剂作供试药剂，并选一种在生产上防治该病效果较好的老品种作对比。

②试验田的准备，应选择在当地有代表性的生产田块作试验。如用花生生产田作试验的可以花生锈病和花生叶斑病为对象；用豇豆生产田作试验以豇豆角锈病和赤斑病为对象。病原菌可取自田间自然发病的植株上。

三、实验方法

①确定试验处理方案，包括试验处理项目、每种处理重复数。

②田间试验小区排列，应根据试验处理方案的要求和试验田块面积大小进行试验田设计。

试验区排列可采用棋盘随机排列法，每项处理至少有 3 个重复，每一试验区面积约为 3 m×4 m。此外，也可以根据具体情况采用拉丁方法、对比法等。

③用药量：计算每试区面积，以每亩喷药量 75 kg 药液，准确算出每一试区所需药量。

④施药时期：由于采用自然发病的生产田进行试验，第一次喷药时间应在田间始见病害后 1 周内进行，以后每隔 12~14 d 喷 1 次，共喷 3 次药。

四、实验内容

①发病严重度：调查施药后病株、病叶的病情变化。

②防治效果：用病情指数计算防治效果。

③落叶率调查，一般在试验结束前 1 周内进行。

④产量调查：以花生做试验的，收获时每小区随机取样 20~30 株荚果，有条件的整个试区荚果称重更好。分别称湿重和晒干重量，计算各处理荚果重和增产效果。如果以豇豆作试验，则要把小区每次采收量登记，最后累计出各处理产量的差别，计算增产效果。

五、作业与思考题

1. 计算每试验小区面积（以亩表示）和各处理所用制剂药量（每亩以 75 kg 药液量）。根据试验药剂规格，各处理药剂浓度以 mg/kg 表示。

2. 根据试验的全部记录数据，写一份完整的试验报告。其中防病效果和增产率要进行各处理间差异显著性的检验（用邓肯氏新复极差检验法）。对各种供试药剂的防治效果作出评估。

Ⅲ. 田间小区药效试验

一、实验目的

田间小区药效试验是完全在自然条件下进行的，是多种因子的综合结果，具有一定的客观性和代表性，是药效试验程序中极重要的一环。可以对药剂能否实际应用作出客观的评价。通过本实验，使学生初步掌握农药在田间的试验设计，效果调查，数据的整理和统计分析。

二、实验材料

1. 供试作物

根据需要和条件，供试作物可用水稻、小麦或蔬菜、棉花等，防治对象应选择该种作物某一种重要害虫，试验时害虫的虫态，龄期应采用适期或已达到防治指标的。

2. 参试药剂

根据不同作物及所发生的不同种类害虫，选择 4~5 个杀虫剂，采用常规剂量和方法，或仅用一种药剂设不同剂量，以比较不同种类药剂对一种害虫的不同效果或某一种药剂防治某一种害虫的最佳剂量。

3. 供试田块的选择与田间试验设计

供试田块必须具有代表性，田平土碎，肥力一致，作物长势整齐均一，对害虫较敏感的品种。害虫发生量及危害程度应在中等偏上。确定田块后，根据药剂数量及重复数要求，划分若干个小区，如以水稻为供试作物，小区之间需作小田埂相隔。小区面积根据实际需要确定，一般应在 30 m² 为好，整个试验应设 5 个区组，每区组内的处理作随机排列。

施药方法：

根据药剂种类，作物和害虫的情况，可采用喷雾法或撒施法。

喷雾法——多使用乳油或可湿性粉(包括可溶性粉)以及胶悬剂等。可直接兑水喷雾。每亩喷药液量一般采用常量 50~75 kg。

撒施法——可将液态药剂混入泥土内拌成毒土或直接撒施颗粒剂。

三、实验方法及结果

施药后调查时间可根据不同的作物和不同的害虫种类而确定。如以死亡率或虫口减退率为效果指标的，可于施药后 24 h 或 48 h 进行。如以作物被害率为指标的，应在被害作物的被害状明显表露并呈稳定后进行。

调查方法　可采用对角线五点取样法或平行线取样法。调查作物数应根据虫口密度及危害程度适当变动，即虫口密度大或危害严重的可适当少些，相反应多些。调查时应作详细记录并保存原始记录数据。最后将全部数据进行计算并求平均防治效果，以各处理(或各剂量)的平均防治效果用邓肯氏新复极差检查法进行统计分析，比较各处理间的效果差异并作出评价。

(一)杀虫双等杀虫剂防治第二代三化螟效果(田间喷药)小区试验

1. 试验目的

比较几种常用杀虫剂防治第二代三化螟危害所造成的白穗效果和确定最优药剂及使用剂量。

2. 供试药剂及剂量(每亩用有效成分)

18% 杀虫双水剂 50g；40% 乐果乳油 40g；20% 叶蝉散乳油 20g。另设空白对照，共 4 个处理。

3. 田间试验设计

选择有代表性稻田 1 块约 1 亩，平均划分成 4 个区组，每区组内分成 4 个小区，每小区面积 33 m²，小区与小区间用 15 cm × 15 cm 的小田埂相隔，并且每小区做到排灌分开。小区按常规规格扦植当地当家品种。

4. 施药

当第一代蛾发生高峰期过后，密切注意田间螟卵的分布及数量，并用竹签标定其位置，如果自然卵块密度较低或每小区分布不均匀，应采摘同期卵块接入各个小区中，使各小区中的卵块数基本相同，并用竹签也同样标定位置。当卵块处于盛孵期即将药剂兑水后用 552-丙型喷雾器喷雾，每小区喷药液 2.5 kg，或 4 小区总药量一起配成共 10 kg(每亩按 50 kg 计)。

5. 效果调查及数据整理

（1）杀卵作用

施药后 5 d 左右，从田间各区组的小区分别收回卵块，分别放入 5% 氢氧化钠溶液煮沸片刻，用双目镜检查未孵化和孵化卵粒数，计算杀卵百分率(%)。

（2）防治效果

施药后 15~20 d，当对照区的白穗明显表露并不再发展后，即进行效果调查。

①标定卵块周围 10 棵×10 棵的白穗数及非白穗数，并统计白穗率。

②如白穗少，可采用全田调查。白穗多，采用平行线取样法调查，计算白穗率(%)和防治效果(此法适用于不标定卵块田使用)。

③将每处理的平均白穗率，用邓肯氏新复极差检验法进行统计分析，比较各处理之间防治效果，根据差异显著性作出结论。

（二）辛硫磷等杀虫剂防治菜青虫试验

1. 试验目的

学习田间试验方法，选择防治菜青虫的高效药剂。

2. 供试药剂及剂量

50% 辛硫磷乳油 1∶1 500 倍；20% 氰戊菊酯乳油 1∶10 000 倍；40% 乙酰甲胺磷乳油 1∶1 000 倍。另设空白对照，共 4 个处理。

3. 田间试验设计

选择菜青虫发生量较重，分布均匀的还没有包心的甘蓝菜地，按试验要求划分小区，每小区面积为 0.1 亩，随机排列，重复 3 次。

4. 施药

防治菜青虫一般选在幼虫低龄期较好，喷洒时间一天中以上午露水干后开始为好，每亩喷洒药液量可根据植株的覆盖情况，一般为 75~150 kg。

5. 效果调查和数据整理

施药前每小区用对角线五点取样法，每点查 10~20 株甘蓝上的幼虫数并记录。施药后 1 d、3 d 和 7 d 分别检查其残存虫数，调查方法同施药前，按下式计算结果：

虫口减退率(%) = (药前基数 – 药后残虫数) ÷ 药前基数 × 100

校正防效(%) = [(药前处理区虫口减退率 – 对照区虫口减退率) ÷ 100 – 对照区虫口减退率] × 100

最后用邓肯氏新复极差检验法进行统计分析，比较各处理的防治效果。

（三）药剂防治棉蚜田间药效试验

1. 试验目的

学习田间药效试验方法，掌握虫口分级调查药效。

2. 供试药剂及剂量

50% 甲基硫环磷乳油 1∶1 000 倍；50% 甲胺磷乳油 1∶1 000 倍；50% 辛硫磷乳油

1∶1 000倍。另设空白对照，共 4 个处理。

3. 田间试验设计

选择棉蚜发生较重，棉苗长势一致，蚜量分布较均匀的地块，按试验要求划分小区，小区面积据地而定，随机排列，重复 3 次。

4. 施药

棉蚜防治除掌握好喷药时间外，还要注意喷布均匀，特别是棉蚜危害较重的叶片背面。棉花生长早期喷药量较少，后期喷药量较多。

5. 效果调查和数据整理

本试验的调查除参照校正防效公式计算外，可采用虫口分级调查方法，更为简便。

施药前按对角线 5 点取样，每点查5~10株，并按蚜量分级，施药后1、3 和 7 d分别检查残存虫数，方法同上。

按植株蚜量(成、若蚜)的多少分级如下：

0 级：调查叶(株)上无蚜虫；

1 级：调查叶(株)上1~5 头蚜虫；

2 级：调查叶(株)上6~10 头蚜虫；

3 级：调查叶(株)上11~20 头蚜虫；

4 级：调查叶(株)上21~50 头蚜虫；

5 级：调查叶(株)上51 头蚜虫以上。

计算公式："虫情指数"即 $T(CK)$ [计算公式有两种：当严重度用分级代表值表示时，病情指数 $= 100 \times \sum$ (各级病叶数 × 各级代表值)/(调查总叶数 × 最高级代表值)；当严重度用百分率表示时，病情指数 = 普遍率 × 严重度]

式中　　T——处理区虫情指数；

　　　　CK——对照区虫情指数。

以处理区和对照区施药前后的虫情指数(T_0 和 CK_0)为基数，算出虫口减退率或虫口增长率。

当 $T_0\%$、$CK_0\%$ 为正值时，表示虫情指数减退率，为负值时，表示虫情指数增长率。n 为施药后调查的时间，以天数计，如施药后 7 d 调查，则 $n=7$。用下式计算防治效果用 P 表示。

最后用邓肯氏新复极差检验法进行统计分析，比较各处理的防治效果。

四、作业与思考题

将试验结果整理、统计并加以分析。

Ⅳ. 杀虫剂药效试验(盆栽法)

一、实验目的

盆栽试验是介于室内与田间试验之间的一种重要方法。它可以较系统和客观地考察某些农药的使用剂量、方法，对害虫的作用方式或比较几种不同农药对某一害虫的防治效果，为田间应用提供依据。该试验要求掌握盆栽试验的设计、操作技术、结果调查及统计分析。

二、实验材料

①20% 叶蝉散乳油 1∶500 倍。

②90% 乙酰甲胺磷可溶性粉 1∶1 000 倍。

③25% 杀虫双水剂 1∶500 倍。

④8% 增效虫螨灵乳油 1∶500 倍。

⑤水稻秧苗：秧龄约 50 d。

⑥供试昆虫：2~3 龄褐稻虱若虫。

褐稻虱的饲养：待盆栽秧苗长至分蘖高峰期，将秧苗连盆移入体积为 0.8 m × 1 m ×0.4 m(宽×长×高)的水泥池中，加水约高于盆面，每盆接入短翅型(雌)褐稻虱成虫约 20 头，让其产卵 3 d，除去成虫，约 15~20 d 若虫 2~3 龄时供试。试验时，可用剪刀剪除有虫的稻茎，然后轻轻拍落一定数量的褐稻虱于盆栽水稻中。

三、实验方法

在口径约 25 cm 的圆形花盆内装入肥沃的塘泥，加水浸软并搅碎成泥浆，每盆插植 10 株约 20 d 秧龄的敏感品种，插苗后约 30 d 秧苗处于分蘖高峰即可进行试验。

每班分成 6~10 个小组，每小组选 6 盆长势较一致的稻苗，先检查每盆稻苗上的褐稻虱数量。如果每盆的 2~3 龄褐稻虱若虫达不到 50 头，应选至 50 头以上，每盆的褐稻虱数目可记于一张 1 cm ×10 cm 的硬塑料标签上，并插回该盆中，再用 25 cm ×25 cm(直径×高)铁纱笼罩住秧苗，加入约 3 cm 的浅水层，最后用手压式小型喷雾器喷药，每盆喷药液 10 mL。每组做 1 个重复，另做空白对照(仅喷 10 mL 清水)。施药后 24 h 或 48 h 检查残存活褐稻虱数，计算虫口减退率及校正虫口减退率(%)。

四、实验结果

本试验是比较 4 种药剂及清水作对照防治 2~3 龄褐稻虱若虫的效果差异，用邓肯氏(Duncan)新复极差检验法(DMRT)较为方便，现以全班各组综合起来的数字进行数据统计分析，见表 9-4 至表 9-7。

表9-4　叶蝉散等杀虫剂对褐稻虱处理24 h后的虫口减退率(%)(反正弦变换)

药剂虫口减退率(%)	20%叶蝉散乳油(A)	90%乙酰甲胺磷原粉(B)	8%增效虫螨灵乳油(C)	25%杀虫双水剂(D)	对照(清水)(E)
X_{ij} (i为处理项, j为处理重复项)	100.0 (90.00)	95.0 (77.08)	95 (77.08)	62.5 (52.24)	0.0 (0.0)
	100.0 (90.00)	95.0 (77.08)	97.8 (81.47)	52.5 (46.43)	0.0 (0.0)
	100.0 (90.00)	100.0 (90.00)	82.5 (65.27)	50.0 (45.00)	0.0 (0.0)
	95.0 (77.08)	100.0 (90.00)	100.0 (90.00)	57.5 (49.31)	2.5 (9.10)
	100.0 (90.00)	100.0 (90.00)	89.1 (70.72)	76.5 (61.00)	4.1 (11.68)
	100.0 (90.00)	100.0 (90.00)	95.0 (77.08)	57.5 (49.31)	2.5 (9.10)
	100.0 (90.00)	100.0 (90.00)	97.5 (80.90)	50.5 (45.29)	5.0 (12.92)
	97.7 (81.28)	87.5 (69.30)	95.5 (77.75)	48.8 (44.31)	5.0 (12.92)
	97.5 (80.90)	92.5 (74.11)	85.0 (67.21)	70.0 (56.79)	10.0 (18.44)
	100.0 (90.00)	95.0 (77.75)	75.0 (60.00)	37.5 (37.76)	2.5 (9.10)
合计(T_j)	869.26	825.32	747.48	487.44	83.26
T_j^2	755 612.95	681 153.10	558 726.35	237 597.75	6 932.23
平均(X_j)	86.93	82.53	74.75	48.74	8.33

表9-5　方差分析表

变异来源	自由度	离差平方和	均方	均方比	F_2
处理	$5-1=4$	$L_b=$ 42 467.78	$Sb^2=42\ 467.78/4=$ 10 616.95	$F=Sb^2/Sw^2=$ 205.99	$F_{0.01}=3.76$ ($f_1=4$　$f_2=45$)
误差	$5\times(10-1)=45$	$L_w=2\ 319.33$	$Sw^2=2\ 319.33/45=51.54$		
总的	$5\times10-1=49$	$L_T=44\ 787.11$			

进行邓肯氏检验：标准误差

表中对应项则可得相应的 LSR 值

误差自由度 =45

P	2	3	4	5
SSR 0.05	2.86	3.01	3.10	3.17
LSR 0.05	6.49	6.83	7.04	7.20
SSR 0.01	3.82	3.99	4.10	7.17
LSR 0.01	8.67	9.06	9.30	9.47

表9-6　计算出处理平均数差异进行显著性判断

药剂	平均值(X_j)	A	B	C	D
A	86.93				
B	82.53	4.4			
C	74.75	12.18**	7.78*		
D	48.74	38.19**	33.79**	26.01**	
E	8.33	78.6**	74.2**	66.42**	40.41**

表9-7　显著性判断结果

药剂	平均虫口减退率(%)	差异显著性 显著水平0.05	显著水平0.01
20%叶蝉散乳油(A)	99.02	A	A
90%乙酰甲胺磷原粉(B)	96.50	a	AB
8%增效虫螨灵乳油(C)	91.24	b	B
25%杀虫双水剂(D)	56.39	c	C
对照(清水)(E)	3.16	d	D

表中字母相同表示差异不显著，字母排列距离越远，表示差异越大。

计算举例如下：

$$校正数（C）= -(\sum_{i=1}^{5}\sum_{j=10}^{10}X_{ij})^2/(5\times10)$$
$$=(90.00+90.00+\cdots+18.44+9.10)^2/50=181\ 534.46$$

$$总离差平方和(L_T)=\sum_{i=1}^{5}\sum_{j=10}^{10}X_{ij}^2-C$$
$$=(90.00^2+90.00^2+\cdots+18.44^2+9.10^2)-181\ 524.16$$
$$=44\ 787.11$$

$$处理平方和(L_b) = (\sum_{i=1}^{5} T_j^2)/10 - C$$
$$= (755\ 612.95 + 681\ 153.10 + \cdots + 6\ 932.23) - 181\ 534.46$$
$$= 224\ 002.24 - 181\ 534.46$$
$$= 42\ 467.78$$

$$误差平方和(L_w) = L_T - L_b$$
$$= 44\ 787.11 - 42\ 467.78$$
$$= 2\ 319.33$$

参考文献

1. 方中达. 植病研究法[M]. 北京：农业出版社，1998.

2. 李志，等. 农作物病害及其防治[M]. 北京：中国农业科学技术出版社，2008.

3. 许文耀. 普通植物病理学实验指导[M]. 北京：科学出版社，2006.

4. 叶恭银. 植物保护学[M]. 杭州：浙江大学出版社，2006.

5. 方伟超，等. 农业防灾减灾及突发事件对策[M]. 北京：中国农业科学技术出版社，2011.

6. 李照会. 农业昆虫鉴定[M]. 北京：中国农业出版社，2002.

7. 庞正轰. 经济林病虫害防治技术[M]. 南宁：广西科学技术出版社，2006.

8. 上海市林业总站. 林木病害防治[M]. 上海：上海科学技术出版社，2007.

9. 朱建华，等. 森林病害预测预报[M]. 厦门：厦门大学出版社，2002.

10. 刘永齐. 经济林病虫害防治[M]. 北京：中国林业出版社，2001.

11. 安榆林. 外来森林有害生物检疫[M]. 北京：科学出版社，2012.

12. 国家林业局森林虫害防治总站. 林业有害生物防治标准化[M]. 北京：中国林业出版社，2010.

13. 韩国生. 林木有害生物识别与防治图鉴[M]. 沈阳：辽宁科学技术出版社，2011.

14. 嵇保中. 林木化学保护[M]. 北京：中国林业出版社，2011.

15. 张灿峰. 林业有害生物防治药剂药械使用指南[M]. 北京：中国林业出版社，2010.

16. 柴希民，等. 松材线虫病的发生和防治[M]. 北京：中国农业出版社，2003.

17. 李兰英. 松材线虫病对浙江省环境影响经济评价及治理对策研究[M]. 北京：中国林业出版社，2007.

18. 叶建仁，等. 林木病理学[M]. 北京：中国林业出版社，2011.

19. 段霞，等. 豫南山区林业有害生物及防治[M]. 郑州：黄河水利出版社，2007.

20. 徐冠军. 植物病虫害防治学[M]. 2版. 北京：中央广播电视大学出版社，2007.

21. 赵广才. 保护性耕作农田病虫害防治[M]. 北京：中国农业出版社，2005.

22. 高德三，等. 害虫防治学[M]. 北京：中国农业大学出版社，2008.

23. 明道绪. 田间实验与统计分析[M]. 2版. 北京：科学出版社，2008.